电子设计常用模块与实例

陈庭勋 楼然苗 胡佳文 编著

ZHEJIANG UNIVERSITY PRESS
浙江大学出版社

图书在版编目（CIP）数据

电子设计常用模块与实例 / 陈庭勋等编著. —杭州：浙江大学出版社，2013.9（2020.1 重印）
ISBN 978-7-308-12225-2

Ⅰ. ①电… Ⅱ. ①陈… Ⅲ. ①电子电路—电路设计 Ⅳ. ①TN702

中国版本图书馆 CIP 数据核字（2013）第 214043 号

内容简介

本书针对电子综合设计的技术问题，除了简单介绍电子综合设计的一般方法、工具和装配工艺外，重点以模块构建形式入手，将电子综合设计中可能采用的硬件电路分作线性放大、电压比较、信号产生、信号处理、功率驱动、参数转换等六个类别25种使用方向逐一介绍，并通过实用性设计举例说明了模块构建法设计的规律和技术处理方法，反应了电子设计中软、硬件的配合模式。书中除了经典电子电路外，还有大量自行设计开发的实用电路，从简单到复杂，涉及面较广。

本书内容简化了理论性描述，偏重于硬件电路设计，突出实际应用，体现出较好的电子综合设计资料价值，可作为高校电类专业学生电子综合设计实践教材或电子设计竞赛的培训教材，也可作为电子技术人员设计参考用书。

电子设计常用模块与实例

陈庭勋　楼然苗　胡佳文　编著

责任编辑　杜希武
封面设计　刘依群
出版发行　浙江大学出版社
（杭州市天目山路 148 号　邮政编码 310007）
（网址：http://www.zjupress.com）
排　　版　杭州好友排版工作室
印　　刷　虎彩印艺股份有限公司
开　　本　787mm×1092mm　1/16
印　　张　15
字　　数　365 千
版 印 次　2013 年 9 月第 1 版　2020 年 1 月第 5 次印刷
书　　号　ISBN 978-7-308-12225-2
定　　价　49.00 元

浙江大学出版社市场运营中心联系方式：（0571）88925591；http://zjdxcbs.tmall.com

前　言

电子设计是建立在现代电子技术的基础上，特别是按照现有硬件条件来解决实际问题的一门技术学科。电子设计涉及的行业领域比较广泛，其相互之间有一定的内在联系。本书综合了长期以来在电子设计实践中的经验和电子设计教学中的经验，梳理出适合传授、交流的若干电子设计基本模块和一些设计学习规律。本书内容编辑的基本原则是希望与传统的电子技术类教材形成互补关系。传统的电子技术类教材主要从电路工作原理出发，理解电路的工作过程、组成要素等，本书则侧重于应用的角度，组织各类适合应用的电子电路，选择符合设计需要又便于实现的类型，组成功能完整的结构电路。

全书共分作四章，分别是：电子综合设计概述、电子设计基本模块电路、日常应用电路、电子设计实例。内容方面由前到后逐步具体和全面。第一章电子综合设计概述，主要介绍电子设计的一般方法、过程、工具和装配工艺等，明确电子设计的环境条件和一般规律。第二章电子设计基本模块电路，对电子设计的基本硬件模块做了全面的归纳，将基本的硬件电路分作六个类别进行介绍，分别是线性放大电路、电压比较电路、信号产生电路、信号处理电路、功率驱动电路、参数转换电路。并按照25种使用方向逐一进行了介绍。第三章日常应用电路，以第二章的模块电路为基础，结构上做适当的补充和扩展，形成日常可应用的简单功能电路，如电源电路、自动照明的开关电路、参数检测电路等。第四章电子设计实例，比较详细地介绍了电子设备装置的设计过程、功能实现方法、技术性能的把握要点等，书中列举了七个最近在教学中涉及的电子设计装置，既有实用性又具备较好的训练效果，具有一定借鉴作用。

本书在内容的选择上，力求全面、完整、实用，以目前实际应用的需要考虑。电子设计既要有经典的电子电路做支撑，如放大电路、电压比较电路、信号产生电路等，又要突显功能的新型性。模块电路基本上都是经典电路，它是电子设计的基础。第三章、第四章中涉及到的应用电路都是目前结构比较大、比较新的电子装置，其中大多是根据大学生电子设计竞赛中的选题，或者是作者自己想要设计开发的电子装置中筛选而来。也有一些是长期积累下来，并且结合现有电子技术条件经过改进的典型电路。

本书硬件电路部分主要由陈庭勋编著，程序处理及相关电路部分由楼然苗、胡佳文编著。

书中所涉及的应用电路全部经过作者的实际研制、测试，电路的工作效果真实、可靠，具有一定的先进性。有一些附有简单测试结果，也有一些附有详细测试数据，供读者参考。当然，电路的工作效果不仅仅决定于电路结构，还与 PCB 布局、制作方法、所采用的器件密切相关，不同条件下得到的测试结果可能会有差异。

本书着重于处理电子设计技术问题。电子设计技术在不断发展中，随着现代电子器件的推陈出新，所构成的电子电路也会有相应变化，本书中所设计的电路结构也需要不断更新、改进，欢迎读者与我们一起探索、研究与交流。由于时间仓促，书中难免会有错误和不足之处，敬请读者批评指正！

编著者

于浙江海洋学院

2013 年 8 月

目　录

第一章　电子综合设计概述

第一节　电子综合设计的基本内容

当今，电子技术在各个领域都有所应用，电子技术付之实际应用必定要经过设计环节。有一些电子设计比较简单，如电子技术课程设计。通常课程设计所涉及知识面比较单一，是针对某一门课程的知识范畴而进行的，是强化对课程知识的掌握。而电子系统设计相对复杂一些，涉及知识点多，涉及面范围会大一些。电子综合设计是电子系统设计的基础，是以实际应用为目标，涉及多门课程知识的综合运用、多种电路的合理组合。因此，电子综合设计要求学生有宽广的知识面，与高等数学、电路分析、电路技术基础、高频电子线路、自动控制、信号与系统、微机原理、传感与检测这几门课程有着密切联系。要掌握各种功能的电子电路，会灵活地对其进行综合。同时，还应当具备一定的基础技能，如电路图绘制能力、计算机仿真技术、电路板制作技术、文档处理能力等。电子综合设计重于应用，这类设计在工业生产、日常生活中可以找到很多设计内容，是一门实践性较强的课程。电子设计从很粗糙的大类上可以分为信号处理类、控制类、执行类等，其中信号处理类的内容较多，包括信号产生、信号获取、信号放大、信号调制与解调等。

电子综合系统的设计一般包含硬件电路设计和软件设计两大部分，而且这二者是密切结合的，要按同一个设计目标和设计思想进行。通常认为硬件电路是电子设计的基础，但采用硬件电路完成某一功能往往比较复杂，电路连接麻烦，实现难度高，所以有一些电路功能以单片机为基础的软件来实现，也有一些通过软件处理电路的连接关系，如 FPGA 器件等。总体上说，要进行电路设计，必须懂得各类硬件电路的功能和实现技术，这也就是说“硬件电路是电子设计的基础”的原因。不管多么复杂的电路，都是在简单的单元电路基础上组合起来的。从电路的作用上划分，电子单元电路类型大致可以分 *RC* 电路、*LC* 谐振电路、线性放大电路、电压比较电路、稳压电路、开关电路、逻辑处理电路、信号产生电路、信号处理电路、触发电路、计数电路、显示电路、驱动电路等类，还有一些专用电路，如传感器电路等。其中 *RC* 电路、*LC* 电路、二极管电路、放大电路是各类单元电路的工作基础，放大电路和信号产生电路的结构变化最多，信号处理电路又可以有许多细分，如滤波电路、运算电路、调制电路等。电子综合设计的难度基本上在于对各类电子电路功能的理解和性能的把握。电子电路种类繁多，性能各异，结构变化灵活，对各种功能的电路掌握得越多、理解得越透彻，电路设计就会显得越容易。

要灵活地应用各类电路，需要抓住电子电路工作的本质。一个电子电路的名称往往不能完全代表电路的工作本质，因而不能局限于名称去应用电路类型，而是要从电子电路的核心作用出发，灵活进行组合搭配。如步进电机驱动芯片原本是为驱动电机而设计的，根据它能够提供脉冲电压、脉冲电流的工作特点，可以用来设计脉冲电压源或脉冲电流源。飞思卡尔智能汽车比赛中电磁车跑道供电的电源基本上是采用该芯片制作的。又如 BISS0001 芯片原本是为热释红外感应器件设计的控制芯片，由于它的内部集成了许多功能电路，也可用来做触发定时器。还有，电路中最初始的稳定电压值往往是由稳压二极管提供，但低电压的稳压二极管的电压稳定性并不理想，还不如采用二极管正向导通获得低电压。例如需要近 3V 的电压可采用白色发光二极管，需要近 2V 的电压可采用红色或绿色发光二极管，需要 1V 的电压可采用红外发光二极管，需要 0.7V 左右的电压可采用硅二极管，需要 0.2V 左右的电压可采用肖特基二极管等等。在电子综合设计中，这种芯片功能的扩展应用是十分频繁的。

在电子综合设计中，要善于对电路结构进行合理调整。用于某一个设计的电路更改到另一个应用当中，由于目标要求、性能指标的不同，往往需要做一些变化、更改，这就要求在充分理解电路结构、工作原理的基础上，对电路做一些必要的调整。具备了这一能力，就可以在掌握比较简单的电路种类的基础上，根据给定的条件，设计出多种功能的电路结构，合理应用于各类环境。例如对于图 1-1 所示的标准的延迟式振荡电路，是适用于双电源供电方式的，它有三个电源连接点：电源正极、电源负极、地线。但如果给定的只有一个电源，那么，要抓住原本电路中的地线是处于电源正极与负极的中间电位这一特征，通过电阻分压方式重新设置一个中间电位，作为接地点使用，如图 1-2 所示。这一重新设置的中间电位并不一定是电源电压的二分之一，允许偏离二分之一电源电压多少值，要视运算放大器芯片的类型而定，视电路工作过程中电压变化的动态范围而定。

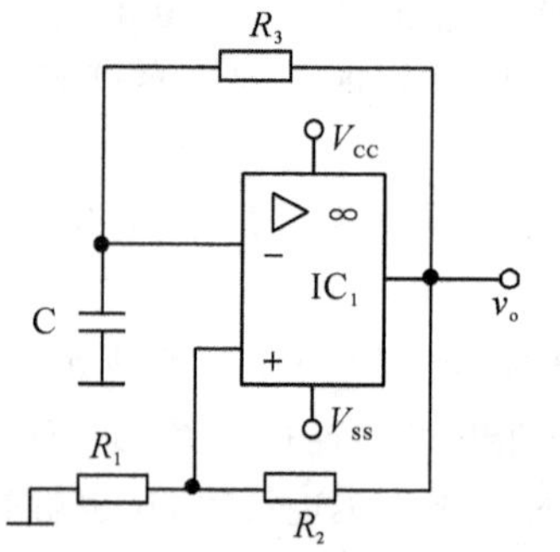

图 1-1 延迟式 RC 振荡标准电路

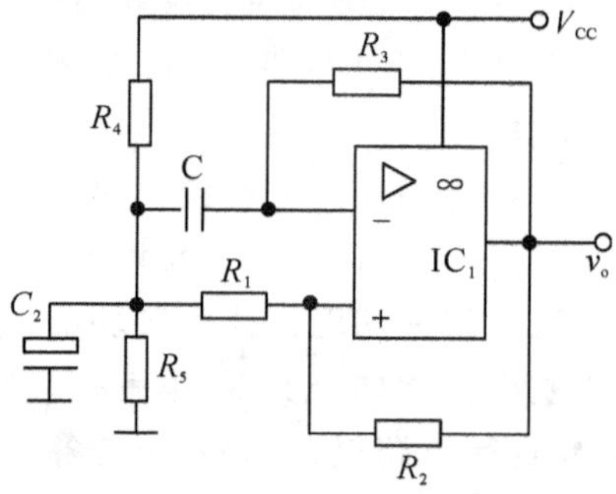

图 1-2 可用于单电源的振荡电路

在一个小型的电子系统中，有的以数字技术为主，有的则以模拟技术为主，使用的侧重点有所不同。但在一个大型的电子系统中，一般模拟部分所占的比例较少，只在信号输入输出等局部起主要作用，更多的是数字部分。一个完整的电子综合设计所考虑的问题必须十分具体、非常细致，对电路的工作原理、工作过程的理解要透彻。

电路设计讲究用尽量简单的电路完成所需要的全部功能。这里所说的“简单”可以有多种理解：有的是指电路结构简单；有的是指电路规模小，所用器件数量少；有的是指采用的器件通用化；有的是指成本低廉。在不同的设计中各有侧重。

第二节　电子综合设计方法

一、电子综合设计的过程

电子综合设计过程类同于电子系统设计的过程。在大多数情况下，电子系统设计采用自上而下的设计方法，这里的“上”是指最终能达到的功能，“下”是指具体的电路、电子器件等。设计人员根据用户要求进行设计。一般在接到项目时，对方都有具体设计的要求，然而，有时客户对自己的要求并不是很清楚，或者不知道是否容易实现，这就需要同客户详细交流。这个工作是必须由设计人员自己去完成，否则对以后设计会带来问题。用户的要求一般表示为无二义性的自然语言、硬件描述语言以及系统的总体技术指标等，以系统要求书或系统说明书方式提供。这些属于明确用户设计要求时段，可称为设计准备阶段。根据客户类型，可分为两种，一种是生产型，另一种是开发型(自用设备)。对于生产型来说，对成本控制要求很高，设计人员要了解相关器件价格、供应情况，要选用容易采购的元件，也要学会依不同的价格设计电路。而自用设备主要要求性能，因此要考虑这些侧重点来进行设计。

接着设计人员会根据对设计要求的理解及系统可能的工作方式、结构等知识构成系统总体方框图。在构成总体方框图时应不断地消化并理解用户要求，必要时与用户磋商讨论，进一步明确一些可能存在的不明确的地方，补充一些设计要求中未曾列出的必要的技术要求、指标等。总体方框图可由若干个方式框构成，每一个方框都是一个功能相对单一的子系统。根据设计要求及指标同时确定每个子系统的性能指标，这个阶段项可称为处理阶段。

然后，设计人员应对总体方框图中的每一个方框(子系统)的结构进行分析及设计。根据它在系统工程中的功能及指标构成该方框(子系统)的详细方框图，要使详细方框图中的每个小方框都能落实到集成电路或某一特定功能电路的层次，同时规定一些关键器件的指标以保证该子系统的性能指标的实现。通常把这个阶段称为实现阶段。至此，已完成了系统设计的理论部分。设计之前要将所有的相关资料研究清楚，不要急于设计、布线、编程。要用的资料也要提前准备好，并作保留备查。对于生产型项目来说，选择方案时以简为好，尽量使用成熟的技术，不要采用很多新的芯片，以免带来太多不可估计因素。布线时要考虑生产的方便以及相关的问题，要了解对方的生产过程，如是否采用贴片元件？采用什么焊接方式？等等。对于开发型项目来说，则要尽量使用新技术，以提高性能，也为以后做技术储备。

这一自上而下的设计是一个逐步细化、分解、不断求精的过程，但并不是单方向的。在下一级的设计过程中可能会发现上一级的矛盾或不足，从而需要反过来对上一级的设计加以修正。完成理论设计后，下一步的工作就是根据框图及要求，采购器件、设计印刷电路板，装配调试。如果在调试中发生问题还要修改部分设计及更换器件，以保证性能符合要求。最后还应完成必需的设计报告、测试报告及各种文档资料整理，从而完整地结束系统的设计过程。图 1-3 为一般电子设计流程图。

目前有许多电子系统还涉及软件的设计，软件的设计有其独特性，一般在子系统中，将软件与硬件进行分工安排，统一要求，同步进行。

不管是大型电子系统设计，还是小型电子产品的设计，其设计过程基本一致，只是工作

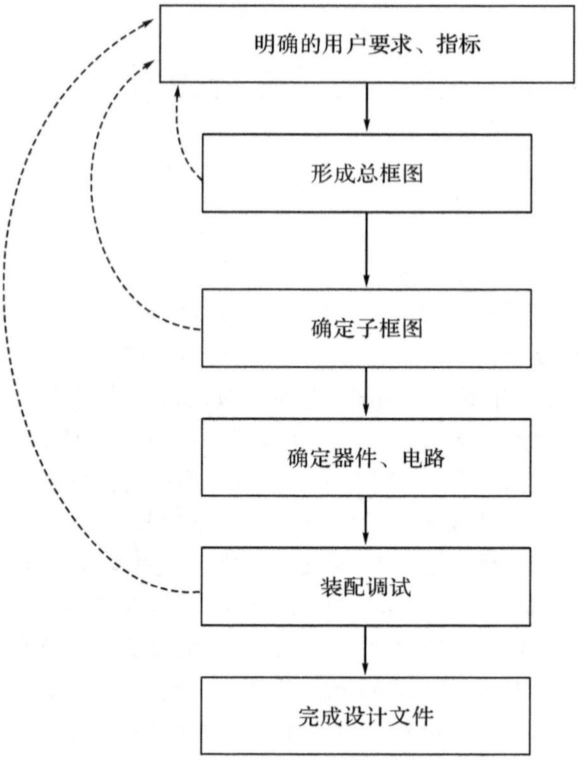

图 1-3　电子设计流程图

量有所不同。

二、电子设计的技术途径

电子设计过程中，总会出现不同的问题。学会对问题现象的分析十分必要，找准问题产生的原因是关键，再结合自己的技术储备，采取适当方法加以解决。这种分析、解决问题的能力就是技术水平。现代电子技术的发展程度，使得对于不同的技术要求总有应对的办法。

全面掌握各类电子线路的功能，是电子设计的技术基础，也是决定设计质量的根本所在。虽然电路种类繁多，从实现的功能上看有其一定的规律性：如需要短时间的延时，往往采用 RC 电路或 LC 电路，对于长时间的延时，则需要采用计数的形式；对于抬升电压的要求，往往采用电磁转换来实现；要稳定电压就需要采用电压反馈；需要稳定电流得采用电流反馈；对于单电压值判断，一般采用单个电压比较电路；对于区间电压判断，应采用窗孔电压比较电路；对于更多分段电压的区分，则要采用 A/D 转换电路。从电路工作状态上处理，其技术含量更高，难度更大，但也有一定规律：如对于噪声干扰的消除，一般是通过低通滤波电路来实现，实际是减缓电路响应速度；对于反馈系统振荡现象的消除，一般是通过提高反馈系统的响应速度来完成；要提高电路的响应速度，除了采用高速器件外，更重要的是让器件工作在连续变化状态；有时还可以借助 L、C 元件的相移特性提早获取变化信息，提高环路的响应速度；对于低压大电流的开关控制，电子开关比机械开关更加实用，便于控制；对于振铃的消除往往通过 RC 耗能电路耗散其能量，达到减震的目的；对于频率变换与信号调制，总是采用非线性电路来实现。

电子设计的技术途径就是将所需要功能的电路进行有机组合。我们对电子电路的认识一般都是从功能上进行理解并加以区分。每一类电子电路有其特定的功能和工作条件，电子设计的过程实际上就是对照技术目标，逐个搬用合适的电子电路进行组装的过程。将电路进行组合时，既要选择合适功能的电路，还必须满足这些电路的工作条件。

当今的电子技术发展更多体现在新器件的推出，器件性能的提高上。因此，设计人员需要了解最新电子器件的发展情况，熟悉新器件，便于自己有更多、更好的选择余地，能够把握更高的技术指标。如对于开关电源的 PWM 控制芯片，有简单调整的 PWM 芯片、线性调整的 PWM 芯片，有准谐振型的 PWM 芯片，有谐振型的 PWM 芯片，有电位分离输出的 PWM 芯片等。目前有上百个型号，几十个种类，设计中选择余地较宽。

三、电子设计中电路配置的基本方法

1. 问题解决法

不同的电子电路具有不同的功能，可以起到不同的作用。要解决某一问题、实现某一功能等需要采用合适的电路模块。因此，对种类功能电路应该有比较全面的了解，以便能够灵活取用。当一个问题可以使用多种电路进行解决时，往往选择结构简单、性能稳定的电路。当然，电路结构及器件材料的选择也要与生产成本结合起来考虑，以实现指标为底线。

2. 工程规范法

有时单独从电路工作原理上看，很难确定选择某一种的电路结构最合适。如 A、B、C 三类电路都可以采用的情况下，从原理上无从选择，这就需要建立一个工作规范，规定使用其中的某一种结构。又如，大家都知道输电能力与材料颜色无关，但工程上一般正极采用红色线，负极采用黑色线等。按照规范来设计电路会给生产和使用带来很大方便。

从电路工作的安全性考虑，当某一部分电路工作不正常时，或者某一模块连接不良时，其他电路也能够工作在安全状态。

例如对电源输出电压的控制，反馈系统可以改变 RW_1 调整取样电压值，也可以改变 RW_2 调整参考电压值，采用何种方式？需考虑在调节部件接触不良时，能够以低电压为标准输出，防止过高电压损坏负载。由此配置电路结构。图 1-4 中，RW_1 所连接的必定是负反馈端，选用 RW_2 调节电压更加安全，当电位器接触不良时，总是使得电源输出电压变低，避免电源输出过高电压损坏负载。

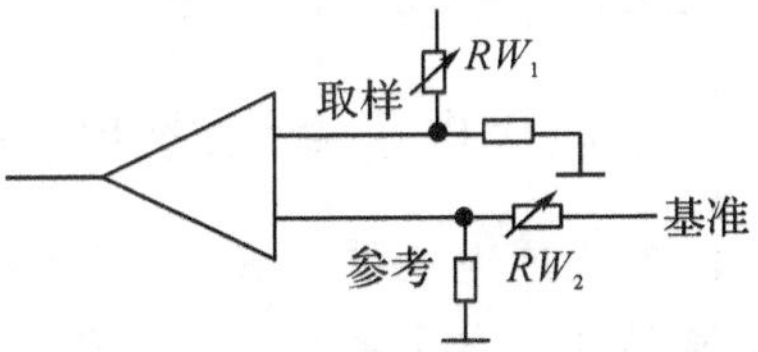

图 1-4　调压电阻的接入位置

又如功率电路的控制中，当控制插件连接不良时，让功率输出电路处于关闭状态，防止功率电路失控后造成严重后果，由此为目标配置电路结构，是工程设计的基本要求。如图 1-5 所示的控制电路中，若运放输出高电位对应输出高功率，则控制电压应该从同相端输入，且将同相端通过电阻连接至地线。这样，在未输入控制电压时，或者控制模块连接不良时，被控制的功率电路是处于关闭状态的。又如图 1-6 所示电路，要在电压比较器的参考电压端接入电源指示灯 D，若输出端高电平对应高功率输出，则图 1-6(a)的接法不妥。一旦发光二极管 D 损坏(发光二极管比电阻更容易损坏)，或者未连接发光二极管等原因，都将会造成处于最大功率输出状态而无法自动调整。电路应该改为图 1-6(b)的连接方式比较安全。

这些问题不能简单地从原理进行处理，需要建立一套工程规范要求，按照工程规范进行设计工程可以排除设计人员所没考虑到的疏漏。

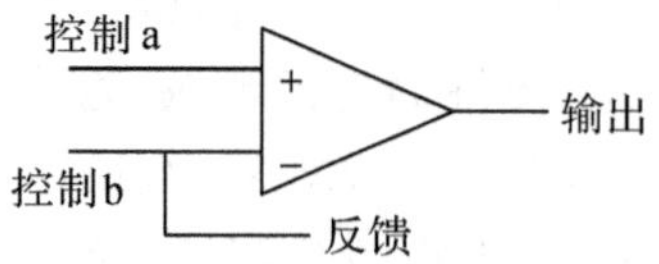

图 1-5　控制电压输入位置

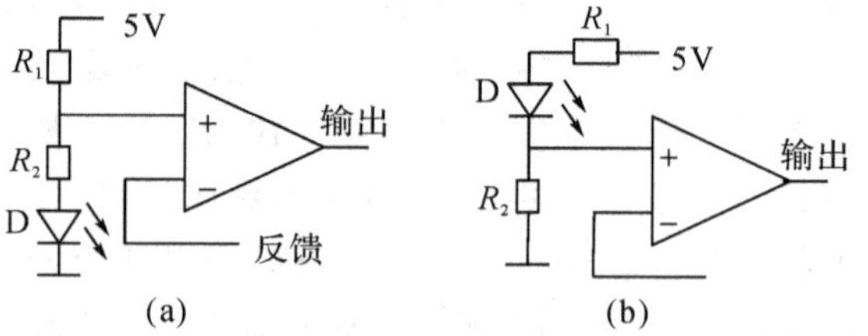

图 1-6　电源指示灯的连接

3. 尽量采用集成规模大一些的集成电路

使用集成度高的集成电路，可以减少连接器件，减少走线量，简化电路板结构，提高电路工作可靠性。所以，电子设计中要尽量使用集成规模大的集成电路，这就需要设计人员多了解当前集成电路所处的状态，多了解新器件，多积累器件使用技术，使得在设计过程中有更多的比较空间和选择余地。比如要产生若干个频率的高频正弦信号，可以采用电容三点式 *LC* 振荡器、变压器反馈式 *LC* 振荡器、晶体振荡电路等，如果由独立元件组合而成，电路会比较烦琐，而且频率稳定度也较低。如果采用 CD4060 芯片，只要极少量外围器件，包括必需的 *LC* 谐振回路，就可以输出若干正弦信号，而且频率稳定度极好。又比如带有 AD 转换和 PWM 功能的单片机总比单纯程序处理功能的单片机更加实用。

4. 适当选用新器件

电子器件总是往功能强、性能优的方向发展，使用新型电子器件有助于提高产品的技术性能和指标。但在新产品设计中不宜大量使用新器件，技术人员对新器件的了解和掌握需要有一个过程，若同时大量使用新器件，因为对新器件了解不够全面，容易造成所设计的产品性能指标不能很好把握，以至于达不到理想要求。

四、现代电子系统设计的方法及工具

随着集成电路的发展，电子系统设计的复杂程度也在相应提高，简单的手工设计方法已无法满足现代电子系统设计的要求。因此，许多公司纷纷研制采用自上而下设计方法的计算机辅助设计系统，即 EDA 技术。EDA 设计软件已经过几代改进，新一代的 EDA 软件已经实现了真正的设计自动化，但现在只限于数据处理、通信及多媒体领域。

由于模拟信号的复杂性，决定了模拟电路的复杂性，在设计自动化方面，还达不到数字电路设计的水平。因此，在采用计算机辅助设计系统的同时，设计的质量在很大程度上还依赖于设计人员的技术水平、经验等。设计人员必须注重积累自己的经验，提高自己的技术水平，不能完全依赖现代设计工具，这是一个具有很高技术含量的领域。

在电路的设计方面，目前比较流行的辅助设计工具是由 Protel 升级而来的换代产品 Altium Designer Summer *，其电路设计软件的功能最全面，市场占有率最高，这是一个十分有效的电子设计软件。它的前身 Protel 电路设计软件注重于 PCB 制作，而换代后的 Altium Designer Summer * 更注重于电子设计自动化的功能，特别是针对 FPGA 器件的设计、针对微型机的嵌入式工程设计等，都属于 EDA 软件中的一种，它具有仿真、制图、出图等多种功能。图 1-7 是 Altium Designer Summer 9 的 PCB 工程设计界面，图 1-8 是 Altium Designer Summer 9 的 FPGA 工程设计界面。除此之外，还有许多其他类型的 EDA 软件，如 EWB 仿真软件、PowerPCB 工具软件等，但它们在工业应用中所占的份额要低得多。

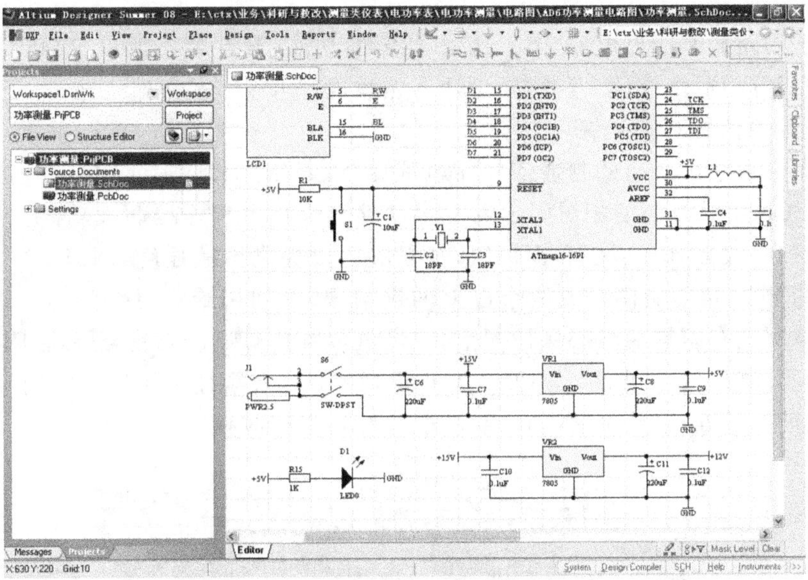

图 1-7　PCB 工程设计界面

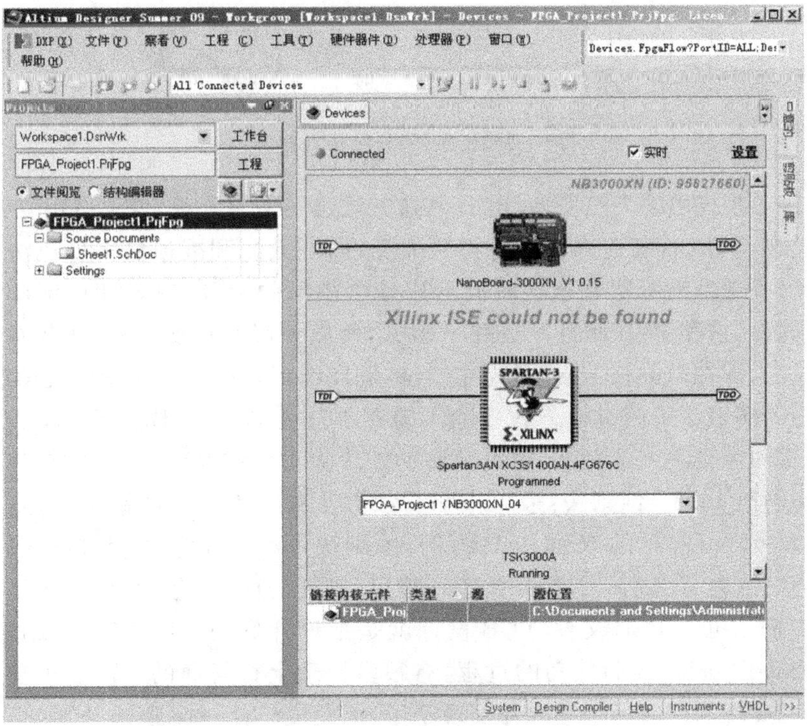

图 1-8　FPGA 工程设计界面

本书中所用到的大多数电路是在 Altium Designer Summer 9 的 PCB 工程软件中绘制的，文档编辑过程非常方便。

五、电子线路可制造性设计

一个电子线路要制造出电路实物，发挥预定的功能，设计就不能仅仅停留在原理设计上，还必须进行可制造性设计。这需要设计者熟悉现代电子产品制造工艺、电子元器件规格封装、PCB 设计方法技巧等知识。

目前绝大多数电子产品的制造依托印刷线路板（PCB）为基础（如图 1-9 所示），在电子线路系统中 PCB 主要起到了相对固定电子元器件和承担电气连接两大功能。PCB 结构上可分为多个层，一般都有基板层和铜箔层，基板层主要提供机械强度，铜箔层主要承担电气连接。复杂的 PCB 可能有两个或两个以上的铜箔层，之间用绝缘材料隔开。多数 PCB 在外表面的铜箔层上有阻焊油漆层保护铜箔，在焊盘位置会有喷锡或镀金层，在阻焊层之上还有丝印层印刷元器件符号和文字。PCB 从机械特性上分有刚性和柔性，从基板材料上分有纸基（便宜）、玻璃纤维板（性价比高）、铝基（散热好）、聚酯薄膜（柔性）等。

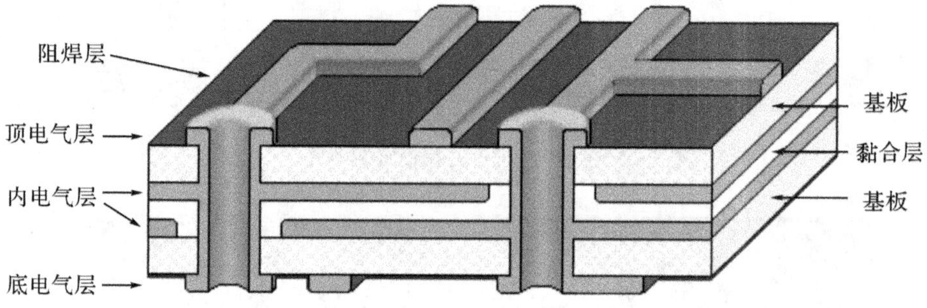

图 1-9 四层 PCB 结构剖面图

由于 PCB 工艺技术的飞速发展，PCB 制造方法已不下于十种，分类也很复杂，但从基本 PCB 制造工艺来看，PCB 制造方法可分为两大类，即加成法和减成法。加成法是指在未敷铜箔的基材上，有选择地沉积导电材料而形成导电图形的 PCB，有丝印电镀法、粘贴法等，不过，目前在国内，这种 PCB 制造方法并不多见，所以一般我们所说的 PCB 制造方法都为减成法。减成法，即在敷铜板上，通过光化学法，网印图形转移或电镀图形抗蚀层，然后蚀刻掉非图形部分的铜箔或采用机械方式去除不需要部分而制成 PCB。PCB 减成法常见可分两类，即雕刻法和蚀刻法。雕刻法：用机械加工方法除去不需要的铜箔，在单件试制或业余条件下可快速制出 PCB。蚀刻法：采用化学腐蚀方法减去不需要的铜箔，这是目前最主要的 PCB 制造方法。以常见的双面 PCB 为例，蚀刻法主要的工艺流程有：开料—钻孔—沉铜—菲林覆膜—蚀刻—褪膜—盖油—丝印—喷锡（或镀金）—锣边。

PCB 生产的依据是 PCB 文件，PCB 设计就是把设计好的电路原理图变成 PCB 文件。这是一个包含许多知识、经验技巧的过程，有很多原理上行得通的东西在工程中却难以实现，或是别人能实现的东西另一些人却实现不了，因此说设计一块 PCB 不难，但要设计一块好的 PCB 却不是一件容易的事情。弱电电子领域的两大难点在于高频信号和微弱信号的处理，在这两方面 PCB 设计制作水平对电路性能的影响就显得尤其重要。

通常设计一块 PCB,要从以下几方面考虑:一要了解电路功用,明确设计目标。电路功能很多时候限制了 PCB 的尺寸、形状以及元器件的布局。例如设计手机 PCB 就要求体积不能太大,节能灯的 PCB 就要求成本要低廉等等。二要理解电路原理,不同的要求不同的设计。例如要知道设计的是普通 PCB 还是高频板,若是有高频信号就要考虑线长、负载、反射、耦合等问题。弱信号布线要考虑可能收到的干扰,差分信号要匹配线长等问题。有高压的要考虑爬电距离以及防止空气放电,大电流的要考虑铜箔的载流能力等问题。三要熟悉元器件规格、封装参数。同样的原理图符号,对应的实物元器件可能是千差万别的,要了解不同封装的元器件的性能差别,设计的 PCB 应用的场合不同,应选择适合封装的元器件。总之,设计 PCB 涉及的知识和经验都非常重要,读者可以专门查阅相关的书籍资料学习,并通过实践逐步积累经验提高水平。

电子组装工艺对电子线路的性能至关重要。元器件是电子电路中具有独立电气功能的最小单元,如果把电子设备比做一个整体的话,元器件就是组成电子设备这个整体的细胞。电子元器件包括电阻器、电容器、电感器、晶体管、集成电路、继电器、开关等几大类。习惯上,把电阻、电容、电感、开关等这类不含有半导体 PN 结的电路单元称为元件(Component),把二极管、三极管、集成电路器件等含有 PN 结的电路单元称为器件(Device)。

目前,在电子行业中使用的电路组装技术有两种:即传统的 THT 通孔(或穿孔)安装技术(THROUGH HOLE TECHNOLOGY)和新型 SMT 表面安装技术(SURFACE MOUNTTECHNOLOGY)。所谓通孔安装技术就是将元器件插装在印制电路板的孔中;而 SMT 则是将电子元器件贴装在印制电路板或基板的表面。图 1-10 是通孔安装技术的电子组件,图 1-11是表面安装技术的电子组件。从组装工艺的角度分析,通孔插装(THT)和表面组装的主要区别是所用的元器件、PCB 外形不完全相同;前者是"插装",即将长引脚元器件插入 PCB 的焊盘孔中;而后者是"贴装",即将"无引线或短引线的"元器件贴在 PCB 焊盘的表面。从外形上看,表面安装元器件体积更小,重量更轻。实际上,表面安装元器件比穿孔安装元器件的在各方面都严格很多。在本书中把 THT 中使用的、有引脚的元件和器件称为穿孔安装元器件。把 SMT 中使用的、无引脚的元件和无引线或短引线的器件称为表面安装元器件。将表面安装元件简称 SMC(SURFACE MOUNT COMPONENT),将表面安装器件简称 SMD(SURFACE MOUNT DEVICE)。

无论哪种组装工艺,大多数电子元器件都通过焊接的方法固定到 PCB 上。焊接是电子产品组装过程中的重要工艺。焊接质量的好坏,直接影响电子电路及电子装置的工作性能。优良的焊接质量,可为电路提供良好的稳定性、可靠性,不良的焊接方法会导致元器件损坏,给测试带来很大困难,有时还会留下隐患,影响的电子设备可靠性。焊接一般分三大类:熔焊、接触焊和钎焊。熔焊是指在焊接过程中,将焊件接头加热至熔化状态,在不外加压力的

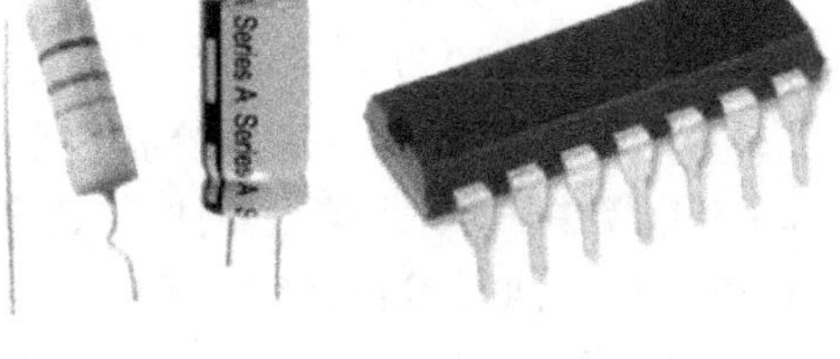

图 1-10　通孔安装元器件

图 1-11 贴片安装元器件

情况下完成焊接的方法。如电弧焊、气焊等。接触焊是指在焊接过程中，必须对焊件施加压力（加热或不加热）完成焊接的方法。如超声波焊、脉冲焊、摩擦焊等。钎焊采用比被焊件熔点低的金属材料作焊料，将焊件和焊料加热到高于焊料的熔点而低于被焊物的熔点的温度，利用液态焊料润湿被焊物，并与被焊物相互扩散，实现连接。电子产品安装工艺中所采用的焊接就是软钎焊的一种，主要使用锡、铅等低熔点合金材料作焊料，因此俗称“锡焊”。

虽然电子产品广泛采用机器（波峰焊或回流焊）焊接，但是，总有一些不规则元器件、或不适合自动焊接的元器件需要手工焊接，再一种情况是机器焊接的合格率还做不到 100%，总会有些错装、漏装的元器件需要修复。因此，手工焊接技术仍然是一线技术人员必备的生产技能。正确的手工焊接方法，需要深入理解各焊接要素和通过长期的练习，达到形意结合，才能保证焊接的质量。

一般来说，正确的焊接方法是：焊接时利用烙铁头对元器件引线和焊盘预热，烙铁头与焊盘的平面成 45°夹角，等待焊金属上升至焊接温度时加适量的焊锡，然后先拿开焊锡丝。拿开焊锡丝后，不要立即拿走烙铁，继续加热使焊锡完成润湿和扩散两个过程，直到焊点最明亮时再拿开烙铁，注意冷却过程中不要移动焊件。整个焊接过程要到位、迅速，以免焊接不良或烫坏元器件。如被焊金属未经预热，而将焊锡直接加在烙铁头上，使焊锡直接滴在焊接部位，这种焊接方法常常会导致虚焊。

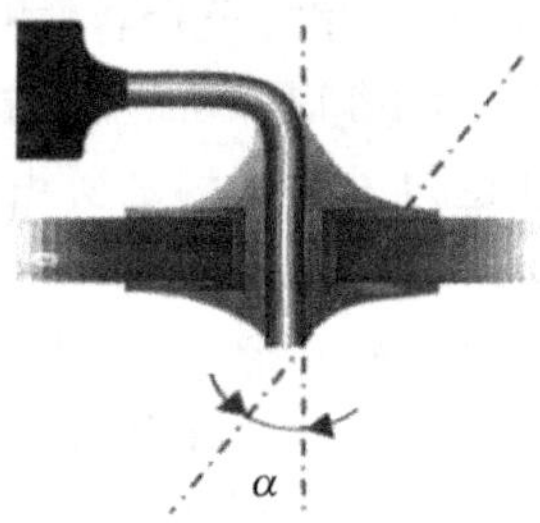

图 1-12 优良的焊点示意图

图 1-12 为优良的焊点示意图，其中浸润角度 $\alpha<60°$（注：浸润角是指焊料和母材的界面与焊料表面的切线的间的夹角）。

第三节 电子系统的基本构成

一个完整的电子装置就是一个电子系统，整个系统有大有小，大到遥测系统，小到一个电子定时装置，这些都具有一个特点：可以完成一个特定的功能。这种能实现特定功能的电子装置通常由许多部分组成，如图 1-13，一般包括模拟系统及数字系统。模拟系统有传感、高低频放大、模/数、数/模转换以及执行机构等；数字系统有信息处理、决策、控制，包括单片机系统。电子系统涉及大量的电子器件，有分立式元器件、专用集成电路、可编程器件、中大规模或超大规模集成电路和机电元件。执行输出的信号有的是以模拟量形式，如音响信号；有的则是以数字量形式直接输出，如步进电机的驱动信号。影响电子系统性能指标的往往在于模拟系统，而数字系统所用到的电路规格会更大一些。

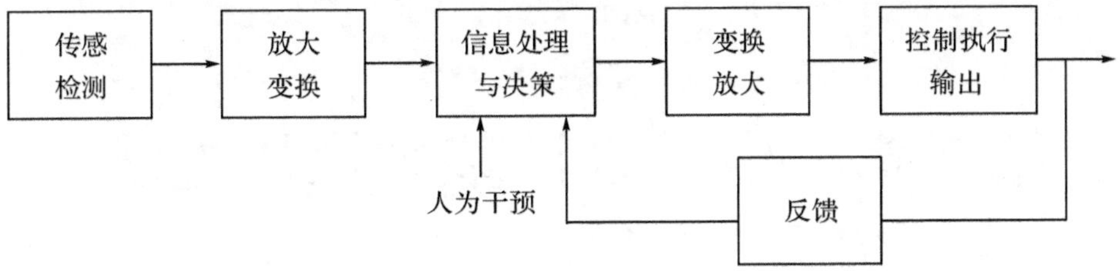

图 1-13　一般电子系统的构成

众多的电子系统它们的功能不同、规模不同、使用场合不同，因此对它们的要求也不同，从而衡量这些系统的指标也是不同的。衡量电子系统的指标可能有功能、工作范围、容量、精度、灵敏度、稳定性、可靠性、响应速度和使用场合、工作环境、供电方式、功耗、体积、重量等等。对不同系统而言，系统指标要求不同。例如：通信系统重视容量、灵敏度、稳定性、使用场合等；家电系统则主要考虑功能、稳定性、可靠性、成本等，而对精度、响应速度等指标不作过多考虑。设计人员应根据系统类型、功能要求、指标要求，细化出每个待设计的子系统的技术指标以便进行设计。细化过程中必须注意尽量符合国家标准或国际标准，并注意系统的档次定位、技术含量适当，符合发展潮流，不断满足市场需求。

根据待设计的电子系统的特点以及使用的技术层次，可将电子系统设计分为三种类型：

(1) 新系统工程开发设计。开拓、研制一个崭新的电子系统，所用的部分技术、电路、器件有待于同期开发，属于创新、开拓、科研型的设计类型。

(2) 新产品开发型设计。利用现有成熟技术、电路及器件，开发出满足市场需求的新产品、新设备。

(3) 新技术应用型设计。介于以上两种类型之间，将新技术新器件应用于电子系统的开发。将电子系统的性能提高一个新的档次。

电子综合设计是电子系统设计的基础，重点是将现有各项成熟技术、电路及器件进行综合应用，使电子装置具有一个完整的功能。传统的理论课程通常讲究知识的结构，将知识分块传授，如模拟电子技术、数字电子技术、传感器技术等。这种分类，有利于接受新知识，但是一个具有完整功能的电子装置，其涉及的知识是不受学科限制的，如很简单的数显定时开关，就要牵涉模拟、数字及电力电子等学科领域。在我们设计、开发过程中，大量的电子装置必需综合运用各方面相关知识，有机地将它们联系起来，才能成为一个完整的设计。

第二章　电子设计基本模块电路

从电路所起的作用上看，电路结构变化多端。教材体系上一般被划分为模拟电路和数字电路等，但从实际应用的需要上，这种划分没有体现出实用价值，如果做更具体的分类，会体现出更好实用价值。有一些单元电路是数字电路、模拟电路混合型的，只有两者结合，才能表现出实用意义。所以在电子设计基础电路综述这一章中，将电路概括为七大类，分作七节综述，作为电子综合设计的基本参考素材。参考素材越多，电子设计的应用面越广，变化越灵活。

第一节　线性放大基础电路

线性放大电路是为处理连续变化的模拟信号而构建的电路，包括小信号放大、大信号功率放大、交流信号放大、直流缓变信号放大等。可以说线性放大电路是电子线路的核心电路，其他许多电路可以认为是在这一电路的基础上改进而来的。如振荡电路是在放大电路的基础上增加正反馈网络而实现，电压比较器、逻辑门电路、开关电路等都是放大电路工作到极限状态的一个结果，滤波电路或选频电路是放大电路对不同频率的信号具有不同的增益等等。

一、基本线性放大电路

最基本的放大电路应该是三极管放大电路和场效应管放大电路，相关教材中都有详细介绍，这里不再复述。这里以运算放大器构成的最简单放大电路作为基本放大电路，如图 2-1-1和图 2-1-2 所示，以此为基础扩展出几款特定功能的放大电路。具体的电路结构要视运算放大器的应用要求做一定改变。

$$A_v=1+\frac{R_2}{R_1}$$

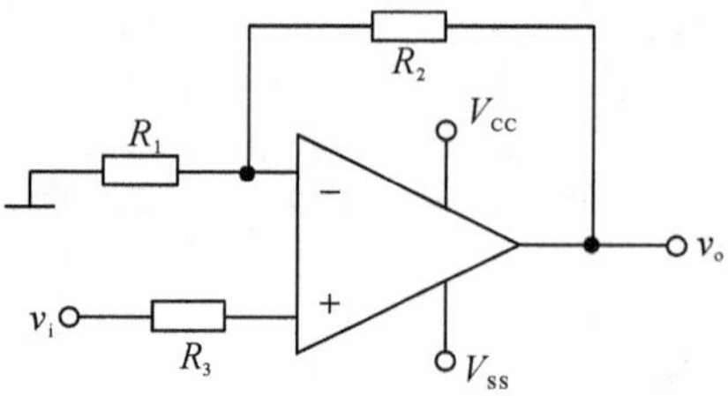

图 2-1-1　同相比例放大电路

$$A_v=-\frac{R_2}{R_1}$$

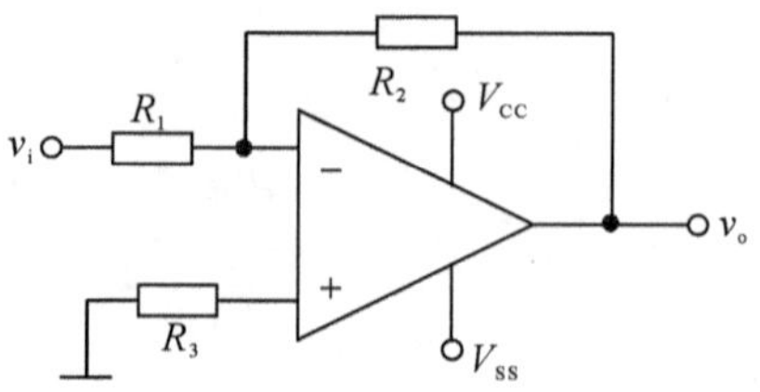

图 2-1-2　反相比例放大电路

图 2-1-1 和图 2-1-2 所示的电路是由运算放大器构成的放大电路的标准形式，其供电方式，并不一定都要采用双电源，其供电特征应该理解为三个电位：在正电位、负电位、中间电位（地线），运放输入端信号是对地连接的。比较同相比例放大电路与反相比例放大电路，除了信号传递的相位相反、增益不同外，同相放大电路的输入阻抗一般可以做得很高，而反相放大电路的输入阻抗一般比较低。如果电路需要很高的输入阻抗，例如对压电传感器的电荷信息进行放大，芯片类型应该选择场效应管作为输入级的运算放大器，如 LF353、TL062、TL082 等。电路结构采用图 2-1-3 所示的高输入阻抗的放大电路结构，其电压增益与电阻 R_1、R_2、R_3、R_4 的阻值有关。

由运算放大器所构成的放大电路的频率响应能力根据放大器的型号不同，差别较大。原则上频率低端都可以工作到直流状态，差别在于频率的高端。通用的 LM358、LM324 等运算放大器一般用于 10kHz 以下的信号频率，在音响系统里信号频率要达到 50kHz 以上，一般采用 NE5532、AD8032 一类的运算放大器，而更高频率领域的运算放大器在近几年也陆续推出，如 THS3001ID、THS3201D 等。对于不同的用途应该有针对性地进行选择。

$$A_v=\frac{v_o}{v_1-v_2}=-\frac{R_4}{R_3}\left(1+\frac{2R_2}{R_1}\right) \tag{2-1}$$

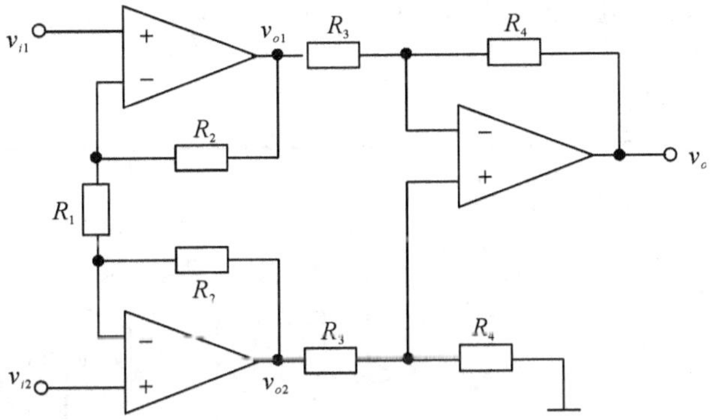

图 2-1-3　仪用放大电路

图 2-1-3 所示的所示的电路称作仪表放大电路，作为一种典型的电路结构十分常用。为此，有专门的集成器件，如德州仪器公司推出的 INA333A 芯片就是这一电路结构。

在直流状态下，主要是温度漂移和静态偏差问题，要选择温度漂移量小的器件。OP07 是一款专门用于直流信号放大的芯片，其高频响应能力比较差。一般对于温度变化信号、湿度变化信号等缓变信号的处理采用图 2-1-4 所示的低温漂的直流放大器电路结构。

图 2-1-4 电路是同相放大电路的变形，采用双电源供电，输入端对地输入直流信号，图中电位器 R_5 用于调整运算放大器输出电位的静态偏差，在输入信号为零时，使其输出回到零值。在惠斯顿电桥等检测仪器中大多用到这一结构的电路。

二、具有幅度限制能力的线性放大电路

在以上放大电路的基本结构基础上，在不同的应用环境里，要结合具体的要求进行调整。有一些场合里，要对运算放大器输出的信号幅度进行限制，例如设计助听器就要考虑这一问题。

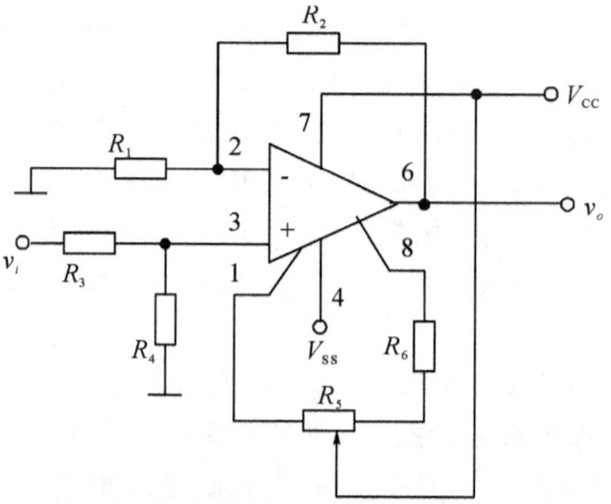

图 2-1-4 基于 OP07 的直流放大器

1. 增益自控式助听器实验电路

图 2-1-5 是一款输出信号峰值为限制目标自动调整增益的线性放大电路，其工作特性是当输入的信号幅度大时，电路的总增益均匀下降，保证输出信号幅度不会过大。在录音电路中都要用到这一类电路。

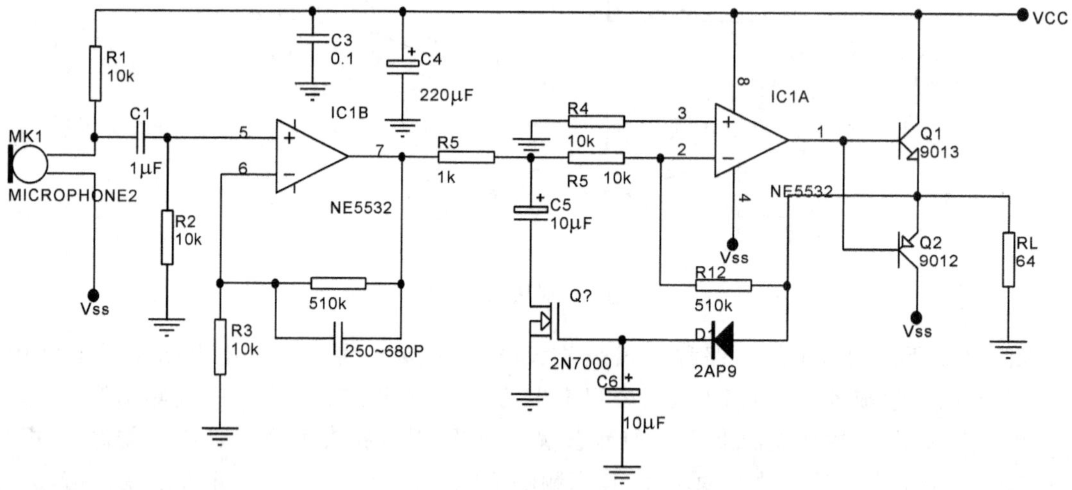

图 2-1-5 增益自控式音频放大电路

这一款电路的结构就是由拾音电路、同相放大电路、反相放大电路、电流放大电路、整流电路、变电阻电路组成。柱极体话筒 MIC_1 和电阻 R_1 构成拾音电路，将 MIC_1 声压-电流转换获得的电流信号经过 R_1 转换成符合声音变化规律的电压信号，送入后面的放大电路。R_2、R_3、R_4、IC_{1B} 和 C_2 构成同相放大电路，将拾音电路送放的信号进行预放大，送至自动衰减电路。其中的 C_2 是非必要的器件，为消除可以能产生的自激振荡而设置，一般不必安装。R_6、R_7、R_{12}、IC_{1A}、Q_1、Q_2、构成反相放大电路，将自动衰减电路输入的信号再放大，其中 Q_1、Q_2 是电流放大元件，弥补运算放大器输出电流能力弱的缺陷，能够为负载提供足够的电流。

三极管 Q_1、Q_2 放置在电压控制环路之内，三极管的导通电压不会影响输出电压值。D_1、C_6 整流电路，依据输出信号峰值大小转换成直流电压，控制场效应管 Q_3 的导通程度。这里场效应管 Q_3 不是用作信号放大，而是作为压控可变电阻应用，场效应管在其 DS 极间电压值很低时具有这一功能。场效应管 Q_3 的导通电阻与电阻 R_5 形成分压，将信号电压衰减后送到第二放大级。当输出信号幅度较低时，整流后的直流电压不足以使场效应管导通，无衰信号作用。

输出信号的最高电压峰值被限制在 $V_{GS0}+V_D$ 数值上，约为 1.7V(1.1V+0.6V)。如果希望再降低输出电压值，可以采用倍压整流电路并，且用肖特基二极管替代硅二极管，这样处理后可以将峰值电压限制在 0.6V 左右。二级电压放大电路的电压增益分别受 R_3、R_4 比值和 R_7、R_{12} 比值控制。考虑到声音频率的全频段放大，运算放大器选择 NE5532，由于这一电路中设置了电压增益自动控制电路，放大电路的最高电压总增益设计得较高，约 2700 倍，可以获取很弱小的声音信号。

图 2-1-6 和图 2-1-7 是为初学者练习而设计的线路以及所制作的实物，占用空间比较大。如果缩小元件体积，还可以缩小线路板面积，做得更紧凑一点。

这一增益自控式助听器实验电路的电源电压为±3V～±15V，适应范围比较宽。若希望采用单层电源供电，如叠层电池供电，只要增加中心电位设置电路即可，不必更动器件选项型。但如果要采用单 1.5V 电池供电的话，必须选用适合低电压供电的集成芯片和器件，同时，对电源的供电方式做一些特殊处理。

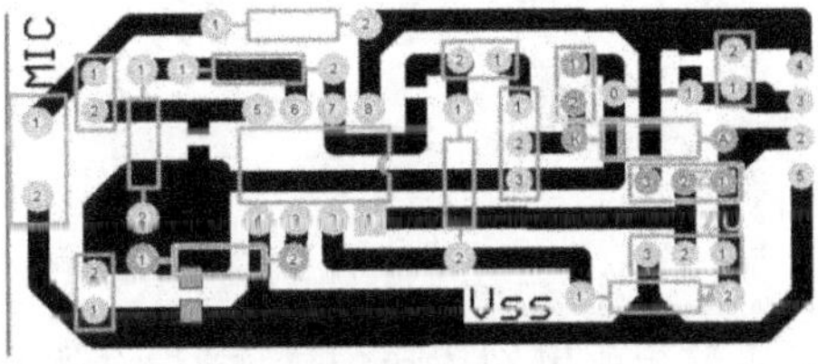

图 2-1-6　放大器线路

图 2-1-7　放大器实物

2. 限幅式助听器实验电路

限幅式放大电路是固定放大电路的电压增益，采用降低电源电压的方式限制输出信号的最大幅度，当输入信号幅度过大时，输出信号的峰值被切除。这样做虽然大信号失真严重，但不会降低小信号的音量。在高分贝噪声环境里的消噪耳机适合采用这一技术。电路结构如图 2-1-8 所示。

与图 2-1-5 所示的电路相比，省掉了自动衰减电路和整流电路，但增加了一个中间电位设置电路 R_5、D_1，以适合单电源供电环境。这里的 D_1 起到稳压作用，最好采用红外发光二极管，使得放大器输出点的静态电位处于 1.2V。电源电压设置为 3.6V，目的是利用一节锂电池供电。这样，为信号正半周留出约 2.5V 工作电压，去除运放的高电平饱和压降1.2V和三极管发射结的导通电 0.7V，还可以输出 0.5V 的信号峰值。

图 2-1-9 和图 2-1-10 是为初学者练习而设计的线路以及所制作的实物。

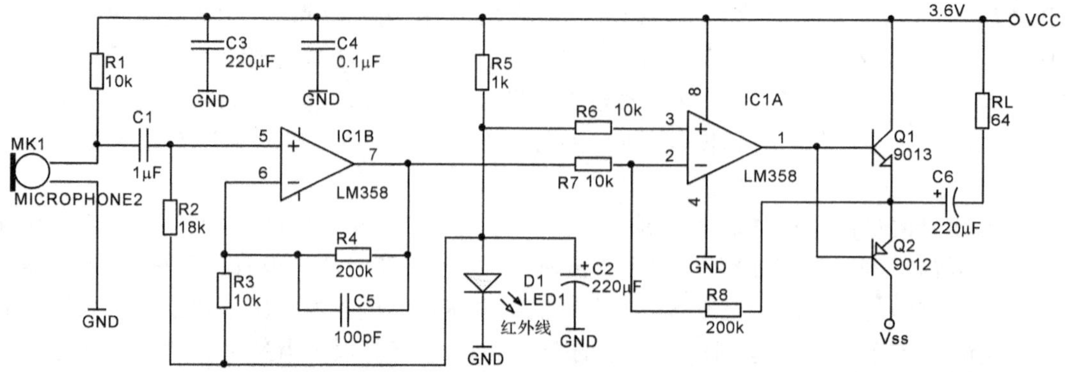

图 2-1-8 限幅式音频放大电路

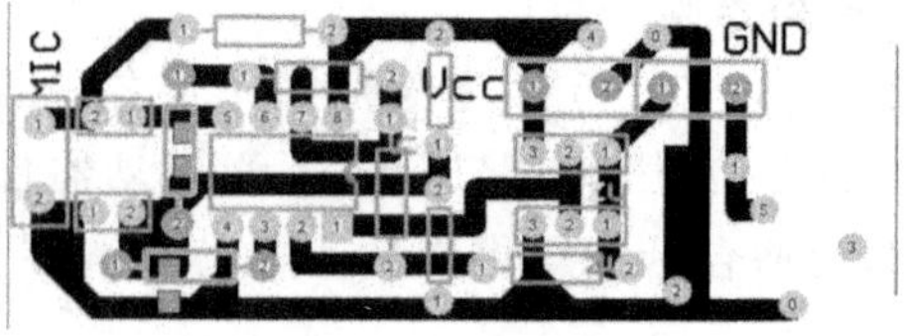

图 2-1-9 放大器线路

图 2-1-10 放大器实物

三、低频光耦隔离放大电路

1. 光耦隔离音频放大电路

有些场合传送信号时需要进行电路隔离，例如通过交流电网传送信号，终端设备的电路不能够直接连接于交流电网中。早期的隔离措施是采用变压器耦合信号，在频率响应上存在一定限制，变压器基本不能够耦合低频信号，对高频信号的损耗也过大，频带宽度有限。例如在音频信号全频段范围内传送，变压器耦合难以满足要求。而光电耦合器的频带范围很宽，完全能够满足音频信号的传送要求，而且隔离能力很强，能够承受几千伏特的高压，所以是一个很好的信号耦合器件，目前使用得很广泛。但光电耦合器是非线性器件，要做信号的线性传送，需要在电路上采取一定措施。图 2-1-11 所示的电路是采用光电耦合器实现的音频信号线性传送电路。

图 2-1-11 的左边是一个线性同相放大电路，右边是一个线性反相放大电路，中间部分实际上是一个深度负反馈的放大电路兼耦合器。其中的两个光电耦合器是同一个集成器件，参数性能一致。利用深度负反馈技术来纠正光电耦合器产生的失真，效果十分理想，其输入、输出信号的波形如图 2-1-12 所示，从波形曲线上看不出存在失真现象。

为了适用于音响系统，电路中的运算放大器选用 NE5532，有足够高的频率响应能力，光电耦合器采用通用的 LP521-2。

既然输入、输出的电路是相隔离的，必定有两套独立的供电电源，每一套的电源电压均可以在±4V～±15V 范围内采用，其工作频率范围为 DC-20kHz，完全可以在高质量的音响

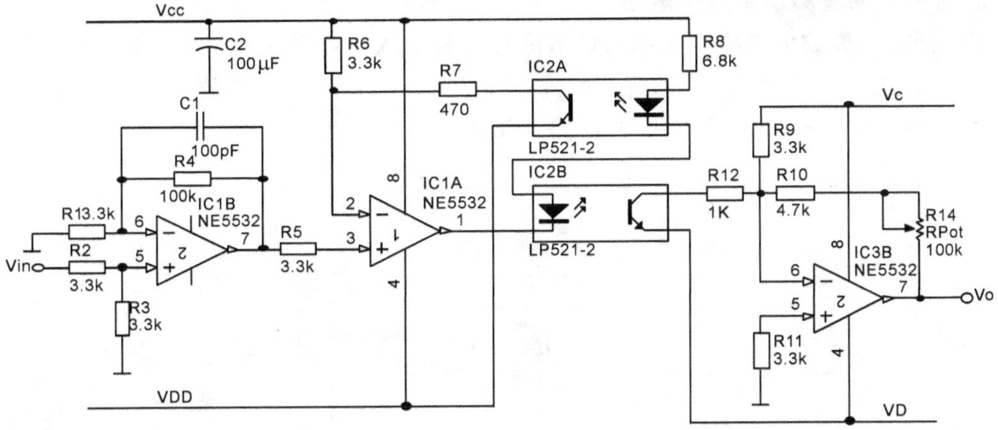

图 2-1-11　低频光耦隔离放大器

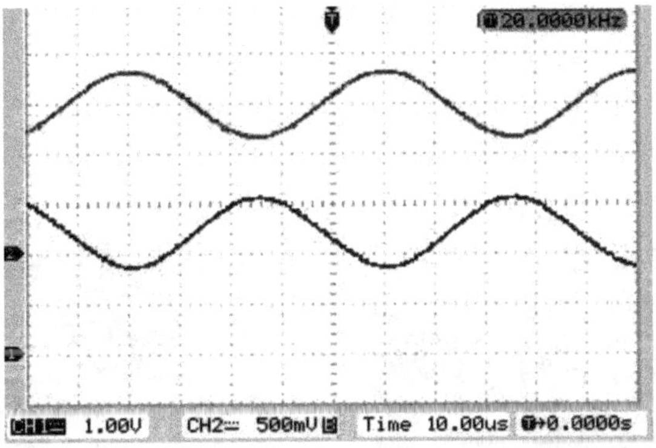

图 2-1-12　光耦隔离放大器的输入、输出波形关系

系统中采用。测试线路和实物如图 2-1-13 和图 2-1-14 所示。受光电耦合器的频率响应能力限制，这种信号耦合方式局限于低频范围，若采用高速光电耦合器，信号频率可以工作到几百 kHz，高频信号的电路隔离式耦合还是采用高频变压器实现。

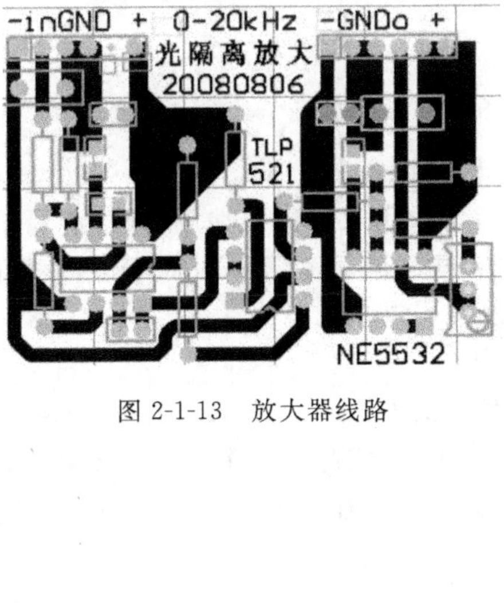

图 2-1-13　放大器线路

图 2-1-14　放大器实物

2. 音频光耦隔离功率放大电路

在光耦合隔离放大电路中光耦的输出信号直接送入功率放大电路，就成为光耦隔离功率放大器，如图 2-1-15 所示。图的右边电路是采用 TDA2822 小功率放大芯片构成的，为了提高电源电压利用率，增大输出功率，电路连接成 BTL 结构。

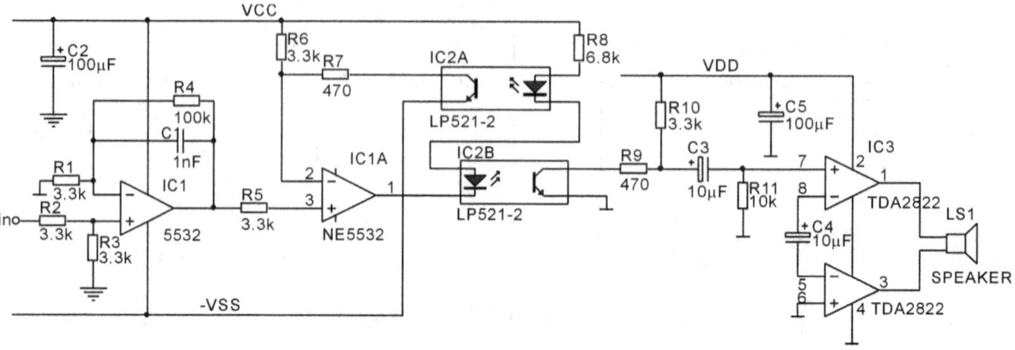

图 2-1-15 低频光耦隔离功率放大器

左边电路采用±4V～±15V 双电源供电，右边电路采用 10～15V 的单电源供电。工作频率为 DC-15kHz。测试线路和实物如图 2-1-16 和图 2-1-17 所示。

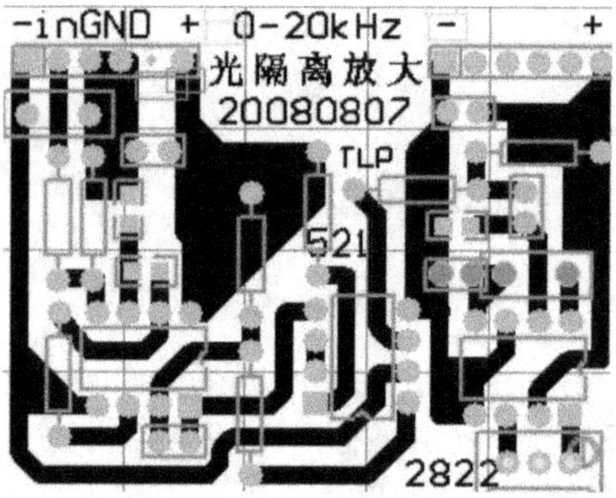

图 2-1-16 放大器线路

图 2-1-17 放大器实物

四、音频功率放大电路

音频功率放大的工作特点是电压动态范围大，输出电流能力强。实现音频功率放大的电路结构有很多，早期的是单管甲类功放电路，之后多采用双管推挽功放电路，需要用变压器配合使用。由于变压器体积大，成本高，目前，功率电路多采用互补对称结构，信号的正、负半周各由两套电路驱动，最后合成完整的正弦波。

1. 互补对称音频功率放大电路基本结构

互补对称音频功率放大电路是当前的主流结构，如图 2-1-18 所示。图中三极管 T_1 将输入信号进行电压放大，互补对称功率输出管是 T_2 和 T_3，实际是两个射极输出器。D_1、D_2 的导通电压为 T_2、T_3 管提供静态基态电压，电阻 R_4、R_5 是为了防止 T_2、T_3 管静态电流过大而设置，取值一般在正常 0.5Ω 以下。输出点的静态电位由可变电阻 R_{W1} 调整，设置为电源电压值的一半，图中参数为 6V。C_2 是自举电容，它能将电容上端的电位举高至电源电压以上，保证功率电路向负载输出高电位时，T_2 管的基极有足够的驱动电流。电路中使用了输出耦合电容 C_3 后，可以采用单电源供电。

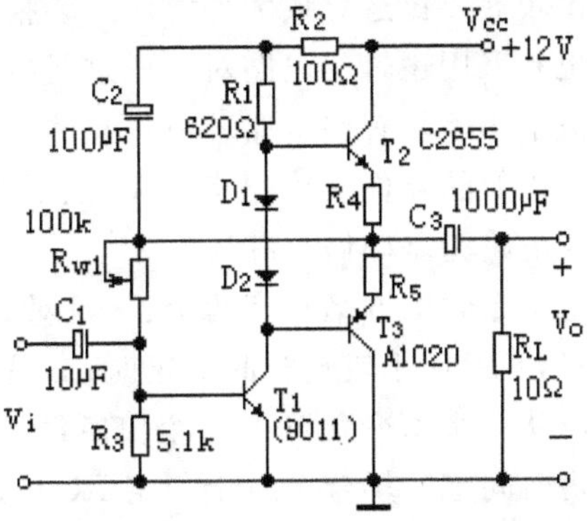

图 2-1-18　互补对称功率电路

电路中的功率管 T_2、T_3 选用了专用音频功率三极管对管 $C2655$ 和 $A1020$，它们的电流放大倍数值比较均匀。若要再增大电流驱动能力，输出级可以采用复合管、场效应管等。若要再增大输出功率，还需要提高电源电压。

2. 基于 TDA2030 的集成功率放大电路

*TDA*2030 集成功率放大器是比较典型的功率放大器件，它的频响范围宽、线性度好、失真小，输出功率不大于 10*W* 时，非线性失真在 0.1% 以下，所以音质较好。最大输出功率可以达到 20*W*。其端口数少，电路连接简单与运算放大器的连接相类似。图 2-1-19 是采用双电源供电的典型应用电路，图 2-1-20 是它的布线图。电压增益由 R_3、R_2 两个电阻的比值决定。D_1、D_2 是芯片的保护二极管，正常情况下不起作用。使用时，需要为 *TDA*2030 加装散热器。

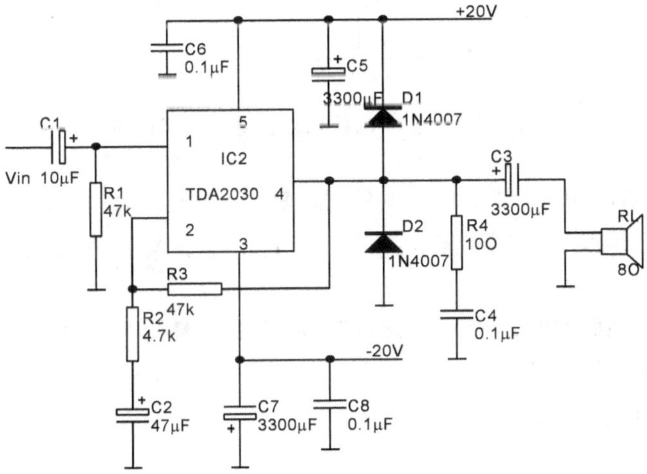

图 2-1-19　TDA2030 功率放大电路

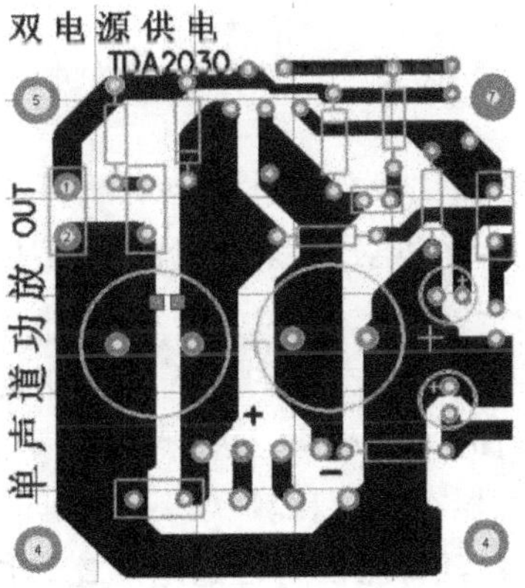

图 2-1-20　TDA2030 功率放大器布线

第二节　电压比较及电压钳制基础电路

电压比较电路是最常用的电子电路之一，用于判断电路的电压状态。最基本的是采用专用电压比较器进行比较，也可以采用运算放大器进行比较，能够灵活地设置电压基准值。

一般比较器要比运算放大器的电压转换速度快一些，输入端电位的允许变化范围也要大一些。也有采用逻辑门电路对电压进行判断，只是它的临界值比较固定，而且不同的门电路其临界值不相等。有些电路还有将晶体三极管用作电压比较器，只是电压比较点固定于0.6V左右。类似的器件应该还有很多，但不作为专用电路，属于灵活应用而已。以下只以专用电压比较电路为基础做一综述。

电子定时的方案只有两个：一是对固定周期的振荡信号进行个数统计，获得时间为 nT 的定时，一般用于较长时间的定时；二是依据通过电阻对电容充电需要一定时间，判定电容上电压从一个值变化到另一个值所经历的时间，它与电路的时间常数 $\tau=RC$ 有关联，一般用于短时间定时场合。对于判定 RC 电路电容上的电压值，就必须用到电压比较电路，所以 RC 定时电路总是与电压比较电路联系在一起的。

一、电压比较电路

1. 基本电压比较电路

电压比较电路是最简单的电子电路之一，如图 2-2-1 所示。图 2-2-2 是它的电压转移特性曲线，V_{REF}是转换的临界电压或者称为参考电压，在 V_{REF}附近存在一段过渡区。基本电压比较电路一般用于输入电压不会落在过渡区域的场合。

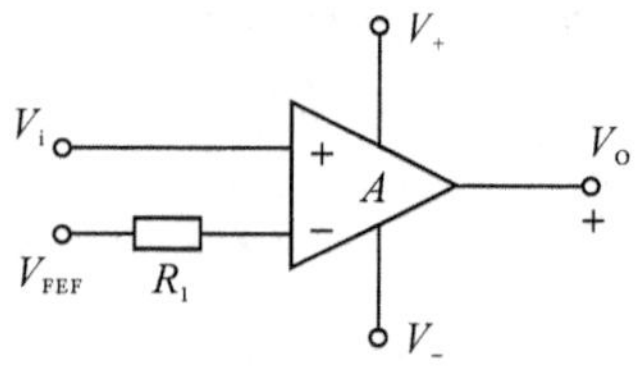

图 2-2-1 基本电压比较电路

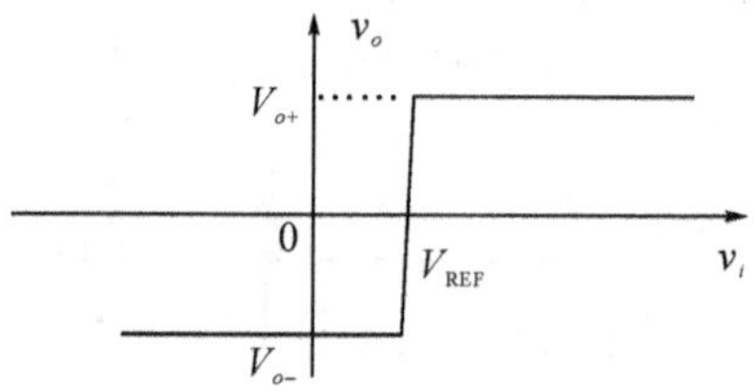

图 2-2-2 基本电压比较器电压转移特性

电压比较电路的供电电压可以是双电源，也可以是单电源，根据需要而定。可以在同相端设置参考电压 V_{REF}，比较电压从反相端输入，这样，输出电位将反转。如果 $V_{REF}=0$，就是过零比较器。

电压比较电路的输入电位变化传递到输出端，存在一定的延时，在高速环境下要考虑这一延时时间的影响，这一点也就是高带环境下不把运算放大器用作电压比较的主要原因，运算放大器在电压比较状态下的延时时间会很长。

2. 具有滞回特性的电压比较电路

对于基本电压比较电路，若输入电压落在过渡区，输出电位会存在不确定性。具有滞回特性的电压比较电路消除了这种不确定性，电路结构如图 2-2-3 所示，其电压转移特性如图 2-2-4 曲线所示。在电路结构上看，增加了一条正反馈支路。

迟滞电压比较电路有一个电压滞回区间，它以参考电压 V_{REF} 为中心，$\pm\frac{R_2}{R_2+R_3}V_o$ 为区间，在区间之内的保持原状态，区间之外的按照相位传递关系输出。参考电压值与区间大小设定相对独立。由于存在电压滞回区间，可以消除落在区间内的电位变化对输出的影响，所以这一电压比较电路应用最广泛。

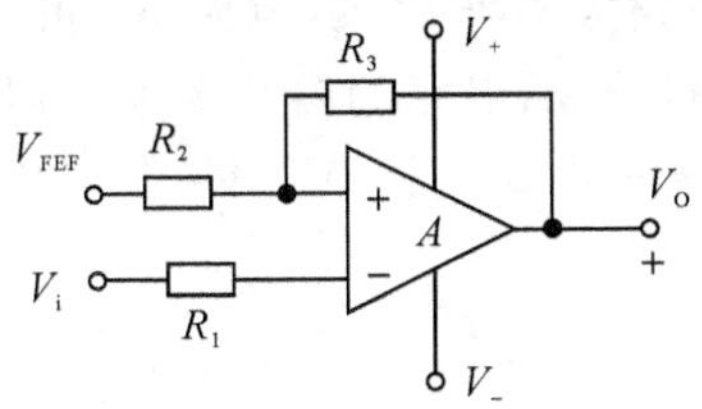

图 2-2-3　迟滞电压比较电路

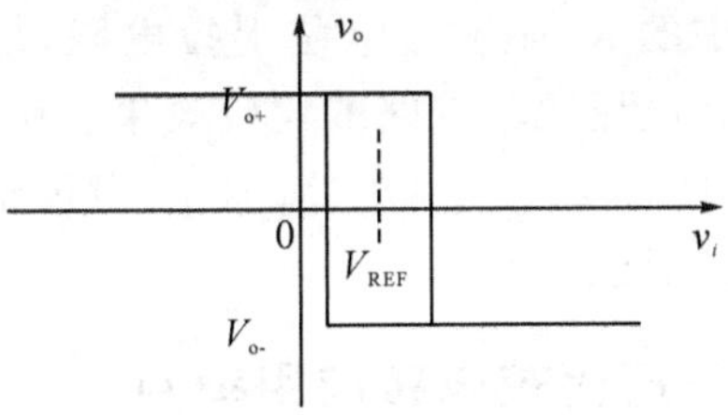

图 2-2-4　滞电压比较器电压转移特性

3. 窗孔电压比较电路

以上电压比较电路只区分电位高和电位低。而在有些场合，希望区分某一段范围内与范围外的电位差别，具有这种功能的就是窗孔电压比较电路，有两个电路结构：双电压比较器结构和单电压比较器结构。双电压比较器结构如图 2-2-5 所示，其电压转移特性如图 2-2-6曲线所示。单电压比较器结构如图 2-2-7 所示，其电压转移特性如图 2-2-8 曲线所示。

$$V_{REF1}=\frac{R_2+R_3}{R_1+R_2+R_3}(V_{CC}-V_{SS}) \tag{2-2}$$

$$V_{REF2}=\frac{R_3}{R_1+R_2+R_3}(V_{CC}-V_{SS}) \tag{2-3}$$

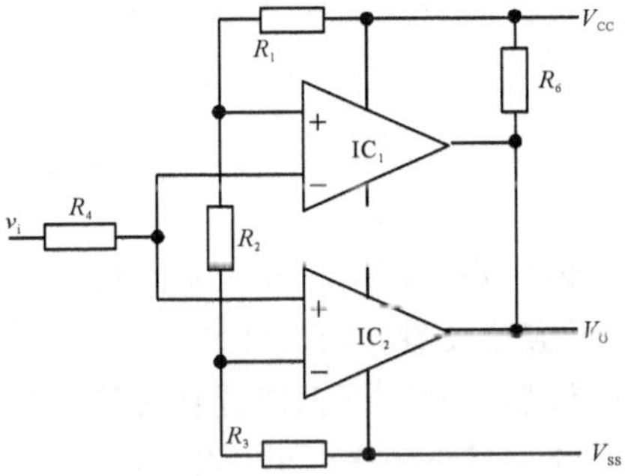

图 2-2-5　窗孔电压比较电路

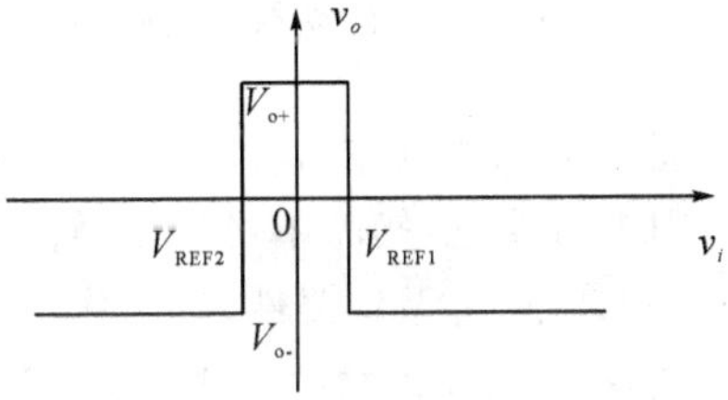

图 2-2-6　窗孔电压比较器电压转移特性

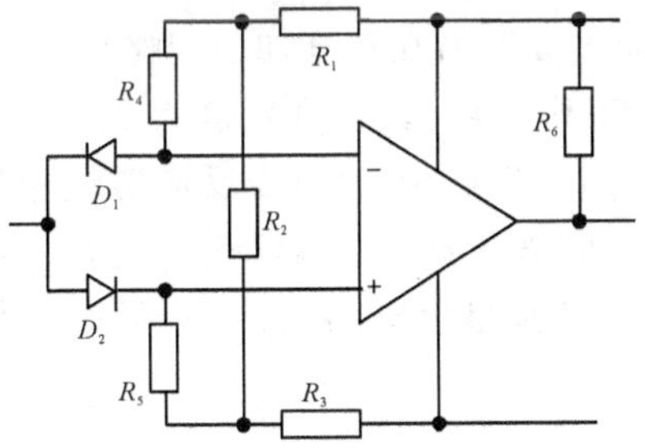

图 2-2-7　窗孔电压比较电路

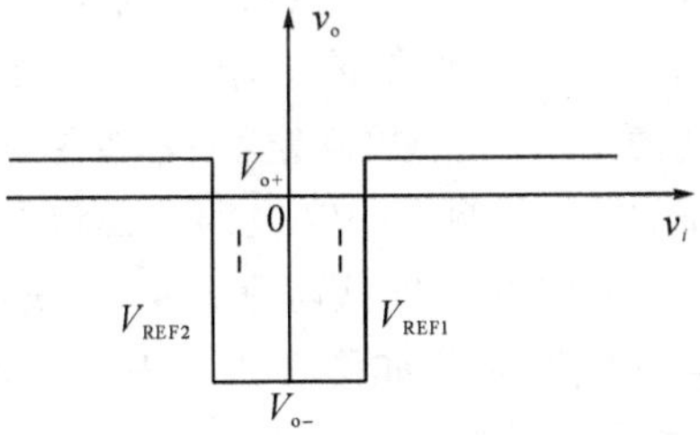

图 2-2-8　窗孔电压比较器电压转移特性

$$V_{REF1}=\frac{R_2+R_3}{R_1+R_2+R_3}(V_{CC}-V_{SS})+V_D \tag{2-4}$$

$$V_{REF2}=\frac{R_2+R_3}{R_1+R_2+R_3}(V_{CC}-V_{SS})-V_D \tag{2-5}$$

电路中的 R_6 是输出电位上拉电阻，如果采用运算放大器作比较，电阻 R_6 可以省去。这两个窗孔电压比较电路的比较效果有所差别：图 2-2-5 所示电路的窗孔宽度可以设置得无限小，而图 2-2-7 所示电路的窗孔宽度最小值为 $2V_D$，一般要大于 $2V_D$，V_D 是二极管的导通电压，硅二极管为 0.6V。

二、电压比较电路应用举例

需要用到电压比较的场合很多。许多振荡电路就是采用滞回电压比较方式实现的，放在振荡电路中叙述，这里列举几个普通应用中的事例。

1. 磁铁感知器

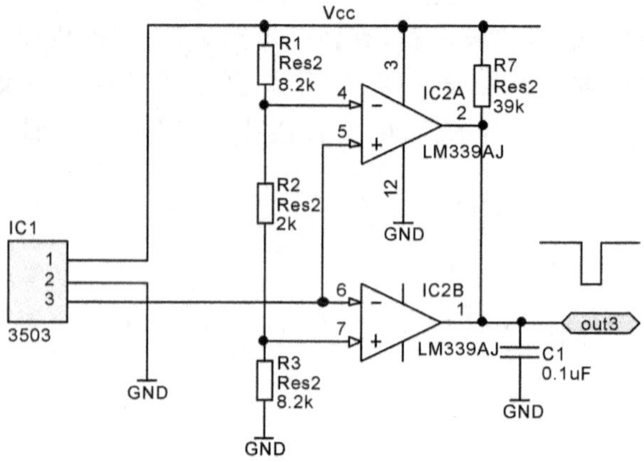

图 2-2-9 磁铁探测电路图

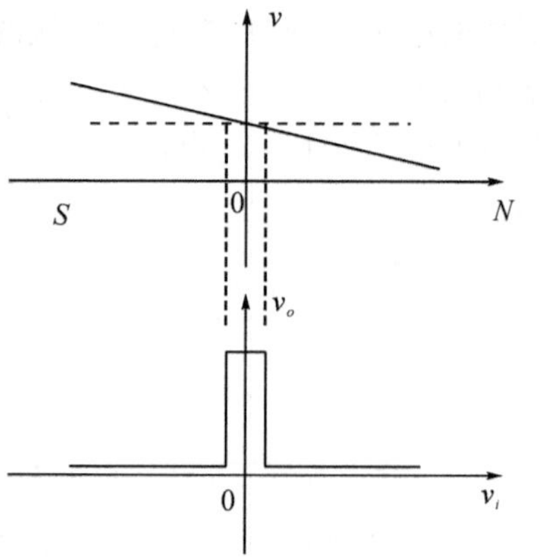

图 2-2-10 磁铁位置与输出电压关系

在智能汽车比赛电磁组赛车上，要设置一个磁铁感知器，以判断赛道的起点与终点。多数赛车上采用干簧管，虽然简单，但干簧管上是机械触点，反应速度较低，在高速行进的车上可能无法检测。如果改用霍尔器件，其工作速度可以做得非常高，任意速度都能俘获磁铁信息。霍尔开关只能感知 S、N 极中的一个极，在不确定磁铁极性的情况下不能采用。只有线性霍尔器件才能适用，无论是靠近磁铁的 N 极还是 S 极，都会输出电压变化量，其变化的方向不同，需要将线性霍尔传感器获得的电压信息转换成二值电压，就要用到窗孔电压比较电路。图 2-2-9 所示的电路可以完成这一转换要求，其灵敏度还可以通过改变窗孔宽度加以调整。

图中 IC1 是线性霍尔传感器 3503，电路采用 5V 工作电压，其窗孔宽度为 0.54V。最小低电平宽度由 R_7、C_1 参数确定，图示参数约为 4ms。图 2-2-10 所示曲线反应磁铁位置与输出电压关系，磁场影响很小时电路输出高电平，只要受到微量磁场影响，不管是 S 极影响还是 N 极影响，电路均输出低电平。整个磁铁探测器由四套图示电路组成，以低电平脉冲形式输出。实际线路布置如图 2-2-11 所示，横跨于车身。

2. 自动照明开关

图 2-2-12 所示电路是比较简单的自动照明控制器，由迟滞电压比较电路和驱动电路构成。可以用于路灯的自动照明控制。

图中 R_1 是光敏电阻，受光照后阻值变小，比较器反相端电位上升，当高于同相端电位时，电压比较器输出低电平，继电器失电，照明电路被切断。当环境照度较低时，光敏电阻 R_1 阻值变大，比较器反相端电位下降，当低于同相端电位时，电压比较器输出高电平，继电

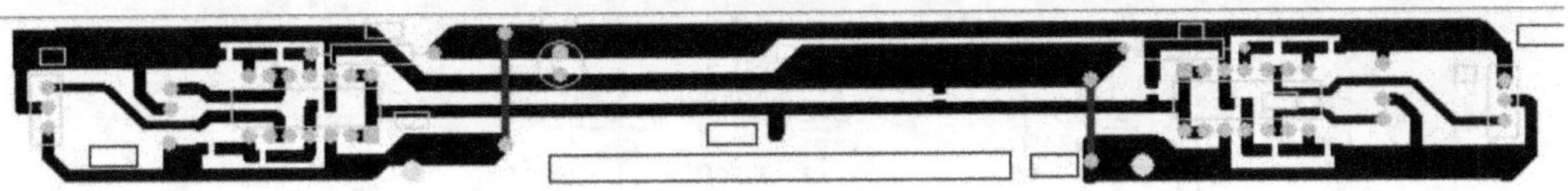

图 2-2-11　磁铁探测器线路

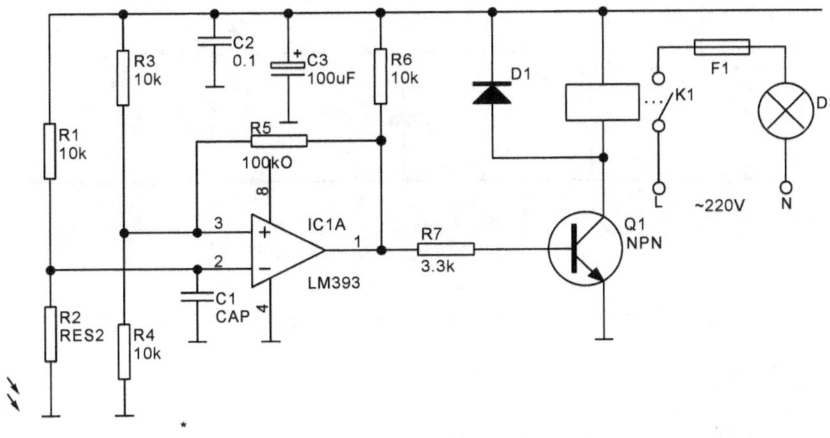

图 2-2-12　自动照明开关电路

器吸合，照明电路接通。电路采用迟滞结构，使得同相端电位随输出状态改变，保证了开启与关闭的稳定性。这一电路相对应的线路布局如图 2-2-13 所示，可供初学者试验效果。

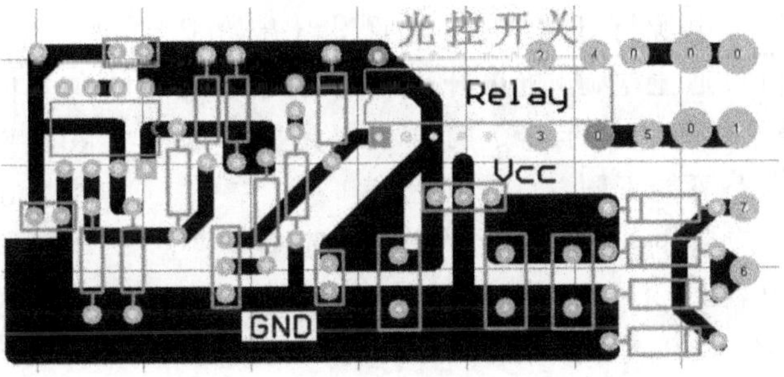

图 2-2-13　自动照明开关线路

许多场合都将迟滞电压比较电路用在开关控制中，如电冰箱、保温箱的温度控制，水泵的自动控制，排烟机的自动控制，自动充电器等，其使用方法基本相类似。

3. 酿酒罐温度控制模块

图 2-2-14 所示电路是为酿酒罐保温而设计的温度控制模块。该模块由电压比较电路、晶闸管开关电路、供电网络三部分构成。其中 Rt 是热敏电阻，由他感知温度，经电压比较器输出电平驱动晶闸管工作，控制加热器的通、断。

一般开关控制型的电路要引入迟滞回路。从图 2-2-14 电路上看，电压比较器没有采用迟滞网络，但实际存在迟滞效应。这一迟滞效果是由温度变化与传导的滞后效应所造成，因而也能够保证电路工作的稳定性。

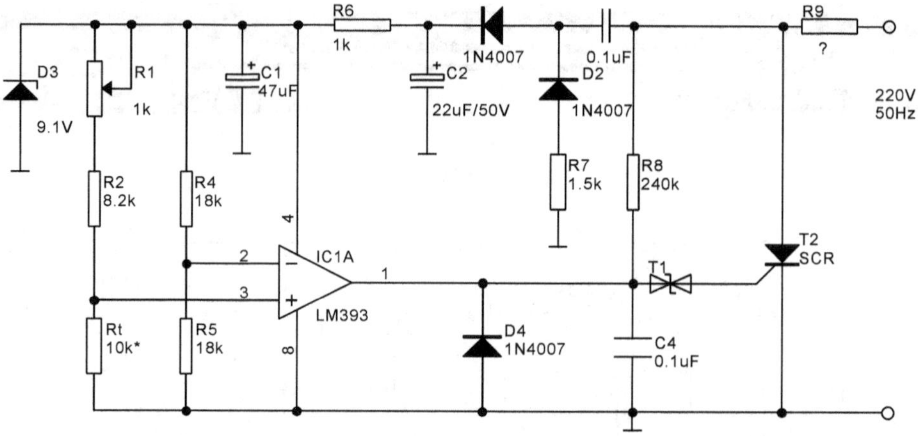

图 2-2-14　自动温度开关电路

温度开关电路应用十分普遍，所有家用电热器具都是这一类控制方式。

三、*RC* 定时电路

采用电阻、电容组成的电路十分简单，但他却是很多电路的工作基础。*RC* 定时电路常用于硬件电路的短时间定时。*RC* 定时电路也称为 *RC* 积分电路，两者名称不同，实质是相通的。以 *RC* 电路为基础，加上电子电路的处理，其应用十分广泛。

1. *RC* 延迟开关

图 2-2-15 所示电路是 *RC* 延时开关，该电路原本用于关电源的延迟供电，开关电源打开后，辅助电源得电开始工作，经过一定时间后再接通主电源，防止开机同时加电出现过大的浪涌电流。通常计算机显示器延时开机也是鉴于这一考虑，但所采用的电路可能不同。

这一电路以场效应管的门电压为参考进行延时。当 15V 电压刚加入时，电容 C_7 上没有电压，场效应管 Q_1 没有开启。随后经过 R_2、R_{12} 对 C_7 充电，使得 C_7 上电压逐渐上升，升至开户电压时，Q_1 开通，继电器得电吸合，接通主电源电路。延时时间决定于 *RC* 时间常数 τ，但不等于 τ，其中 $\tau=C_7(R_2 /\!/ R_{12})$。这一电路的实际延时约为 1s。

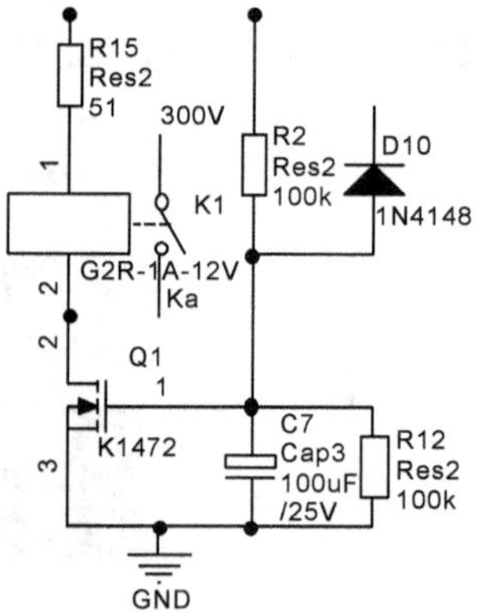

图 2-2-15　RC 延时开关

2. 过电流保护定时器

图 2-2-16 所示电路也是 *RC* 延时开关，该电路原本是为了防止学生实验中电源短路引起的过大电流烧毁器件而设计的，原称过流定时保护器。当输出端口出现短路过流时，快速切断电路，同时让控制电路保持一段时间，并发出报警声。

这一电路的结构特别简单，主体由 *RC* 电路构成。D_1、C_1 是控制电路供电网络，与定时无关。J_1 是干簧管以及绕在他外面的线圈，负责对电流的感知。J_2 是继电器，负责主电路通断。R_1、R_2、R_4、C_2、C_3 组成二级 *RC* 积分电路，其充时间主要由 R_1、R_2、C_2 参数决定，大约定时 0.1*s*，放电时间主要由 C_3、R_4 参数决定，大约定时 10s。过流保护过程为：当流过绕在干簧管外面线圈中的电流超过 3A 时，干簧管内触片吸合，对电容 C_2、C_3 充电，C_3 上电压达到场效应 Q_1 的开启电压后，继电器得电吸合，常闭触点断开，短路电流被切断。

过流定时保护器的线路布局如图 2-2-17 所示，工作灵敏度较高。

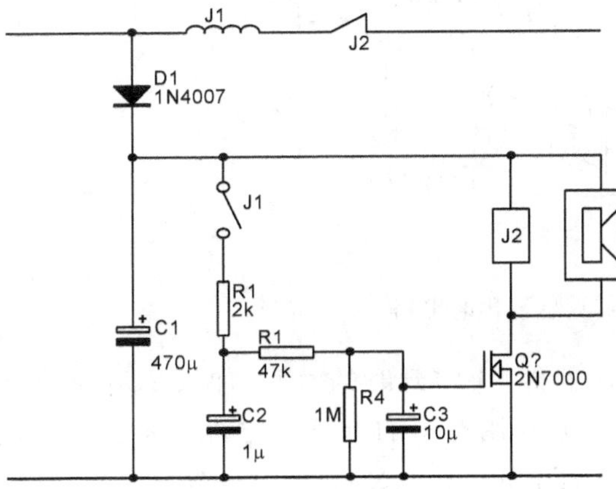

图 2-2-16　RC 延时开关

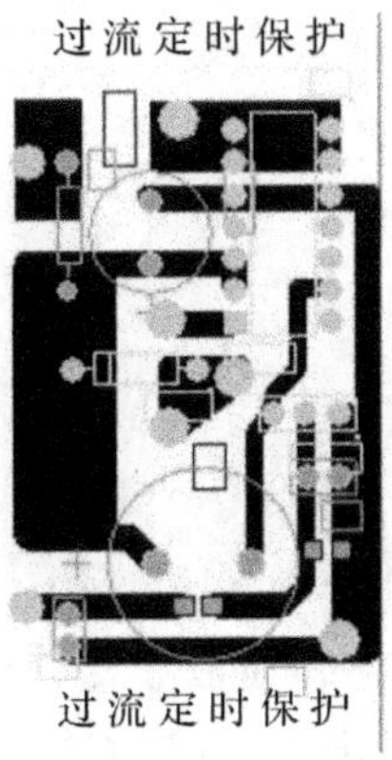

图 2-2-17　延时开关线路

3. 基于 555 集成芯片的单稳态电路

555 定时芯片是一款十分常用的集成器件。图 2-2-18 所示电路是由 555 集成芯片构成的单稳态电路。其本质是一个 RC 定时器，只是比一般的电路多了一个触发功能，多了一套整形电路。定时时间以脉冲宽度形式体现，脉冲宽度 $t=RC$。

在输入端输入一个低电平脉冲，555 芯片的输出端输出高电平，进入时定时时间。经过一个定时宽度，输出回落到低电平。注意输入的脉冲宽度应该小于定时宽度。

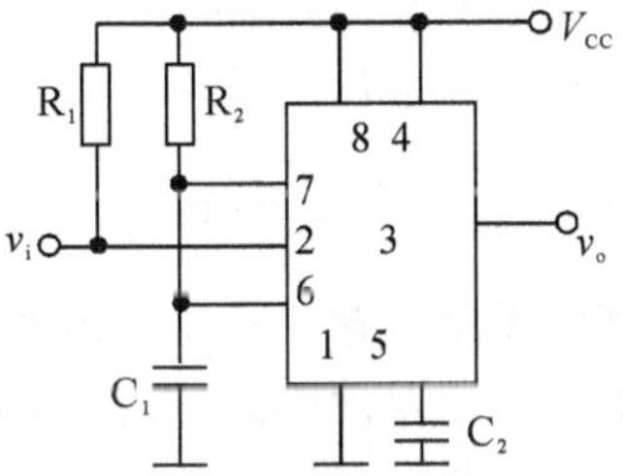

图 2-2-18　555 单稳态电路

4. 低速脉冲延迟电路

图 2-2-20 所示的电路能够将输入的脉冲信号延时一定时间后输出，并保持原脉冲宽度不变，如曲线图 2-2-19 所示，延时时间决定于 RC 参数。这一电路原本为脉冲调制电源设计，为不同的调制点设置时间差。

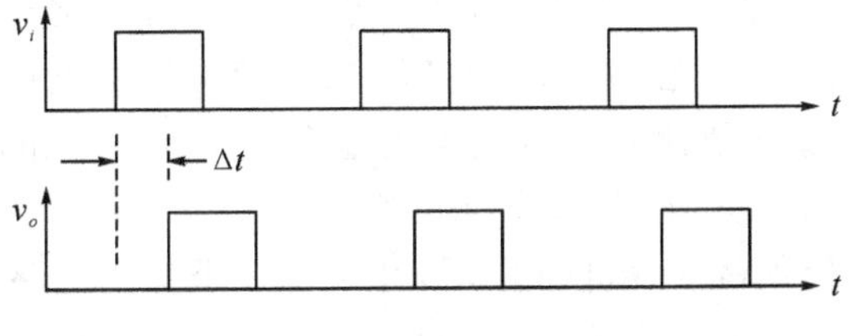

图 2-2-19　低速脉冲延时曲线

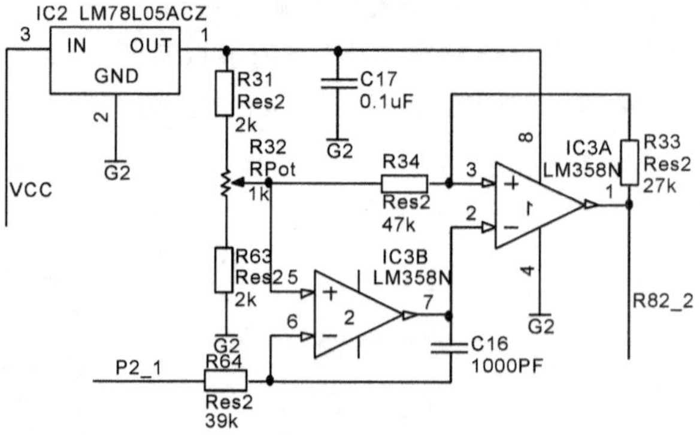

图 2-2-20　低速脉冲延时电路

作为延时功能，电路中的 R_{64}、C_{16} 是主体器件，决定延时的时间，加入 IC_{3B} 是将非线性 RC 积分电路转换成线性积分电路，以便能充分利用有限的电压向定时电容充电。定时电容上的电压耦合至以 IC_{3A} 构建的迟滞电压比较电路。R_{31}、R_{32}、R_{63} 组成分压电路，提供充放电和电压比较的参考电压，由 R_{32} 微调，可以改变输出脉冲宽度，使之与输入脉冲宽度相等。三端稳压器 IC_2 为延时电路提供工作电压，与输入脉冲的幅度相配合。

图 2-2-20 中元件参数决定的延时时间约为 0.1ms。运算放大器 LM358 在电平转换过程中存在明显滞后，会形成附加延时，因此，这一电路适合 2kHz 以下的脉冲延时需要，不能在高速脉冲中应用。若采用单片机进行脉冲信号延时，会取得更好的效果。

四、电压钳制电路

电压钳制电路又称钳位电路，用于限制最高电压值。图 2-2-21、2-2-22、2-2-23 是三种最基本的电压钳制电路，都是利用了器件的导通特性来限制电压。这些钳位电路又称作并联型稳压电路。

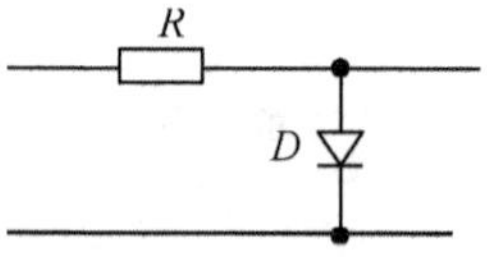

图 2-2-21　二极管正向钳位电路

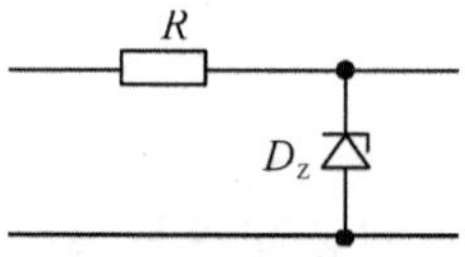

图 2-2-22　稳压二极管钳位电路

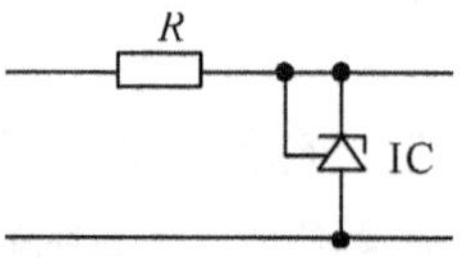

图 2-2-23　基准电压源钳位电路

钳位值由器件参数决定，若采用肖特基二极管，约为 0.2V 左右；若采用硅二极管，约为 0.7V；若采用红外发光二极管，约为 1.1V 左右；若采用红、绿发光二极管，约为 1.8V；若采用蓝、白发光二极管，约为 2.8V 左右。采用稳压二极管钳位的电压值可以有很多选择，一般 5V 以上的稳压二极管稳压值比较固定。采用基准电压源进行钳位的是高性能的钳位电路，钳位的电压值可以灵活调整，且电压稳定性较好。

钳位电路虽然简单，但他的应用非常广泛，几乎每一个实用电路都要用到。

第三节　信号产生基础电路

电信号着重于电压或电流的变化规律。信号的产生有硬件电路产生和软件产生两种方法,变化规律简单信号往往由硬件电路产生,复杂函数信号往往通过微机由软件产生。本节的信号产生电路指硬件电路。

一、正弦信号产生电路

正弦信号是指电压或电流值按正弦函数(也包括余弦函数)变化的一种信号,因为是单一的简单函数,且具有单一的频率,所以认为正弦信号是最简单的信号。直接产生正弦信号的电路是在振荡电路中加入选项频网络构成。若选网络采用 *RC* 电路的称 *RC* 正弦振荡器,若选频网络采用 *LC* 电路的称为 *LC* 振荡器,若选频元件采用晶体谐振器称为晶体振荡器。*RC* 正弦振荡器适合产生低频信号,*LC* 振荡器和晶体振荡器适合产生高频信号。

间接产生正弦波信号的方法有两种:一是从三角波信号通过函数电路运算获得正弦波,二是用微机产生一定规则的脉冲序列者合成正弦波。后一种基本是在软件控制下完成。

1. *RC* 文氏桥式正弦信号产生电路

RC 正弦信号产生电路有 *RC* 文氏桥式振荡电路、双 *T* 网络振荡电路等,实际上 *RC* 二阶有源滤波电路都可以成为正弦振荡器。*RC* 文氏桥式正弦信号产生电路是最基本的正弦信号产生电路之一,如图 2-3-1 所示,其中的稳压二极管 D_1、D_2 用于振荡幅度限制。

振荡频率:$f_0=\dfrac{1}{2\pi RC}$　　(2-6)

输出幅度:$v_o=\dfrac{R_9+R_{29}+R_{30}}{R_{30}}(V_D+V_{DZ})$

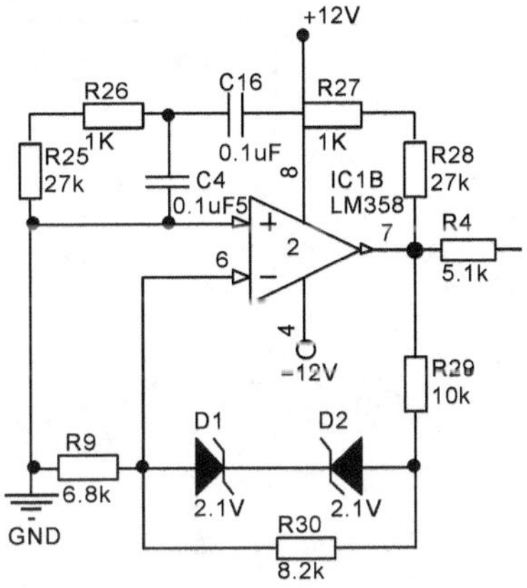

图 2-3-1　*RC* 正弦振荡电路

频率计算式中的 R 是指 $R_{25}+R_{26}$ 或 $R_{27}+R_{28}$,C 是指 C_4 或 C_{16}。元件参数选择上要保证 $C_4=C_{16}$,$R_{25}+R_{26}=R_{27}+R_{28}$,$R_{29}+R_{30}$ 略大于 R_9 的 2 倍,D_1、D_2 应该选用低稳压值的二极管。

该电路输出的正弦波信号会存在少量失真,其失真程度与电路增益相关,增益越大,失真越大。所以,在保证能起振的情况下,尽量降低电路增益。

正弦信号输出点除了选在在放大器的输出端外,也可以从运放同相端输出信号,其波形失真会更小。但要求后级电路的输入阻抗高,对 *RC* 选频网络影响小。这类电路适合于产生固定频率的正弦信号,若要连续改变频率而又要失真小,从理论上说是可以实现的,但实际操作起来难度高,原因是双联电位器阻值改变的一致性总是达不到理想要求。

图 2-3-1 电路必须采用正负双电源供电。

图 2-3-1 电路中采用稳压二极管限幅仍会体现出明显的非线性,若采用场效应管自动调整电路增益,会获得良好的线性度,如图所示 2-3-2 电路所示。图中 Q_1 是用作可变电阻

的结型场效应管，IC_{1B}与二极管 D_1、D_2 构成全波整流电，当输出振荡信号幅度增大时，加至场效管栅极的负电位值增大，场效应管导通电阻增大，振荡电路的电压增益下降，输出的振荡信号幅度得以限制。最终，振荡信号的电压幅度会稳定在某一数值上。

这一电路的振荡频率还是按 2-6 式计算。振荡信号电压幅度由场效管栅极门电压值 V_G 和二极管导通电压 V_D 决定，按照 2-7 式计算，其幅度的稳定性主要受栅极导通电压的稳定性影响。图 2-3-4 是由该电路产生的正弦振荡信号波形，其谐波失真极少。

$$V_{0m}=V_D+V_G \tag{2-7}$$

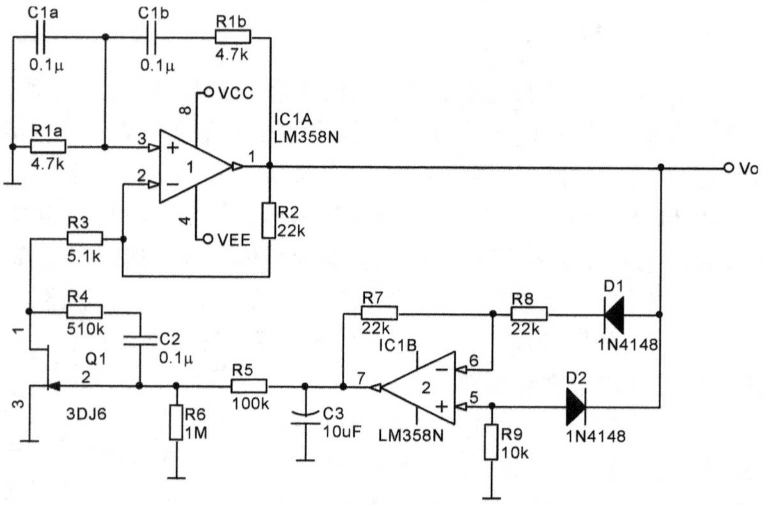

图 2-3-2　RC 正弦振荡电路

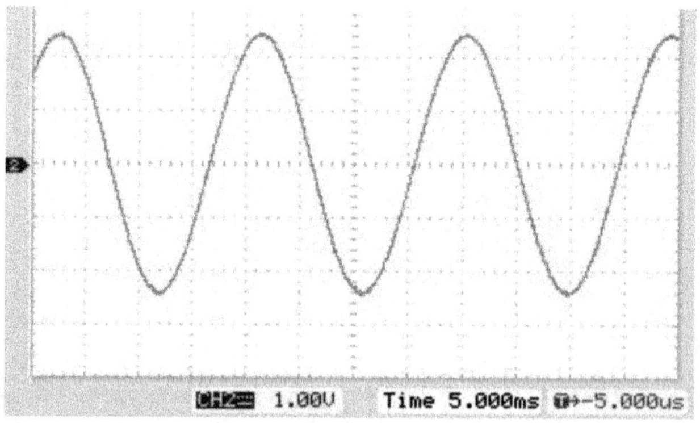

图 2-3-3　正弦振荡波形

2. *RC* 函数型正弦信号产生电路

所谓函数型信号源是指通过函数运算，将电路产生的三角波转换成正弦波，电路的工作过程比较复杂。MAX038 是 MAXIM 公司生产的单片高频精密函数波形发生器，能够产生 0.1Hz～20MHz 的正弦波、矩形波和三角波，最高频率可达 40MHz。MAX038 芯片推出后，给函数信号源的生产带来了很大方便，许多函数信号源就是采用这一芯片输出函数信号。图 2-3-4 是采用 MAX038 芯片构建的函数型正弦波信号发生器，外围元件很少，电路结构极其简单，而其性能很好，频率调整也十分方便。

振荡频率的计算公式为：

$$f=\frac{V_{REF}(\mathrm{V})}{(R_1+R_2)(\mathrm{M\Omega})C_4(\mathrm{pF})}(\mathrm{MHz}) \tag{2-8}$$

图中 R_1 是振荡电阻，用于信号频率连续调整，C_4 是振荡电容，改变他的电容量可以改变信号频率，常用于频率分段调整。这里还有第 8 端口 FAJD 是用于频率微调，图中电路没有启用这一功能。按照图 2-3-24 中的元件参数，振荡频率在 11.9～250kHz 内调整。图 2-3-5 的曲线是由这一电路产生的正弦波形。如果开启波形选择功能，还可以输出矩形波、三角波信号。

表 2-1　输出波形设置

A_0	A_1	输出波形
×	1	正弦波
0	0	矩形波

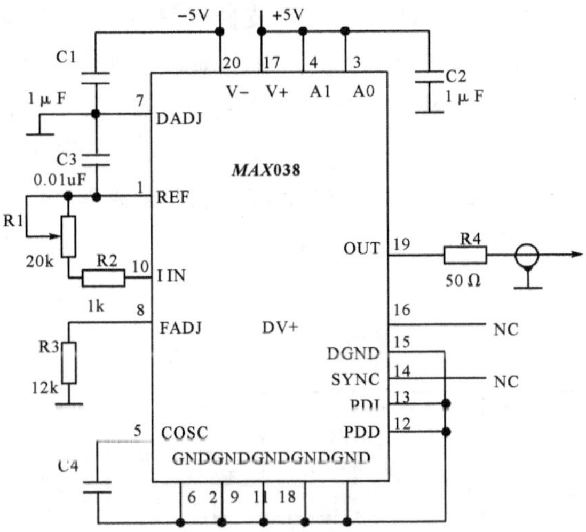

图 2-3-4　函数型正弦信号产生电路

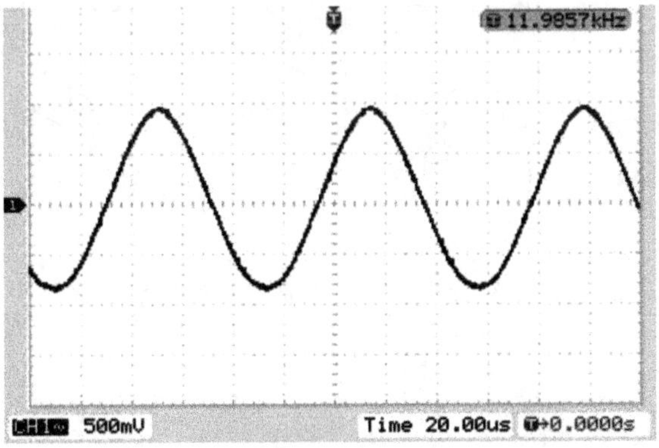

图 2-3-5　MAX038 输出的信号波形

图 2-3-2 中的电路单独没有接入数字电路电源 VD+，如果要使用同步输出(SYNC)端

口功能，需要在 VD+端口加上 5V 电源，而且要注意模拟电源与数字电源间要分开布线，防止通过电源线产生信号串扰，也就是防止数字脉冲影响模拟信号。

3. 三相对称正弦信号产生电路

对称三相正弦信号主要用在三相逆变器中，大多依靠软件产生，采用硬件电路产生的不多见。图 2-3-6 所示的电路是一款由硬件电路直接产生三相对称正弦信号。该电路实际是三级 RC 移相式环形振荡电路，每一级加入反相器使移相角度扩大到 120°。IC_{1B}、IC_{2B}、IC_{3B}三个运算放大器为核心构成三级限幅式反相器，C_1、R_5、R_1、RW_1 组成移相电路，其中 RW_1 是三联电位器，用于调整振荡频率。理论上 C_1、R_1、RW_1 三个元件就可以组成移相电路，实际试验结果，需要加入图中的 R_5 后，电路才能正常振荡。

图 2-3-7 所示电路是单列出来的某一级限幅式反相器与移相网络。限幅式反相器工作原理比较简单：预设的批相放大增益略大于 1，当输出信号幅度过大时，D_{a1}、D_{a2}、R_{a6} 支路导通，加强负反馈，抑制信号幅度，基本达到反相目的。这里稳压管 3.3V 是标称值，其实际导通电压远小于 3.3V。C_{a1}、R_{a5}、R_{a1}、RW_{a1}是移相支路。移相的工作原理通过图 2-48 所示的相量图说明：反相器输出信号相位与输入信号相反，加在移相支路上的电压幅值是输入信号电压的二倍，即 $V_I+V_P=2V_I$，忽略 R_{a5} 的影响，移相电容 C_{a1} 与移相电阻 R_{a1}、RW_{a1} 上的电压相量和应该等于总电压相量，如图 2-3-8 所示。电路正常工作还有两个制约条件：一是根据振荡器的相位条件电容须要要完成 120°移相，二是根据振荡器的幅度条件要求 $V_O=V_I$。这就决定了 V_{Ca1} 与 V_I 差角 60°，$V_O=V_{Ra1}/2$，因而 V_{Ra1} 与 V_P 的差角也为 60°，由此构成了一个等边三角形。

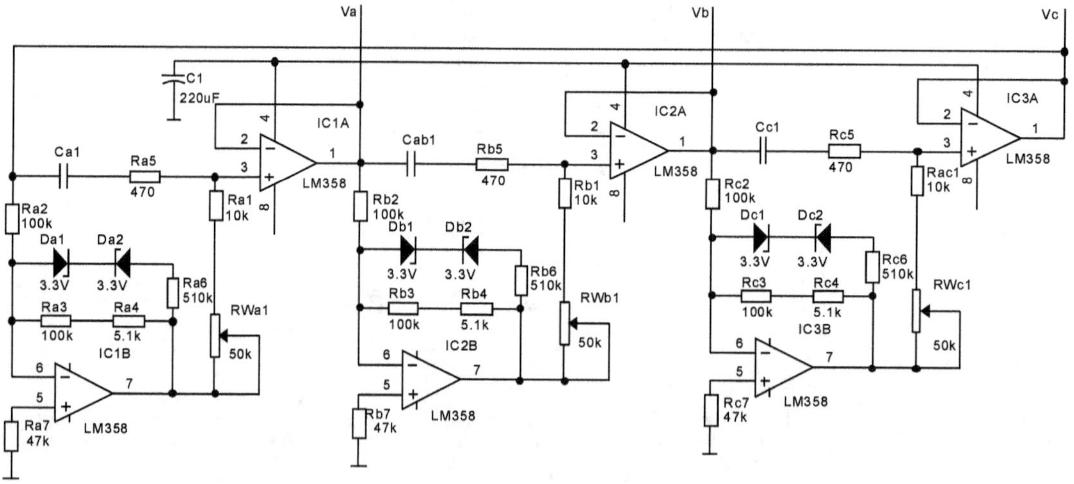

图 2-3-6　模拟式三相对称正弦波产生电路

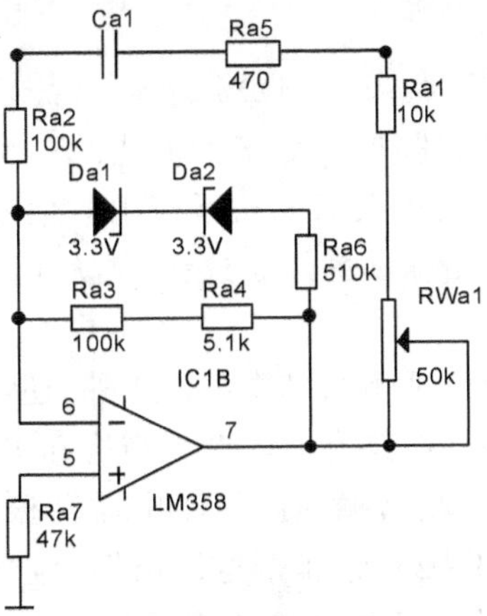

图 2-3-7　反相器与称相电路

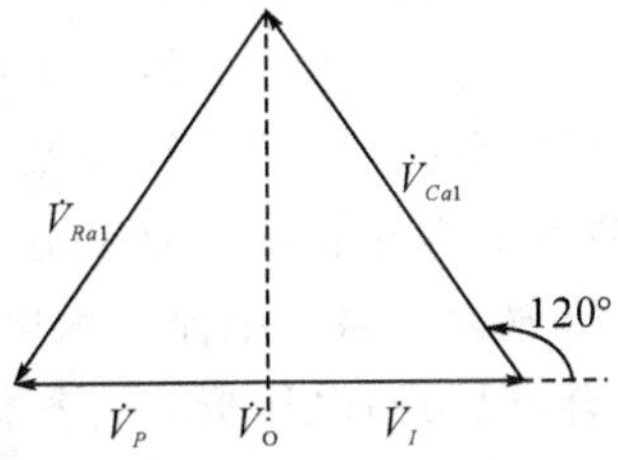

图 2-3-8　移相相量图

根据相量关系可知：$V_{\mathrm{Ca1}}=V_{\mathrm{Ra1}}$，由此可以得到

$$\frac{1}{2\pi f C_{a1}}=R_{a1}+RW_{a1}$$

三相对称正弦波产生电路的振荡频率计算式为：

$$f=\frac{1}{2\pi(R_{a1}+RW_{a1})C_{a1}} \tag{2-9}$$

各级元件参数的一致性就决定了输出信号的对称性。按照图 2-3-6 电路的参数，信号频率可以在 26～159Hz 内连续调整。

依据该电路所制作的三相信号源工作效果很理想，波形失真小，对称性好。电源电压取为±12V。图 2-3-9 是该电路实验板的线路布局，图 2-3-10 是该电路实验板实物。

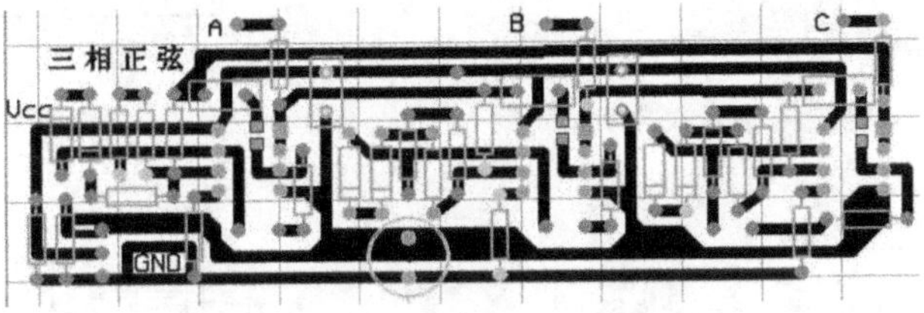

图 2-3-9　三相对称正弦信号源线路图

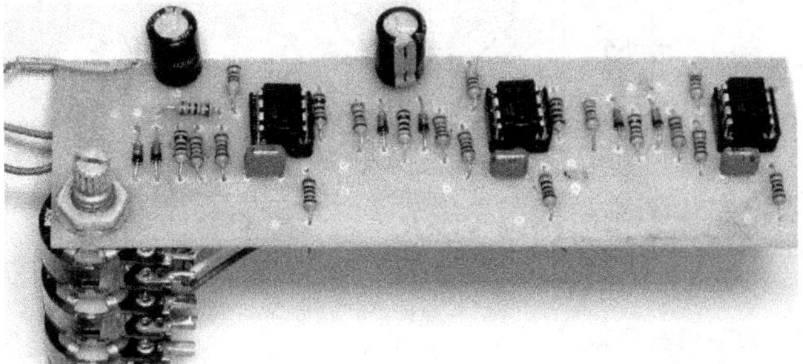

图 2-3-10　三相对称正弦信号源实验板实物

4. 电容三点式正弦信号产生电路

高频正弦振荡有变压器反馈式 LC 振荡、电容三点式 LC 振荡、电感三点式 LC 振荡、晶体谐振器振荡、声表面振荡器振荡、短路线振荡、谐振腔振荡等多种形式。产生 200MHz 以下的高频正弦信号多采用电容三点式电路，电容三点式振荡电路所产生的信号要比电感三点式所产生的谐波失真小，电路制作也比较方便。谐振回路用于选频，放大电路负责补充振荡能量，两者组合构成完整的信号发生器。

振荡电路要实现振荡，除了符合振幅平衡和相位平衡两基本条件之外，还需要注意电路结构的配合，使得更容易起振。对于电容三点式振荡电路有并联谐振结构和串联谐振结构，放大电路有电压放大电路和电流放大电路两类。并联谐振回路属于电流谐振，应当与电压放大电路相配合，以回馈电压形式补充能量；串联谐振回路属于电压谐振，应当与电流放大电路相配合，以回馈电流形式补充能量。否则，配合不当电路将难以起振。

图 2-3-11 是共集电极高频振荡电路，图 2-3-12 是共发射极高频振荡电路，图 2-3-13 是共基极高频振荡电路，图 2-3-14 是晶体谐振器确定频率的高频振荡电路。他们都属于电容三点式振荡电路结构。

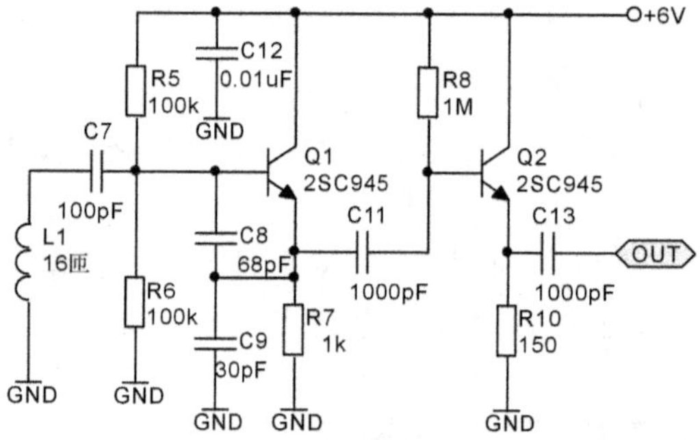

图 2-3-11 共集电极高频振荡电路

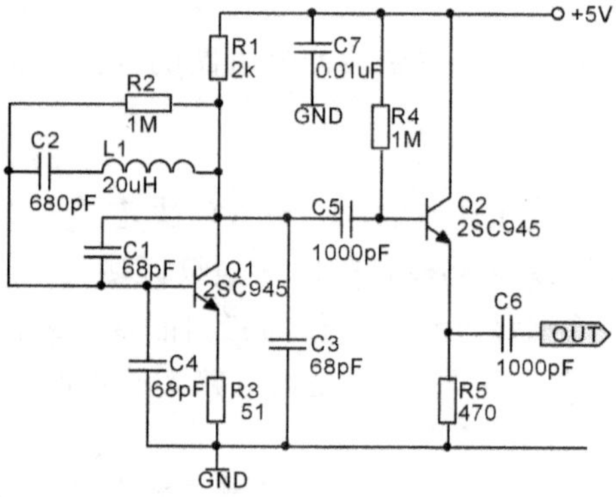

图 2-3-12 共发射极高频振荡电路

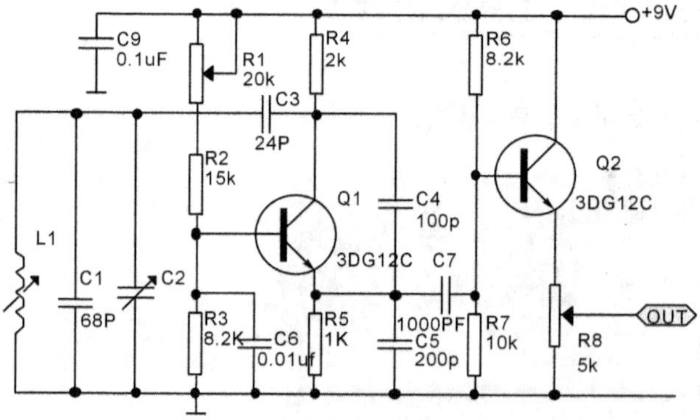

图 2-3-13 共基极高频振荡电路

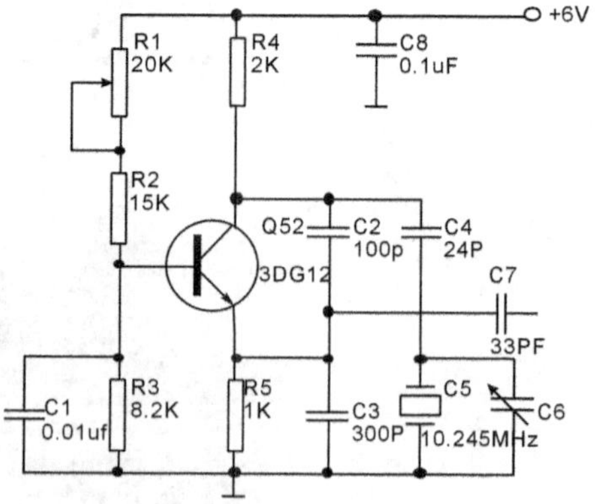

图 2-3-14 晶体振荡电路

图 2-3-11 是电流反馈 LC 三点式振荡电路。其中 L_1、C_7、C_8、C_9 组成串联谐振回路，C_8 与 C_9 形成三点式结构，晶体管 Q_1 与 R_5、R_6、R_7 构成共集电极电路，具有电流放大功能。由

振荡回路向基极注入一个分路电流后，在电容 C_9 上获得更大的反馈电流，以补充振荡能量。C_{11} 是耦合电容，将振荡信号耦合至后一级电路。Q_2 与 R_8、R_{10} 构成射极输出器，或者称为阻抗变换器，对振荡电路起到缓冲作用，防止输出负载对振荡电路产生不利影响。

图 2-3-12 是电流反馈 LC 三点式振荡电路。其中 L_1、C_1、C_2、C_3、C_4 组成并联谐振回路，C_3 与 C_4 形成三点式结构，晶体管 Q_1 与 R_1、R_2、R_3 构成共发射极电路，具有电压放大功能。由并联振荡回路在 C_4 上的一个分压加至发射结，经过放大电路放大后，回馈至电容 C_3、C_4，加大其电压变化，振荡能量得到补充。C_5 是耦合电容，将振荡信号耦合至后一级电路。Q_2、R_4、R_5 同样构成阻抗变换路，减少输出负载对振荡电路产生不利影响。

图 2-3-13 所示的振荡电路，LC 选取频回路由 L_1、C_1、C_2、C_3、C_4、C_5 构成，其中 C_4、C_5 形成三点式结构，分别与晶体管的集电极、发射极、基极相连接。

图 2-3-14 所示的是晶体谐振器振荡电路。从电路结构上看，只要将 LC 谐振回路中的电感器件更换成晶体谐振器，就构成了晶体振荡电路，其振荡频率由晶体谐振器确定，频率稳定度较高。

高频振荡电路本身并不需要产生理想的正弦波，只要确定频率，波形存在畸变也无大碍，后级的 LC 选频回路品质因数一般都较高，可以提取其基频，重新获得单一频率的正弦波。

放大电路的电压增益主要取决于晶体管的外围元件参数，高频电路中电压增益一般不高；而电流增益由晶体管决定，一般比较高。因此，电流反馈式电路相比电压反馈式电路更容易起振，工作频率范围更宽。

除了采用晶体谐振器的电路外，振荡频率基本由算式 2-10 确定，其中的 C 是多个振荡电容串、并联后的总容量。

$$f=\frac{1}{2\pi\sqrt{LC}} \tag{2-10}$$

电容三点式振荡电路的振荡信号输出电压幅值基本受发射结导通电压钳制。对于图 2-3-11 所示电路结构，输出至后一级的电压幅值约为 $V_{BE}C_8/C_9$；对于图 2-3-12 所示电路结构，输出至后一级的电压幅值约为 $V_{BE}C_4/C_3$。

5. 泛音振荡电路

泛音振荡电路是取振荡信号的某一次谐波作为输出信号的电路，用于输出比晶体谐振器频率高 n 倍的信号。要使晶体谐振器的频率越高，其晶片就越薄，机械强度必定下降。鉴于晶振稳定度考虑，晶体谐振器的振荡频率一般在 20MHz 以下，更高的频率则取自泛音晶振的谐波。图 2-3-15 是采用泛音晶体的皮尔斯振荡电路，皮尔斯振荡电路是指由晶体谐振器构成的振荡电路。图 2-3-16 是用调频的泛音晶体振荡电路。这两个振荡电路中，L_1、C_5 所构成的 LC 振荡回路的谐振频率均是泛音晶体振荡频率的 3 至 5 倍。因高次谐波所占的能量成分较小或者说振幅较小，基本不采用 5 次以上谐波成分。

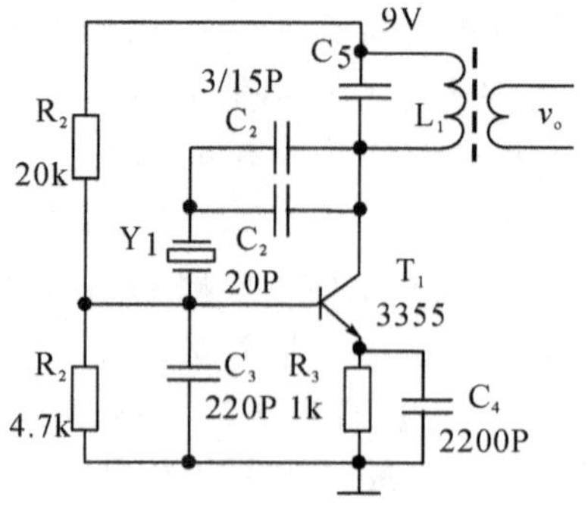

图 2-3-15　泛音皮尔斯振荡电路

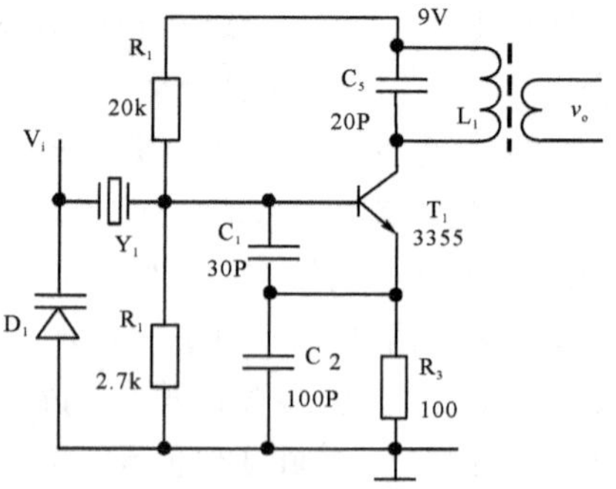

图 2-3-16　可调频的泛音振荡电路

6. 单一频率高稳定度低频正弦信号源

在某些信号处理过程中，需要有一个频率稳定度较高的低频基准信号，如锁相环中的基准频率、同步检波中的同步信号、噪声分离中的参考信号等，其频率固定不变。有些设计中采用 DDS 芯片产生这类信号，显得过于烦琐。其实，可以采用 CD4060 类的计数器芯片来产生数字脉冲，再提取其基频，电路结构会非常简单，体积也可以做得很小，成为一个完全独立的模块。图 2-3-17 是采用 74HC4060 芯片实现的 1kHz 正弦信号源电路，用于 2.0～6.0V供电电压的场合。这一芯片的好处是集成了振荡器与分频器两大功能，外围元件少，工作频率高，初始频率可以达到 95MHz。

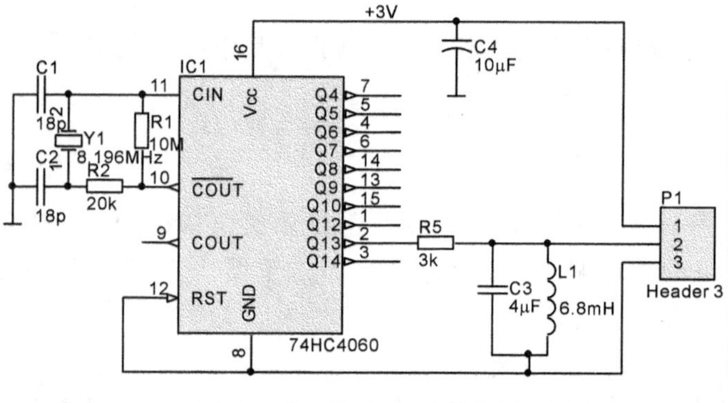

图 2-3-17　1kHz 正弦信号源

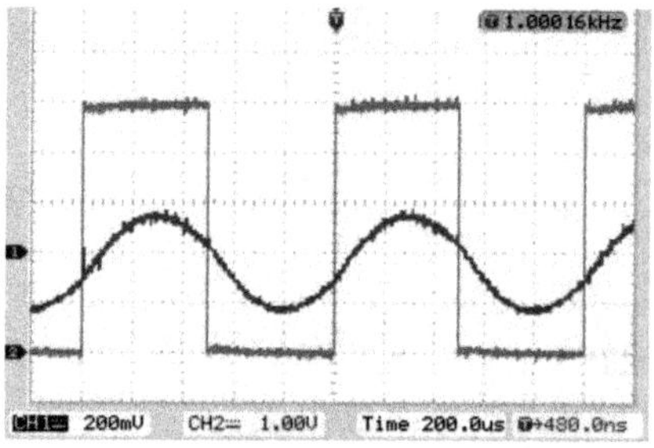

图 2-3-18　方波与正弦波的转换

图 2-3-17 中 R_1 是负反馈电阻，Y_1、C_1、C_2 构成三点式振荡网络，产生 8.192MHz 振荡频率，再经过 2^{13} 分频（即 8192 分频）后，输出 1kHz 方波。L_1、C_3 是谐振在 1kHz 处的并联谐振电路，与 R_5 一起构成选频电路，选取其基波 1kHz 成分，滤除其谐波成分，最后输出端得到的是 1kHz 的正弦波。图 2-3-18 反映了方波信号与正弦波信号的转换效果。从曲线图中可以看出，正弦波滞后于方波一定相位值，说明 LC 并联谐振回路呈现容性，没有完全谐振在 1kHz 频率上。呈现容性时的波形比呈现感性时更接近于正弦波。从幅度衰减比上可以确定谐振电路的等效阻抗约为 120Ω，其谐振品质因数约为 3。该电路的振荡频率稳定度完全由晶体谐振器的频率稳定度决定，频率准确性度和稳定性都可以做得较高。

如果要获得 500Hz 的正弦波输出，可以从 Q_{14} 端引出，同时，L_1、C_3 应当谐振在输出方波的基频上。也可采用 2.048MHz 晶体谐振器经过 4096 分频（2^{12}）后获得。但芯片没有设

置 Q_{11} 端口，无法采用 2.048MHz 晶体谐振器获得 1kHz 信号。如果供电电压超过 6.0V，可以采用 CD4060 替代 74HC4060。他们的引脚排列完全相同，但工作频率要低一些，一般在 10MHz 以下。图 2-3-19 是信号源模块的线路布置和模块实物。

图 2-3-19　1kHz 正弦信号源模块

7. 压控高频正弦信号发生器

压控频率就是由电压高低控制振荡频率。显然压控频率适合 LC 高频振荡电路，目前基本上是通过变容二极管实现。依据变容二极管的结电容量随所施加的反向电压变化而改变，将变容二极管接入 LC 谐振电路中，通过改变外加电压改变振荡频率。其结构基本与图 2-3-10至图 2-3-14 电路类同。图 2-3-20 所示电路就是一款高频压控正弦振荡电路。

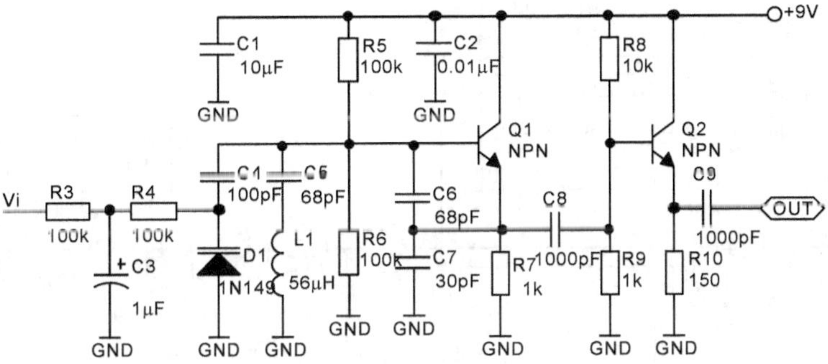

图 2-3-20　高频压控正弦振荡电路

由于振荡频率受电压控制，信号自身电压也会造成瞬间频率漂移，因此，振荡信号幅度宜小不宜大。高频电路在线路布局上要注意分布电容的影响，走线宜短而细。

8. 高频锁相环环正弦信号产生电路

在信号产生的各种方案中，晶体振荡电路的频率稳定度最高，RC 振荡器、LC 振荡器都无法与之相比拟。但每一个晶体谐振器的振荡频率都不得不得固定，单独由晶体振荡器为生的信号频率不能做到连续调节，只有 RC、LC 振荡电路可以连续改变频率。在现代技术中，将二者的优点结合起来，构成了锁相环振荡电路，既可达到晶振级别的频率稳定度，又可连续改变频率。锁相环电路基本结构如图 2-3-21 所示。

他的核心电路是相位比较器，利用输入鉴相器信号的相位差信息锁定频率，使得 $f_{PR}=f_P$。因 f_{PR} 是高稳定度的，则 f_o 也是高稳定性的。相位比较电路的种类也很多，有模拟式的，有数字式的等等，现在数字式的用得比较普遍。

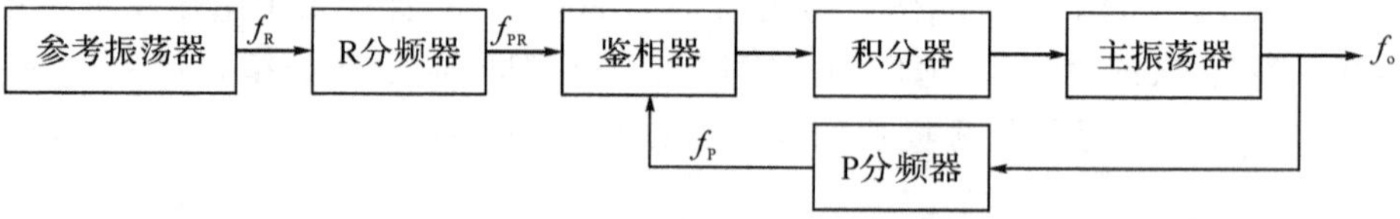

图 2-3-21 锁相环路组成框图

锁相环路的核心参数是分频比和步长。步长就是 f_{PR}，决定了输出频率被改变的最小值，他由参考振荡器输出频率分频而得。步长确定后，P 分频器的分频比 N_P 决定了环路的最终输出频率 f_o，即

$$f_o = N_P f_{RP} = \frac{N_P f_R}{N_R} \tag{2-11}$$

当然，在设计锁相环路时要注意二点：一是主振荡器能够产生所需要的频率 f_o；二是环路符合负反馈控制规律，比如在输出频率升高时，通过锁相环路要使得主振荡器的频率下降。

图 2-3-22 是一款由锁相芯片 MC145151 和电容三点式振荡电路构成的锁相环振荡电路。锁相芯片 MC145151 内含参考振荡器、二个分频器、鉴相器三类电路，积分电路和主振荡器由分立元件组成，为了提高输出频率，环路中另外增加了一个高速分频器 MB506。

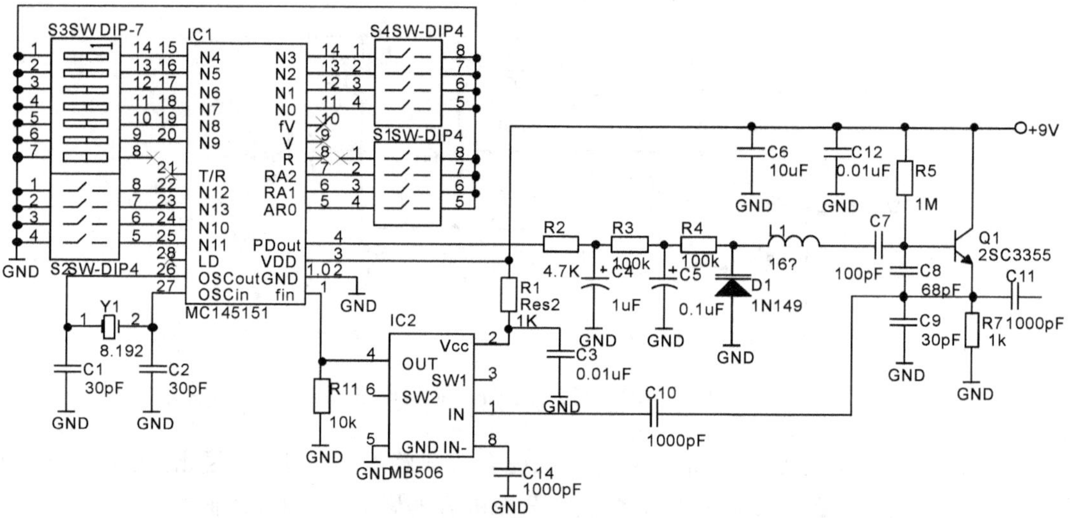

图 2-3-22 锁相环正弦振荡电路

锁相芯片 MC145151 内部二个分频器的分频比二组端口的高低电平进行设置。参考信号分频比的设置有 3 个端口，最高可以达到 8192 分频；反馈信号分频比的设置有 14 个端口，最高可以达到 16383 分频，详细参见芯片使用说明。增加高速分频器 MB506 后，改变主振荡器振荡元件参数，该电路可以产生 100MHz 左右频率高度稳定的信号。图 2-3-23 是该锁相振荡电路的实验线路，端口电平设定由若干拨码开关实现。与 MC145151 同一类型的芯片还有 MC 145152、MC145157 等，只是他们的分频数控制方式不同。

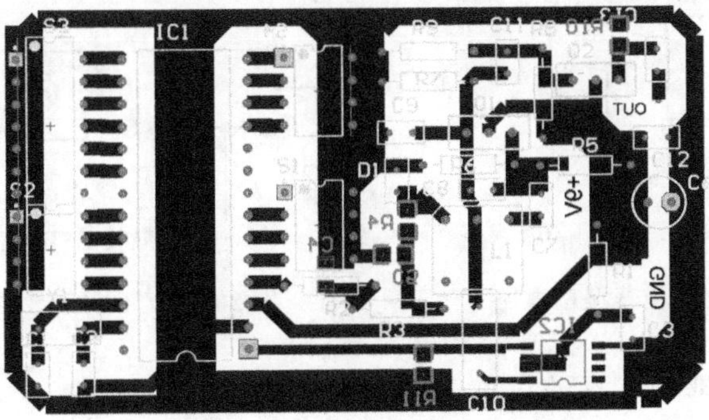

图 2-3-23 锁相环正弦振荡器线路图

二、脉冲信号产生电路

脉冲信号的基本特征是高低电平突变，电平变化率是高速脉冲的一个重要性能指标。在当今数字化时代，脉冲信号要比模拟式的正弦信号应用得更频繁，产生脉冲信号的电路种类也更多。从谐波分析看，脉冲信号含有许多谐波成分，因此，脉冲信号又称多谐信号，脉冲信号产生电路又称多谐振荡器。

1. 延迟反馈式 *RC* 振荡电路

图 2-3-24 所示电路是由迟滞电压比较电路和延时负反馈电路组成，通过负反馈支路的延时维持原电平一段时间，延时结束电平反转，振荡周期如式 2-12 所示，积分电容电压和输出电压变化关系如图 2-3-25 所示。

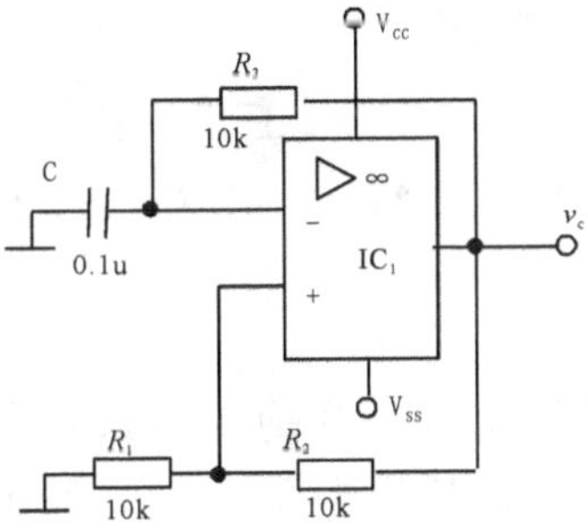

图 2-3-24 RC 延时振荡电路

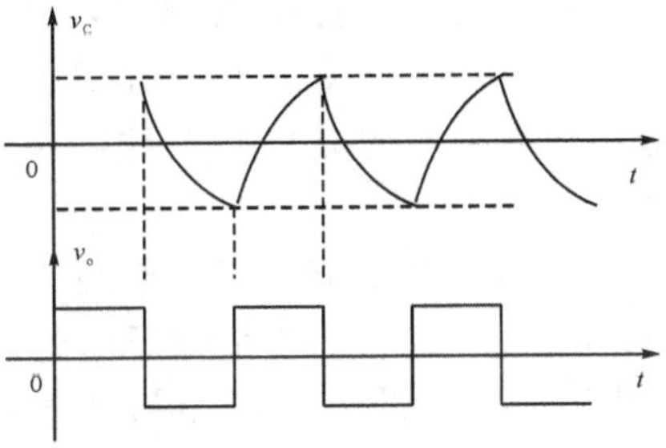

图 2-3-25 电压变化关系曲线

$$T=2R_3C\ln\left(1+2\frac{R_1}{R_2}\right) \tag{2-12}$$

电路采用双电源供电，对于图 2-3-26 中的元件参数，振荡频率约为 455Hz。

实际具有迟滞电压比较特点的不限于电压比较器件，还有许多其他器件。如具有施密特效应逻辑门电路等，图 2-3-26 是采用 CD4011 中的一个与非门实现的脉冲振荡电路，结构特别简单，其振荡周期 T 略大于 RC。如果采用无施密特效应的逻辑门，则要三个非门组成环形电路才能产生振荡，如图 2-3-27 所示。

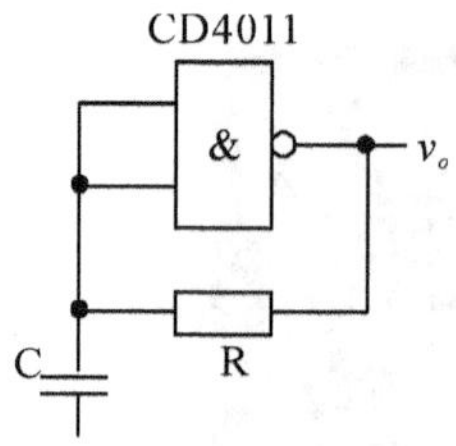

图 2-3-26　RC 反相器振荡电路

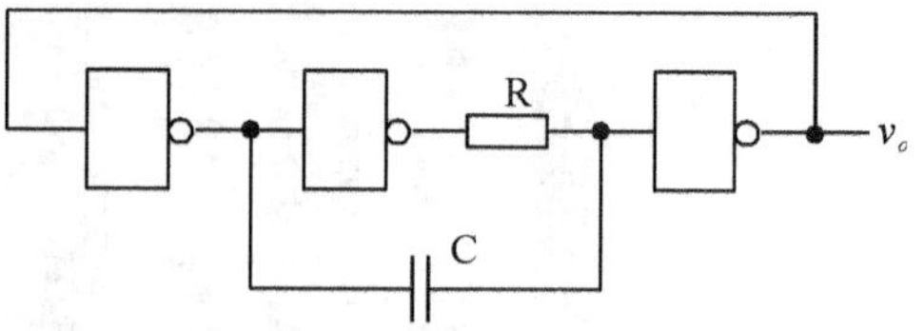

图 2-3-27　RC 环形振荡电路

图 2-3-28 是采用非门实现的对称式多谐振荡电路，电路结构也比较简单。其中的反相器最好采用 CMOS 型集成电路，使得 R_1 或 R_2 的取值范围可以较宽。如果 $C_1=C_2=C$，$R_1=R_2=R$，则两个输出端均输出方波，振荡频率与门电路的转换电压有关，其近似计算式如 2-13 所示。

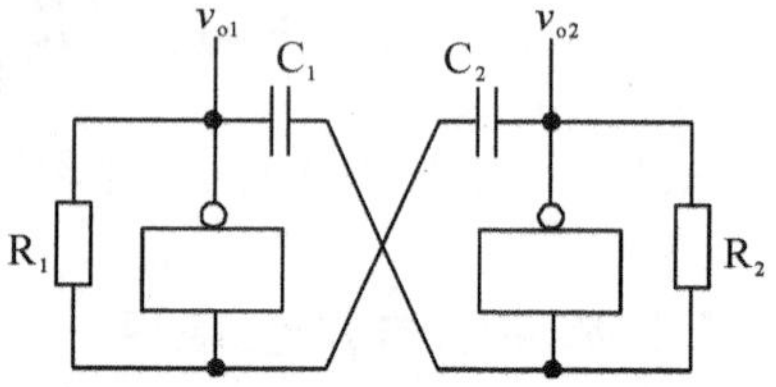

图 2-3-28　非门对称振荡电路

$$f\approx\frac{0.77}{RC} \tag{2-13}$$

图 2-3-29 是采用三极管实现的对称多谐振荡电路，可以直接激励发光管闪烁。闪烁的周期由 R_1、C_{21}、R_2、C_2 决定，按照式 3-14 计算。如果要改变闪烁速度，只要改变 R_1、C_1、R_2、C_2 的参数。R_3、R_4 是限流电阻。如果 $C_1=C_2=C$，$R_1=R_2=R$，则两边的亮、灭时间相等。如果两边参数不对称，且只有高电平时间短的一边接发光管，则会产生频闪效果。

$$T=0.7(R_1C_1+R_2C_2) \tag{2-14}$$

这一电路的特点是以简单结构达到大电流输出的效果。

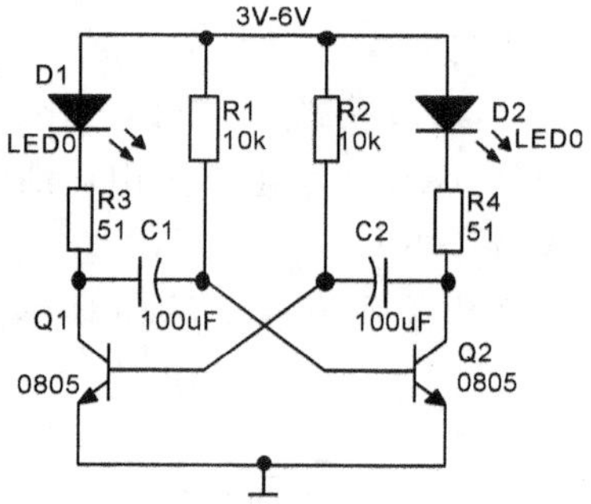

图 2-3-29　三极管对称振荡电路

2. 专用振荡芯片信号产生电路

NE555 定时芯片是有多种用途的通用集成器，采用 NE555 芯片构成的脉冲信号产生电路如图 2-3-30、图 2-3-31 和图 2-3-32 所示。图 2-3-30 是其基本的振荡电路，振荡频率稳定，频率值根据式 2-14 计算，其中 R_2 用于改变振荡频率；图 2-3-31 是其简化了的振荡电路，电路元件特别少，但振荡频率会随负载重轻有所变化；图 2-3-32 是频率固定而占空比可连续调整振荡电路，频率值根据式 2-16 计算。

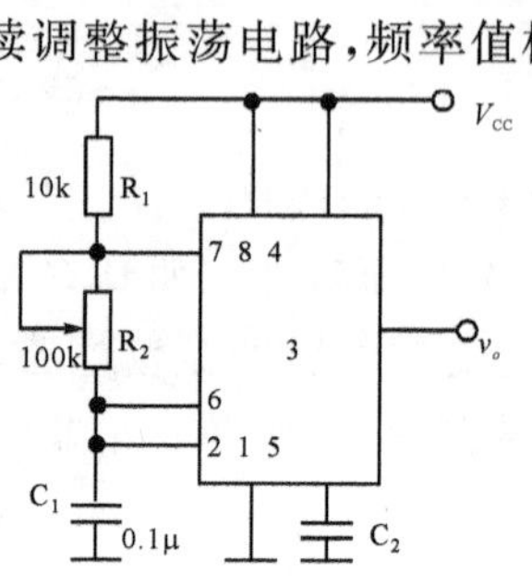

图 2-3-30　555 基本振荡电路

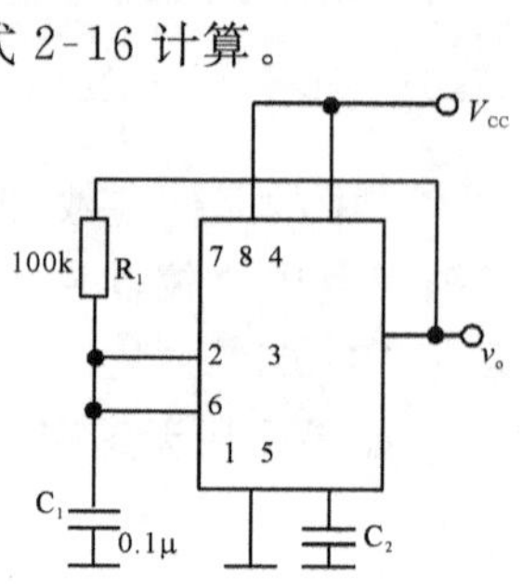

图 2-3-31　555 简单振荡电路

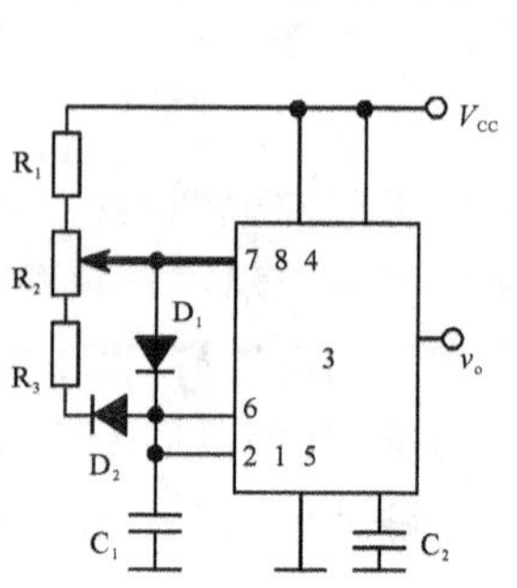

图 2-3-32　可调占空比振荡电路

$$T=0.7(R_1+2R_2)C \tag{2-15}$$

$$T=0.7(R_1+R_2+R_3)C \tag{2-16}$$

3. 整形式脉冲信号产生电路

整形式脉冲信号产生电路是将正弦信号或其他不规则的非正弦信号波形转换成矩形脉冲波。如图 2-3-33 所示的电路是采用非门和晶体谐振器构成的脉冲产生电路。该电路实际是将非门 A 转换成放大器，构成晶体谐振器确定频率的三点式振荡，产生生的正统经波信号，再由非门 B 整形成脉冲信号输出。

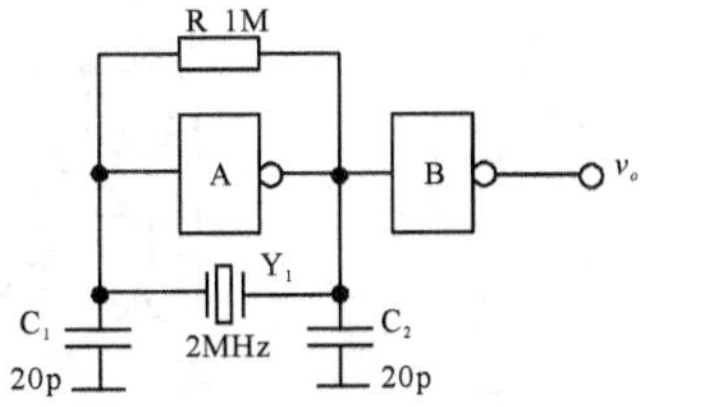

图 2-3-33　晶振脉冲产生电路

这里的非门应该选用 CMOS 器件，供电电压由芯片在需要确定定。

图 2-3-34 由含振荡电路在内的 RC 元件定电的二进制计数器输出脉冲信号，振荡周期近似为 R_2C_1；图 2-3-35 所示的电路是采用晶体谐振器确定频率的二进制计数器输出脉冲信号，其中的计数器既是整形电路又是分频电路。

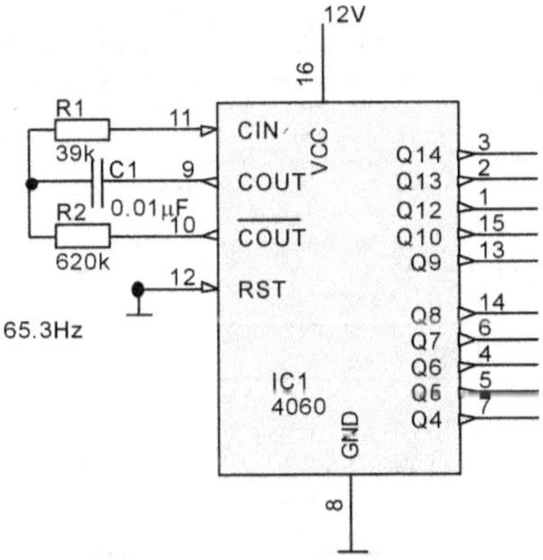

图 2-3-34　RC 计数型脉冲产生电路

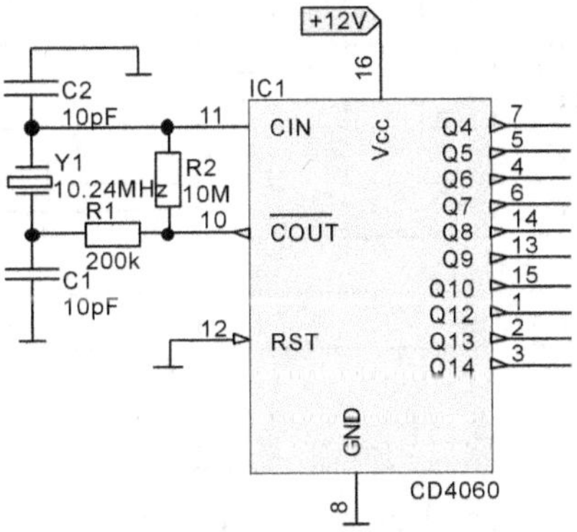

图 2-3-35　晶振计数型脉冲产生电路

电路的供电电压可以从 2V 至 15V 范围内选取，振荡频率在 10MHz 以下。如果改用 74HC4060 芯片，最高振荡频率可以达到 90MHz。采用含振荡电路的集成芯片输出信号会便利电路更加简洁，此类芯片还有许多其他型号。

4. 窄脉冲信号产生电路

窄脉冲信号是指占空比很小的脉冲信号，往往用在冲击式测量中，如电缆长度的测量、物体共振频率的测量等等。这里给出的电路是基于 74HC4060 输出的计数脉冲经过与门器件，构成频率和占空很稳定的窄脉冲，如图 2-3-36 电路所示。

图 2-3-36 电路所输出的脉冲宽度为振荡信号的一个周期，即 $0.1\mu s$，占空比固定为 6.25%。占空比形成的原理可以从图 2-3-37 曲线上理解。若要进一步压缩占空比，可以通过增加与门的数量实现。如果要压缩脉冲宽度，可选用更高频率的晶体谐振器。

5. 负阻振荡电路

以上信号产生电路基本上是放大电路加上反馈网络来实现。负阻振荡电路没有放大器结构，直接利用某些器件的负电阻效应完成振荡。所谓负电阻效应就是随着流过器件的电

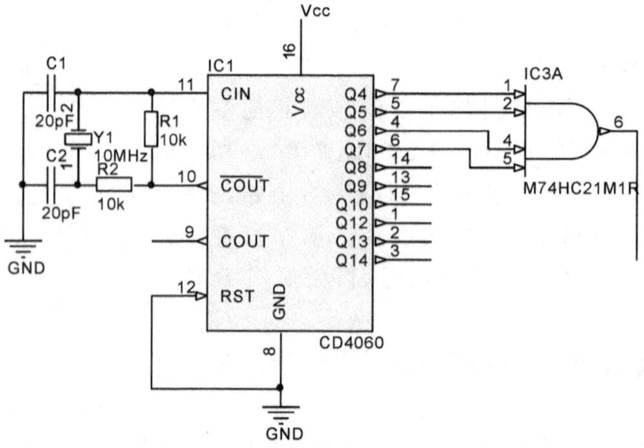

图 2-3-36　6.25%占空比脉冲产生电路

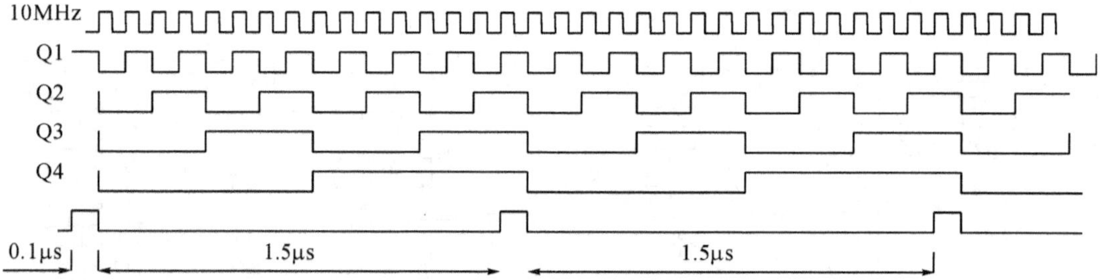

图 2-3-37　6.25%占空比脉冲产生电路

流增大，该器件两端的电压反而减小，即器件电阻体现为负值。图 2-3-38 所示电路是一款采用 BT33 双基二极管构成的 *RC* 振荡电路，电路结构特别简单。但他振荡频率无固定计算公式，只能说与 R_1、R_2、C_1 的时间常数 τ 成反比，与 R_3、R_4 以及 D_1 内部的电阻分压比成反比。

与其他脉冲电路不同，这一电路的输出电压 v_o 是尖脉冲，电容上的电压近似为锯齿波。该电路常用于定时触发。

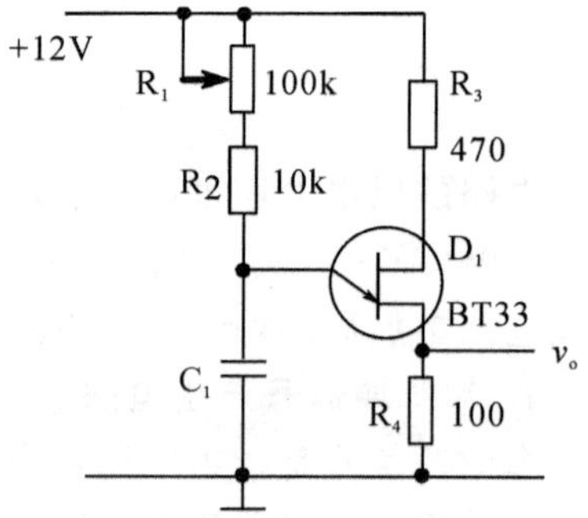

图 2-3-38　BT33 振荡电路

6. 互感耦合振荡电路

图 2-3-39 所示电路是一款互感耦合振荡电路，T_1 是互感耦合器，有同名端连接要求，如图所示。R_3 是负载电阻，C_1、C_3 是滤波电容。在场效应管的漏极可以输出脉冲电压。其振荡频率与 C_2、R_2 有关联，但没有确定的计算公式，脉冲的幅值也不确定，随负载值等因素变化而不同。

这一电路主要不是用于输出振荡信号，而是用于直流电源的电压变换。但能够产生电压振荡，属于一种振荡的产生方式。

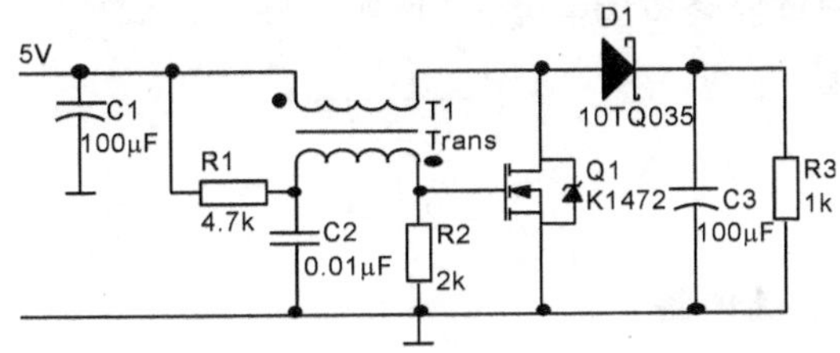

图 2-3-39　互感耦合振荡电路

7. 线性三角波产生电路

线性三角波电压是由恒定电流向固定电容充电获得的，电路给定的条件是恒定充电电压、固定限流电阻。图 2-3-40 是采用运算放大器实现线性三角波电压和矩形波电压输出的电路，在工作原理上有一定代表性，IC_{1A}同相端和 IC_{1B}反相端电位由电阻 R_1、R_2、R_3 设定后不变，IC_{1B}构成迟滞电压比较器，所输出的最高电位由稳压二极管 D_2 设定，IC_{1A}构成线性放大电路，反相端的电位等于同相端电位固定不变，这样 R_6 两端的电压只有二个值：左正右负电压和右正左负电压，由他恒定向电容 C_3 的充电电流和放电电流，则 IC_{1A}的输出电位作线性变化。稳压二极管的阴极接点输出矩形脉冲电压。图 2-3-41 是该电路的线路布局图。

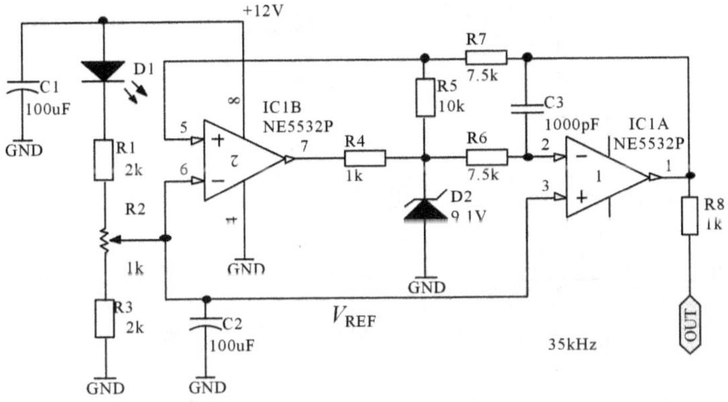

图 2-3-40　线性三角波产生电路

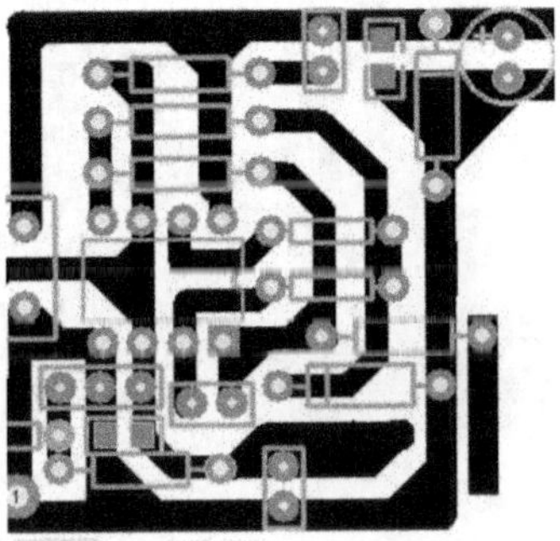

图 2-3-41　线性三角波线路布局

该电路的供电电压设计为单 12V。电位器 R_2 用于调整三角波电压上升时间与下降时间的大小关系，也就是改变矩形脉冲的占空比。电路的振荡频率可以根据 2-17 式近似计算。图 2-3-40 中元件参数确定的振荡频率理论上为 43kHz，实际受 IC1B 电压反转延时的影响，频率有所降低，大约为 35kHz。三角波峰值按式 2-18 计算，谷值按式 2-19 计算。

$$T=1.3R_4C_3+2.9R_6C_3 \tag{2-17}$$

$$V_H=(V_{REF}-1.3)\frac{R_4R_5R_7}{R_4R_5}+1.3 \tag{2-18}$$

$$V_L=V_{REF}-\frac{R_7}{R_5}(V_D-V_{REF}) \tag{2-19}$$

式中的“1.3”是运算放大器最低输出电压值，单位为伏特。如果采用正负电源供电，用二个稳压管串联来稳定正负脉冲峰值，影响信号频率和幅值的因数只有 R_5、R_6、R_7 和稳压管稳压值 V_D，影响因素少，计算式简单。振荡频率计算式为 2-20，三角波峰-峰值按式

2-21。双电源的电路结构可以参考图 2-3-42 所示电路。

$$f=\frac{R_5}{4R_6R_7C_3} \tag{2-20}$$

$$V_{PP}=2\frac{R_7}{R_5}V_D \tag{2-21}$$

8. 压控三角-矩形波振荡电路

压控脉冲振荡电路有两个目的:一是用电压控制振荡频率,缩写为 VCO,是调整频率的一种常用方法;二是用电压控制振荡电路所产生的脉冲宽度,是脉冲宽度调节的常用方法。图 2-3-42 所示的电路具有这两个功能。该电路图是从图 2-3-40 所示电路改进所得,原来定时电容 C_3 的充电电流只来自脉冲电压,现增加一路外输入电流,改变充电与放电的时间,就改变了高电平与低电平的时间,即脉冲占空比得到了调整。但在脉宽得到得到的同时,振荡频率也发生了变化,频率变化是非线性的。振荡频率计算式见 2-22 式;占空比的计算式见 2-21 式,可见占空比的改变是线性关系。

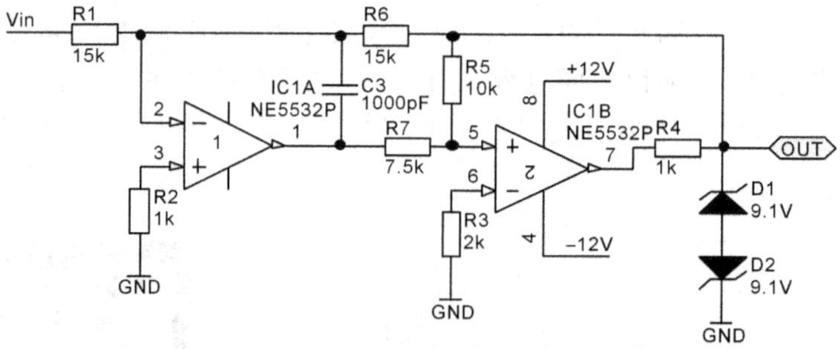

图 2-3-42 压控三角—矩形波产生电路

$$T=\frac{2R_1^2R_6V_D^2}{R_1^2V_D^2-R_6^2V_{in}^2}\frac{R_7}{R_5}C_3 \tag{2-22}$$

$$D=\frac{1}{2}-\frac{R_6}{R_1}\frac{V_{in}}{V_D} \tag{2-23}$$

计算式中的 V_D 是输出脉冲电压幅度钳位值,$R_6\ V_{in}<R_1V_D$ 是电路正常工作的条件。这一电路采用±12V 电源电压,IC_{1A}工作在线性状态,IC_{1B}工作在电压比较状态,输出脉冲电压幅值用稳压管钳位在±9.7V,三角波电压幅度为±7.3V,初始振荡频率为 17kHz。图 2-3-42 所示电路的线路布置图见图 2-3-43 所示,图 2-3-44 是其实物图。

图 2-3-43 压控振荡电路线路布局

图 2-3-44 压控振荡实物

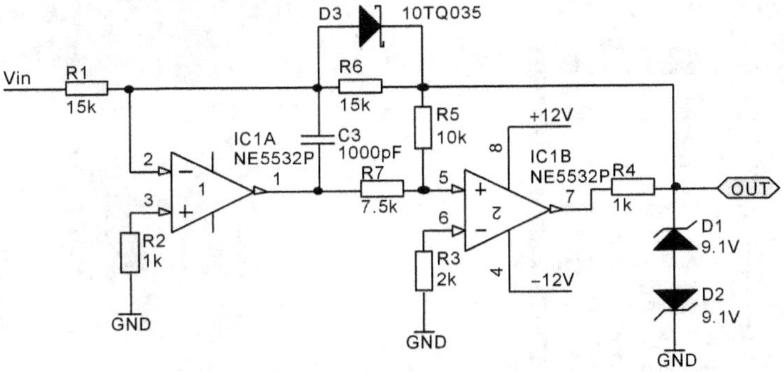

图 2-3-45　压控三角波振荡电路

9. 压控三角波振荡电路

如果在图 2-3-42 所示电路中电阻 R_6 旁并接二极管，改变成图 2-3-45 所示的电路，可以单独实现压控频率方式，而且其振荡频率随输入的控制电压作线性变化，振荡频率计算如 2-24 式。

$$f=\frac{R_5}{R_6R_7C_3}+\frac{R_5V_{in}}{R_1R_7C_3V_D} \tag{2-24}$$

图 2-3-45 电路也是采用双电源供电方式，IC_{1A} 工作在线性状态，IC_{1B} 工作在电压比较状态。这一电路不受 $R_6\ V_{in}<R_1V_D$ 条件限制。

10. 压控占空比振荡电路

若要单独控制占空比，而不控制电压影响频率，只有使电路产生固定频率的三角波信号，再通过电压比较器输出脉冲电压。这样，在改变电压比较电路的参考电压时，只能改变脉冲的占空比。如图 2-3-46 所示电路就能实现这一要求。其实，所有 PWM 芯片都是采用这种方案调整脉冲宽度或者说占空比的，用 PWM 芯片来产生信号并调整脉冲占空比会比较方便。

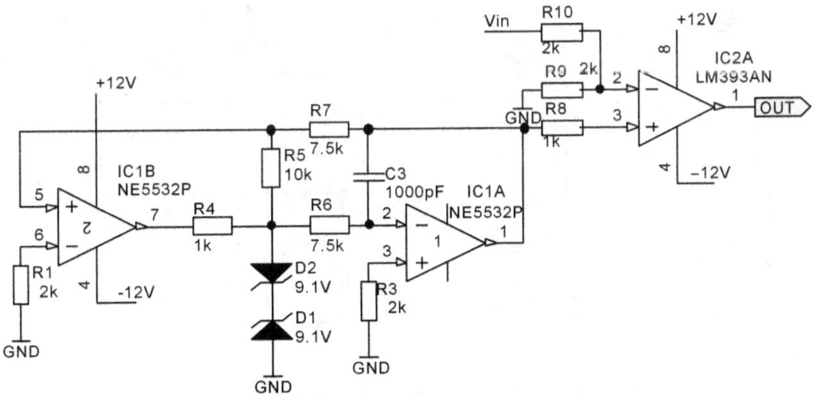

图 2-3-46　脉冲占空比独立改变的电路

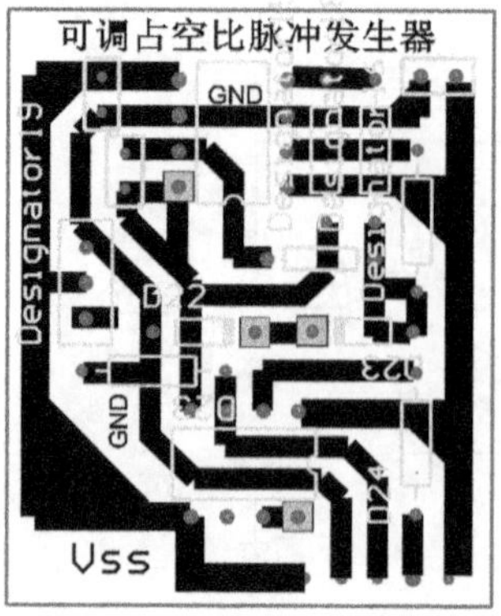

图 2-3-47　压控占空比电路线路布局

图 2-3-48　压控占空比模块实物

该电路采用双电源供电，若另外设置中间电压后也可实现单电源供电。图 2-3-47 是他的线路布置图，图 2-3-48 是其实物图。

11. 采用 PWM 芯片实现的双路脉宽调制电路

设计脉宽调制电路，比较实用的方案是采用 PWM 芯片。图 2-3-49 所示电路是采用 PWM 芯片 SG3526 实现的双路脉宽调制电路。该电路的供电电压从 9V 至 30V 均可，两个输出脉冲信号频率均在 100kHz 以下，脉冲相位互补。振荡频率由元件 R_{129}、R_{130}、C_{135} 的参数决定，图示元件参数下输出脉冲频率约为 50kHz，占空比调整范围为 0%～50%。图 2-3-50是该电路的模块实物图，图 2-3-51 是线路布置图。

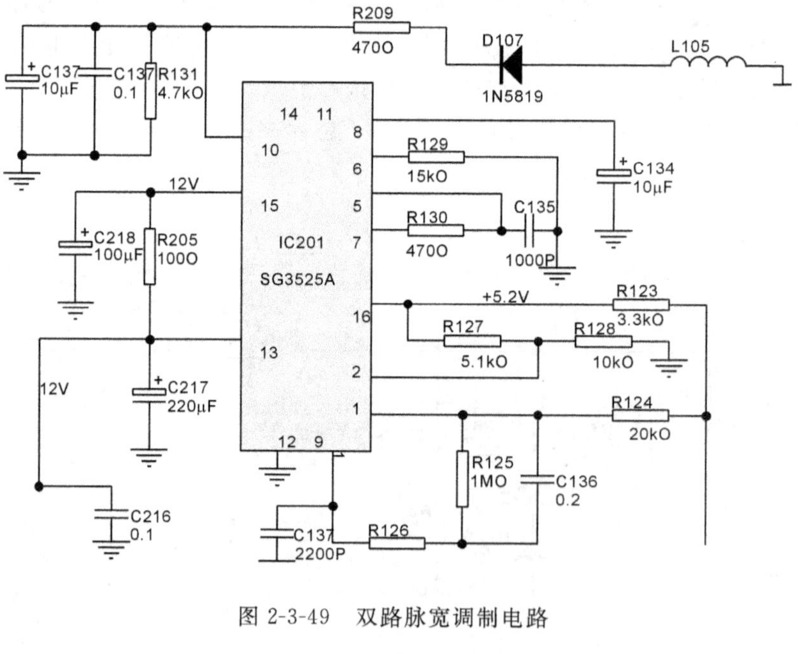

图 2-3-49　双路脉宽调制电路

图 2-3-50　脉宽调制模块

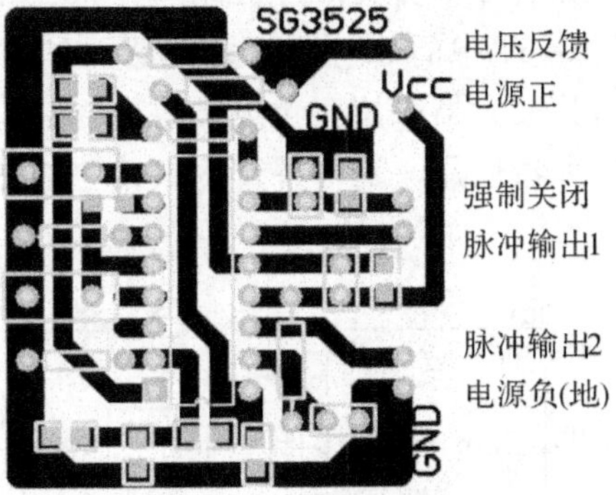

图 2-3-51　脉宽调制模块线路布局

这一电路的初始振荡频率计算式为：$f=\dfrac{1}{(0.6R_{129}+5R_{130})C_{135}}$，电路内部有二分频作用，最后输出的脉冲是振荡频率的二分之一。

三、阶梯波信号产生电路

周期性阶梯波信号如图 2-3-52 中曲线所示，这一信号的主要参数除了频率幅度、相位之外，还有阶数要求。阶梯波信号常用作测量仪器中的扫描信号。

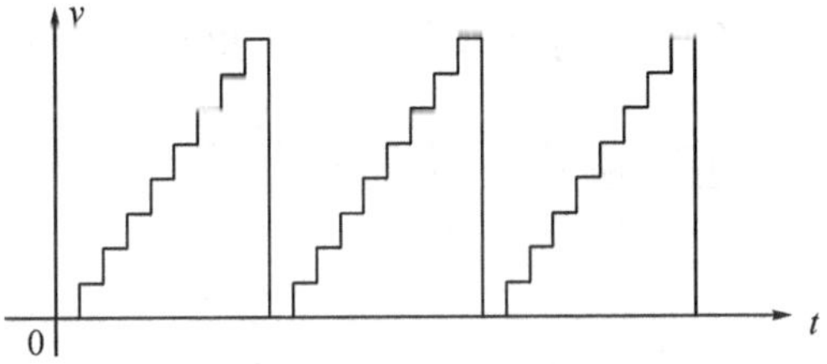

图 2-3-52　周期性阶梯波信号

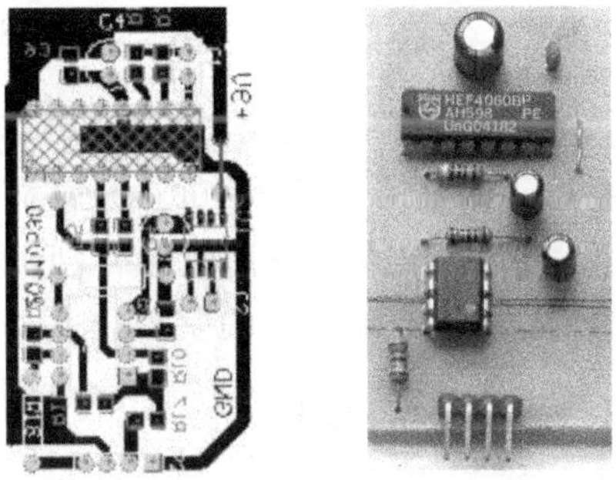

图 2-3-53　阶梯波发生器模块

图 2-3-54 所示电路是采用计数器与模拟加法器组成的阶梯波信号产生电路。带振荡电路的计数芯片 CD4060 工作在连续不停的计数状态，取其三位连续的二进制端口所输出的电压，按不同的比例加入到模拟加法电路中，即图 2-95 中的 IC_{3A}，图中二进制低位 V_L 的电压增益为 1/8 倍，中位 V_M 的电压增益为 1/4 倍，高位 V_H 的电压增益为 1/2 倍，则必定有：

$$v_o=\frac{1}{8}V_L+\frac{1}{4}V_M+\frac{1}{2}V_H$$

表 2-2

V_H/V	V_M/V	V_L/V	v_o/V
0	0	0	0
0	0	5	0.625
0	5	0	1.250
0	5	5	1.875
5	0	0	2.500
5	0	5	3.125
5	5	0	3.750
5	5	5	4.375

这样，模拟加法电路的输出就是阶梯波电压。以计数器端口输出阻 5V 电压为例，电压

对应关系如表 2-2 所示，每相邻阶差 0.625V，共 8 阶。

图 2-3-54 中的 IC_{3B} 是反相电路，将阶梯信号波形上下颠倒，以获得倒相的阶梯波。该电路的运算放大器采用正负电源供电，集成芯片 IC_2 是电容式开关电路，用于产生负电压，供运算放大器使用。这样外部只要给一组单极性的电压即可。

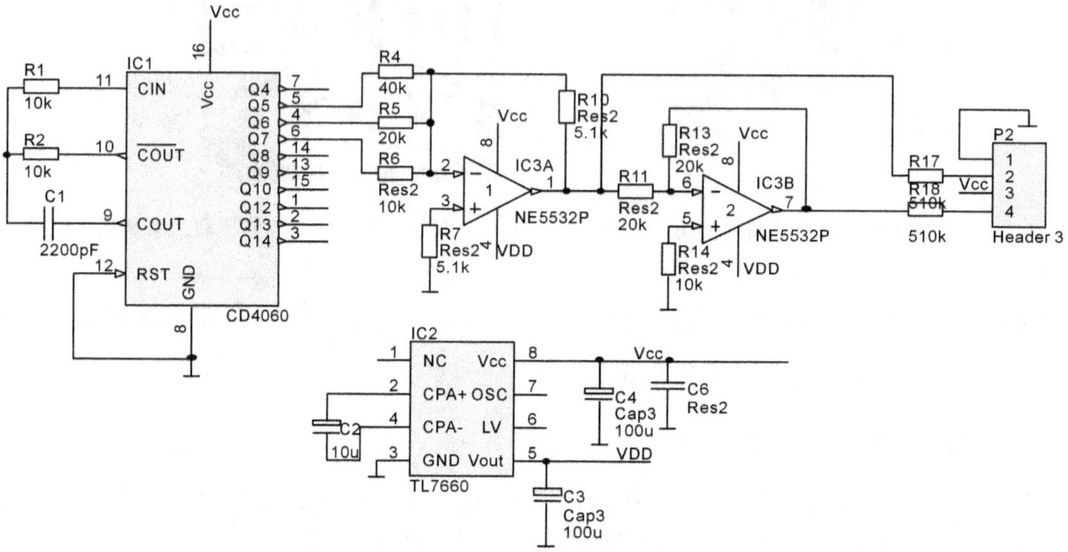

图 2-3-54 周期性阶梯波信号产生电路

图 2-3-54 电路的电源电压可以从 5V 至 15V 范围内确定。依据表 2-2 中的输出电压值，已经超过了运算放大器的电压输出能力，要么升高运算放大器的供电电压，要么减小 R_{10} 阻值，证运算放大器输出电压回到工作范围之内。

以该电路为基础设计的阶梯波信号发生器模块如图 2-3-53 所示。

四、噪声发生电路

噪声发生电路是产生噪声的电路，主要用于对电子设备抗噪能力的测试。理想的噪声发生器希望产生各种频率且能量均等的噪声，实际电路很难达到理想化。

稳压二极管工作在微安级电流状态下，会呈现出明显的散粒噪声。图 2-3-55 所示电路就是利用这一原理而设计的噪声发生器。用宽带运算放大器 NE5532 对稳压管送来的噪声进行两级放大，每一级的电压增益约为 33 倍，使得电路有足够的带宽。输出噪声频谱丰富，属于白噪声类型。输出噪声幅度较大，接近于满幅值工作。图 2-3-56 是该电路对应的噪声发生器模块。

该电路采用双电源供电，电源电压为 ±5V～±15V。稳压二极管最好选用 6.2V～7.2V的硅管，他兼有雪崩击穿和齐纳击穿二种效应，噪声会丰富一些。

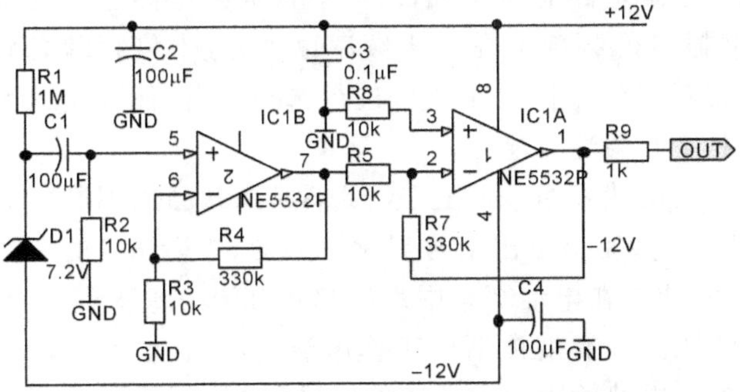

图 2-3-55　噪声发生电路

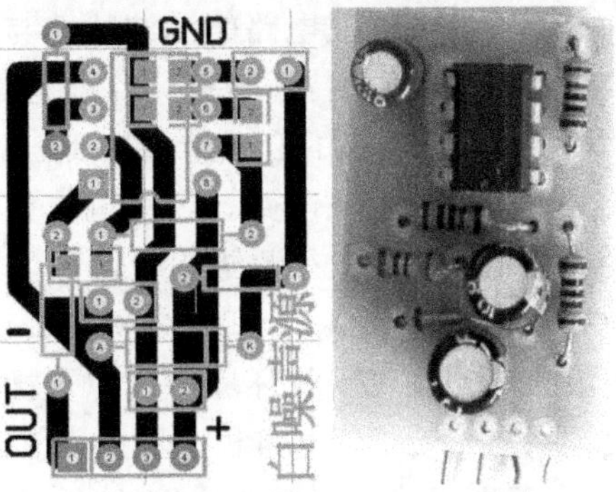

图 2-3-56　噪声发生器模块

第四节　信号处理基础电路

可以说信号处理电路是电子电路中涉及面最广的一类电路。从广义上讲，电子电路就是为处理信号服务的，包括放大电路、编译码电路等。作为基础性电子电路的归纳，本节所涉及的信号处理电路限于滤波电路、运算电路、调制电路等硬件电路。

一、有源滤波电路

滤波电路是指对不同频率的信号成分进行选择，去除某些不需要的频率成分。滤波要依靠频率敏感元件的作用，即电感、电容器件，与电阻构成滤波的基础电路：*RC* 高通电路、*RC* 低通电路、*RLC* 串并联电路。高频信号的滤波往往采用 *LC* 电路，频率选择能力比较强，基本独立于放大电路使用。*RC* 电路的频率选择能力要弱一些，往往与放大电路组合成有源滤波电路使用，比较适合低频信号的滤波。

一阶有源滤波电路的滤波特性与无源一阶电路完全一致，只是多了一个信号放大能力。在某一频段内不同频率的信号幅度进行纠正时，往往采用一阶滤波电路，如扩音机中的单调控制电路等。

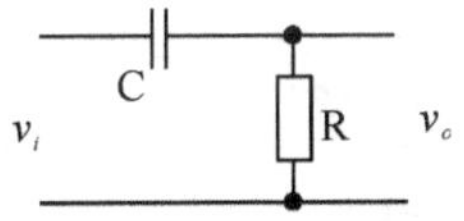

图 2-4-1　一阶高通电路

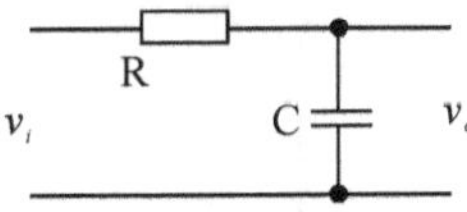

图 2-4-2　一阶低通电路

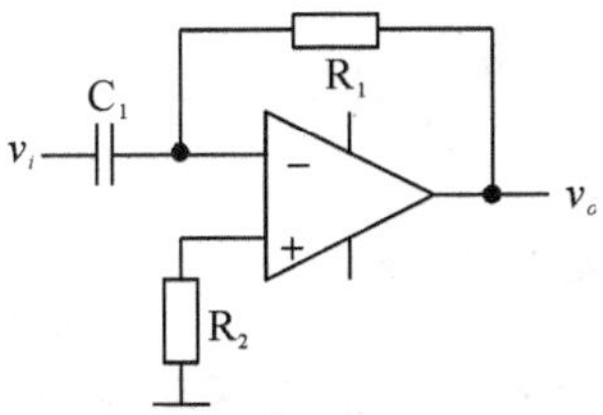

图 2-4-3　一阶有源高通电路

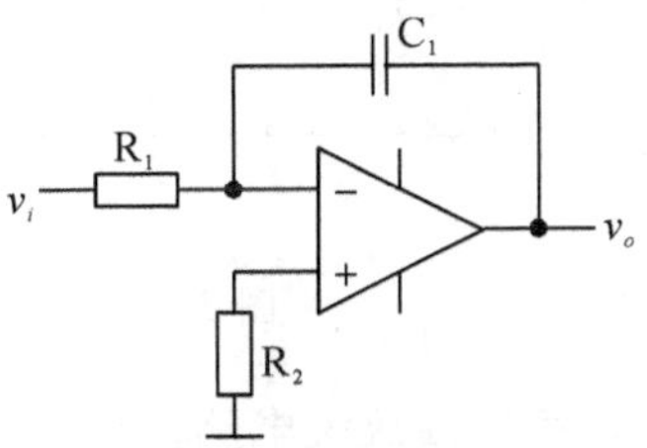

图 2-4-4　一阶有源低通电路

二阶有源滤波电路的滤波特性与无源二阶电路有所不同，二阶有源滤波电路还具有谐振特性，他有一个特征频率 f_0，也就是谐振点的频率。在截止频率以外，每十倍频程衰减40dB，比一阶电路的衰减量增加10倍。对信号的不同频率成分进行选择时，往往采用二阶及二阶以上的滤波电路。这里重点介绍高阶有源滤波电路。

对于二阶 RC 有源滤波电路都包含了正反馈网络，利用正反馈来提高其品质因数。如果有强干扰信号串入，可能会激发其产生振荡，使得输出信号异常。因此，二阶 RC 的源滤波电路不宜在强干扰环境中过滤干扰脉冲，比如在电动赛车中难以起到有效的滤波作用，滤波效果与二阶 LC 电路相比要差得多。另外，RC 有滤波器的工作电流较小，在电路的使用中，一般置于小信号放大电路之中，而在功率电路输出口上的滤波均采用 LC 滤波器。

1. 二阶有源低通电路

由运算放大器加 RC 电路构成的二阶低通滤波电路如图 2-4-5 所示。电阻 R_3、R_4 控制放大器的增益，元件 R_1、R_2、C_1、C_2 控制截止频率。图 2-4-6 是对应的二通道线路布局。

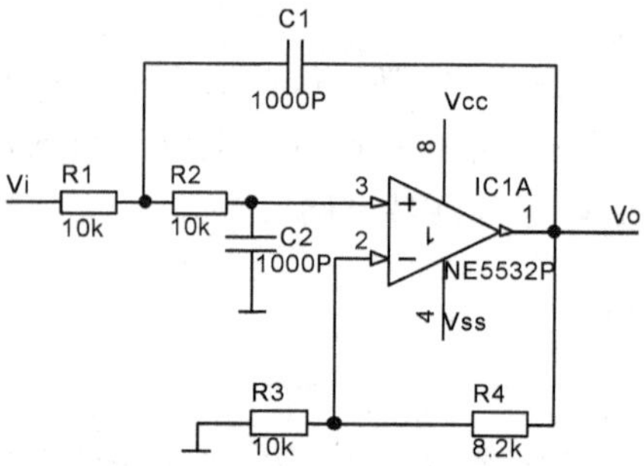

图 2-4-5 二阶有源低通电路

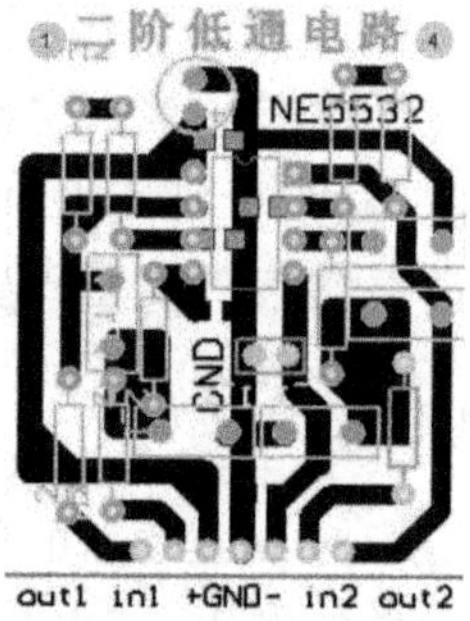

图 2-4-6 二阶有源低通电路

特征频率计算式：

$$f_0=\frac{1}{2\pi R_1 C_1} \tag{2-25}$$

品质因数计算式：

$$Q=\frac{1}{3\text{-}A} \tag{2-26}$$

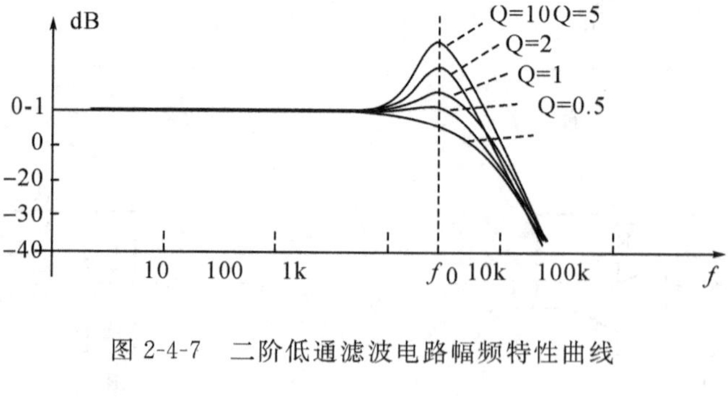

图 2-4-7 二阶低通滤波电路幅频特性曲线

其中 A 是负反馈放大电路的电压增益，$A=1+R_4/R_3$。受品质因数限制，这一电路的电压增益不宜设计得过高，若达到3倍及以上就成为了振荡电路，大多将品质因数 Q 确定为 1.0。二阶低通滤波电路幅频特性曲线与 Q 值的关系如图 2-4-7 所示，高 Q 值有明显的幅度提升效果，f_0 以上每 10 倍频程衰减 40dB。电路设计中要求 $R_1=R_2$，$C_1=C_2$，计算公式(2-25)、(2-26)才适用。

该电路采用双电源供电，电源电压可以在±3V 至±15V 范围内选取。按照图中的元件参数，电路的特征率为 16kHz。

2. 二阶有源高通电路

由运算放大器加 RC 电路构成的二阶高通滤波电路如图 2-4-8 所示。电阻 R_3、R_4 控制放大器的增益，元件 R_1、R_2、C_1、C_2 控制截止频率。图 2-4-9 是对应的二通道线路布局和模块实物。

特征频率计算式同(2-25)，品质因数计算式同(2-26)。

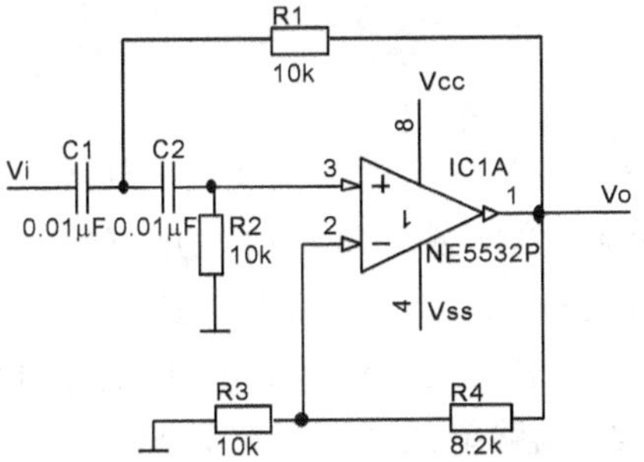

图 2-4-8　二阶高通滤波电路

图 2-4-9　二阶高通滤波电路模块

受品质因数限制，这一电路的电压增益也不宜设计得过高，若达到 3 倍及以上就成为了振荡电路。大多将品质因数 Q 确定为 1.0。电路设计中要求 $R_1=R_2$，$C_1=C_2$，计算公式(2-25)、(2-26)才适用。

该电路采用双电源供电，电源电压可以在±3V 至±15V 范围内选取。按照图中的元件参数，电路的特征率为 1.6kHz。

3. 二阶有源带通电路

由运算放大器加 RC 电路构成的二阶带通滤波电路如图 2-4-10 所示。电阻 R_3、R_4 控制放大器的增益，元件 R_1、R_2、C_1、C_2 控制截止频率。图 2-4-11 是对应的二通道线路布局和模块实物。

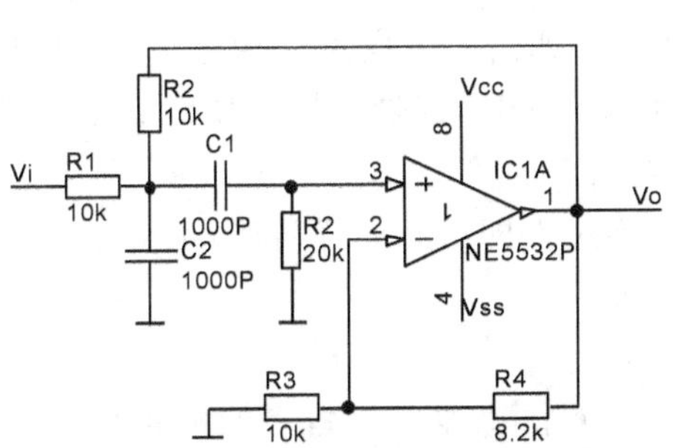

图 2-4-10　二阶带通滤波电路

图 2-4-11　二阶带通滤波电路模块

特征频率计算式同 2-23，品质因数计算式同 2-24。

受品质因数限制，这一电路的电压增益不宜设计得过高，若达到 3 倍及以上就成为了振荡电路。大多将品质因数 Q 确定为 2.0 以上，Q 值越高，意味着通频带宽度越窄，选频效果越好。电路设计中要求 $R_2=R_1$，$C_2=C_1$，计算公式(2-23)、(2-24)才能适用。

该电路采用双电源供电，电源电压可以在±3V 至±15V 范围内选取。按照图中的元件参数，电路陷波的中心率为 16kHz。

4. 二阶有源带阻电路

带阻滤波器又称陷波器。由运算放大器加 RC 电路构成的二阶带阻滤波电路如图 2-4-12所示，是一个双 T 网络滤波电路。电阻 R_3、R_4 控制放大器的增益，元件 R_1、R_2、C_1、C_2 控制截止频率。

特征频率计算式同(2-25)，品质因数计算式为：

$$Q=\frac{1}{2(2-A)} \tag{2-27}$$

受品质因数限制，这一电路的电压增益不宜设计得过高，若达到 3 倍及以上就成为了振荡电路。大多将品质因数 Q 确定为 2.0 以上，Q 值越高，意味着陷波的带宽度越窄。电路设计中要求 $R_2=R_1$，$R_5=R_1/2$，$C_2=C_1$，$C_3=2C_1$，计算公式(2-25)、(2-27)才适用。

图 2-4-13 是对应的二通道线路布局和模块实物。该电路采用双电源供电，电源电压可以在±3V 至±15V 范围内选取。按照图中的元件参数，电路陷波的中心率为 80Hz。

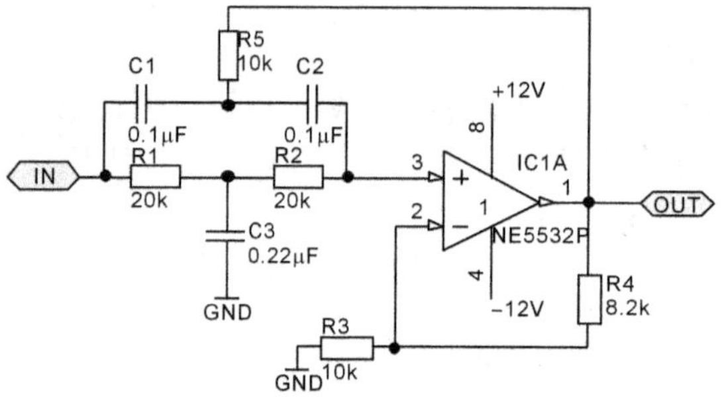

图 2-4-12　二阶带阻滤波电路

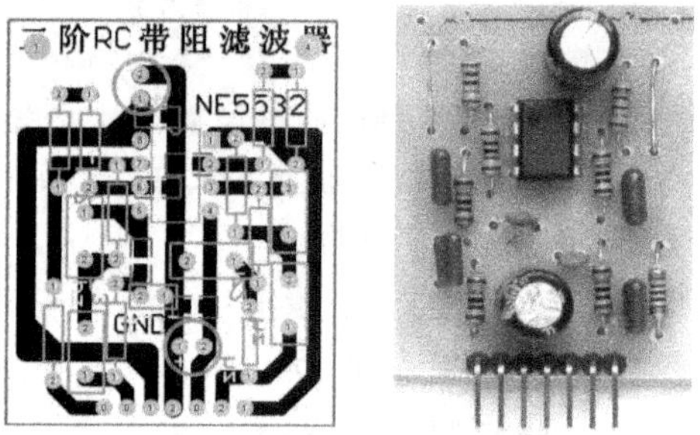

图 2-4-13　二阶带阻滤波电路模块

5. *RC* 四阶巴特沃思有源低通电路

高阶滤波器在工程又称巴特沃思滤波器、切比雪夫滤波器、贝塞尔滤波器。将特征频率相同的两个同类型二阶 RC 滤波电路串接使用，就成为了四阶滤波电路。如图 2-4-14 所示是四阶巴特沃思低通滤波电路，每一级的特征频率都是 160Hz，四阶的特征频率不变。而四阶的幅度衰减量可以达到每十倍频程 80dB，比二阶电路大一倍。

二级放大器的电压增益可以不相同，只要总增益不过大即可。同样规律，也可以组成其他四阶高通、带通、带阻滤波电路，甚至于更高阶的滤波器。

6. *LC* 四阶巴特沃思低通电路

在功率电路输出口上的滤波需要采用 LC 滤波器，使得滤波电路自身的能量耗降至最小，尽量增大工作电流。LC 四阶巴特沃思低通电路是常用的滤波器，如图 2-4-15 所示。图 2-4-15 中含有两个 LC 四阶巴特沃思低通电路，左右对称排列。

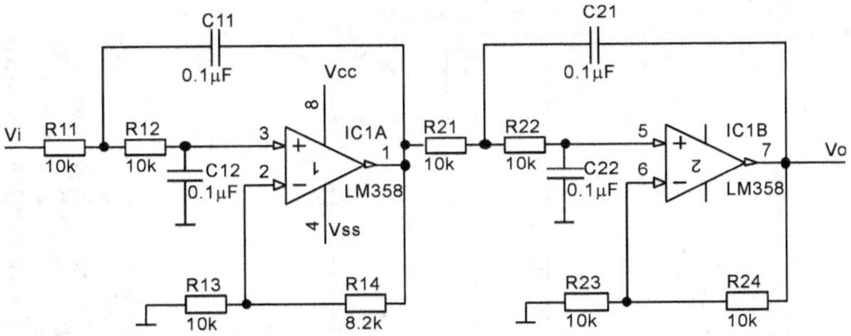

图 2-4-14　四阶低通巴特沃思有源滤波电路

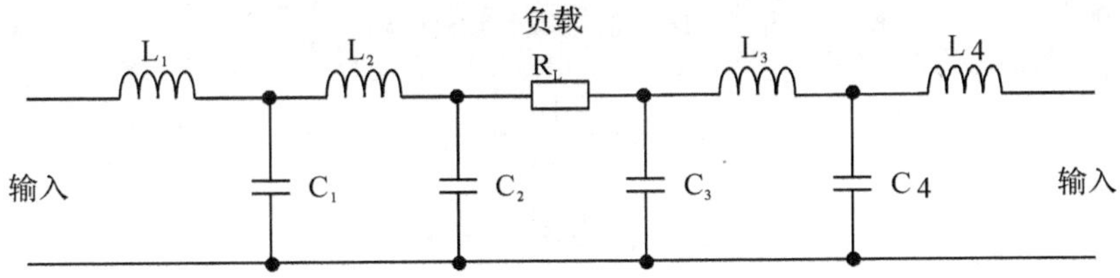

图 2-4-15　四阶低通巴特沃思 LC 滤波电路

其中 $L_1=L_4=0.71\times\frac{R_L}{\omega_0}$，$L_2=L_3=0.54\times\frac{R_L}{\omega_0}$，$C_1=C_4=\frac{3.15}{R_L\omega_0}$，$C_2=C_3=\frac{0.76}{R_L\omega_0}$。

对于截止频率为 20kHz 设计。负载阻抗设为 8Ω，$L_1=L_4=45\mu H$，$L_2=L_3=34\mu H$，$C_1=C_4=3.1\mu F$，$C_2=C_3=0.8\mu F$。其中 L_1 与 L_4 在 $\varphi 27$ 黄白色铁粉芯磁环上绕 19 匝，实测 $34\mu H$；L_2 与 L_3 在同样的铁粉芯磁环上绕 16 匝，实测 $23\mu H$。

表 2-3　四阶巴特沃思 LC 滤波器归一化参数组合

截止频率/kHz	负载阻抗	$L_1/L_4/\mu H$	$L_2/L_3/\mu H$	$C_1/C_4/\mu F$	$C_2/C_3/\mu F$
20	8Ω	45	34	3.1	0.8
15	8Ω	63	43	4.7	1.0
10	8Ω	90	69	6.2	1.5
1	8Ω	900	690	62	15

二、移相电路

1. 低频正弦移相电路

通过移相电路实现信号相位的超前或滞后变化，改变信号间的相位关系。信号移相是依据动态元件电抗的幅角随频率而改变这一特点，通过电流、电压转换而实现的。实际各类滤波电路都有移相作用。图 2-4-16 是二个基于一阶 RC 电路实现的移相网络，通过调整电位器改变相移角度。

该移相电路由一阶 RC 滞后移相支路 R_1C_1 和一阶 RC 超前移相支路 R_2C_2 移相后合成为一个总相移量。为了防止负载对移相网络参数的影响，每一个移相支路都连接电压跟随电路进行隔离。移相的同时，信号幅度也有所衰减，因此，移相信号输出前用线性放大电路做一定比例的放大。该移相电路的电压传递关系为：

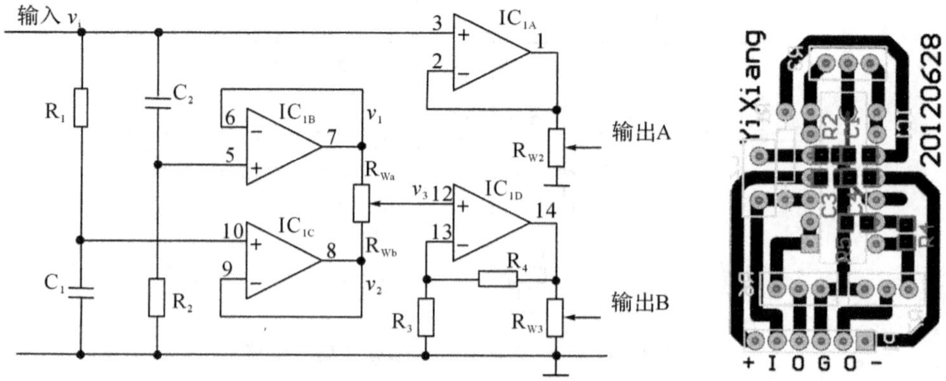

图 2-4-16　正弦信号移相电路

$$v_1=\frac{1}{1+\mathrm{j}\omega R_1C_1}v_i \tag{2-28}$$

$$v_2=\frac{\mathrm{j}\omega R_2C_2}{1+\mathrm{j}\omega R_2C_2}v_i \tag{2-29}$$

根据叠加关系：

$$v_{i3}=\frac{R_{ub}}{R_{ua}+R_{Wb}}\frac{1}{1+\mathrm{j}\omega R_1C_1}v_i+\frac{R_{ua}}{R_{ua}+R_{ub}}\frac{\mathrm{j}\omega R_2C_2}{1+\mathrm{j}\omega R_2C_2}v_i \tag{2-30}$$

若 $R_1=R_2=R, C_1=C_2=C$，则：

$$v_{i3}=\frac{R_{ua}}{R_{ua}+R_{ub}}\left(\mathrm{j}\omega RC+\frac{R_{ub}}{R_{ua}}\right)\frac{1}{(1+\mathrm{j}\omega RC)}v_i \tag{2-31}$$

一阶 RC 电路的相移量必定小于 90°。当接近 90°时，超前和滞后网络的输出电压幅值相差悬殊，会严惩重影响移相电路的输出幅度稳定性。若两个 RC 移相支路的元件参数取得相等，最好是让 RC 支路相移量控制在±45°，即 $\omega RC=1$，使得移相电位器在调节时相移量时，输出幅度的变化量较小。对于这样的一阶 RC 网络组成的电路，输出信号相移量一般为±45°。若要增大相移量，两个 RC 移相支路的元件参数独立选取，对于 R_1C_1 组成的滞后移相支路，其容抗要小于电阻 R 值；对于 R_2C_2 组成的超前移相支路，其容抗要大于电阻 R 值。比如取 $\omega R_1C_1=2, \omega R_2C_2=1/2$，这样相移量可以达到±63°。或者采用二阶 RC 移相网络，来增大相移量。

例如：对于 1kHz 正弦信号移相，取 $R_1=15\mathrm{k}\Omega$、$C_1=0.022\mu\mathrm{F}$，相移量为－64°；取 $R_2=8.2\mathrm{k}\Omega$、$C_2=0.01\mu\mathrm{F}$，相移量为＋63°。移相器在－64°～＋63°之间可调。对应的 R_4/R_3 最好为 2/1，使得放大顺电压增益为 3 倍。

当移相信号的频率不高时，运算放大器可以采用一块 LM324 芯片；或者选用二块 NE5532 芯片。采用 NE5532 时，其工作频率可以较高。为了简化电路结构，芯片宜采用双电源供电方式。这一电路总体适用于低频正弦信号的移相。

2. 脉冲延时电路

相位滞后也就是一种延时效应，在信号显示、状态控制场合等经常被采用。在数字系统中常采用存储器进行延时，在模拟系统中常采用延迟线、RC 电路等进行延时。图 2-4-17 是一个基于 RC 电路的脉冲延时电路，原本应用于脉冲电源的调制中。

电路中 R_1、C_1 和 IC_{1B} 组成有源积分电路，使得 IC_{1A} 第 2 端的转换电位滞后于输入脉冲，以至 1 端的电压脉冲滞后于输入脉冲。这里采用 LMV358 运算放大器是为了简化电路结构。LMV358 是单电源微功耗轨到轨运算放大器，工作电压为 2.7V～5.5V，其输入电位可以工作到供电电源的正负极电位之间，输出端最高电位接近供电电源正极电位，输出端最低电位接近供电电源负极电位。设 R_1C_1 的时间常远小于输入脉冲宽度，R_4 置于中点，$R_5=R_6$。初始状态输入电位为零值，7 端电位为最高值 5V，1 端为低电平 0V。当输入脉冲高电平到达，6 端电位往 5 端电位靠近，C_1 被快速放电，即第一阶段放电；至 6 端电位达到 5 端电位值后被钳在 2.5V，7 端电位逐渐线性下降；7 端电位下降至 1.25V 时，1 端升至高电位 5V，脉冲开始输出。当输入脉冲回落至低电平，7 端电位线性增高，至 3.75V 时，1 端回至低电位 0V，输出脉冲结束。当输入脉占空比接近 50% 时，无第一阶段放电过程，只有线性变化过程。

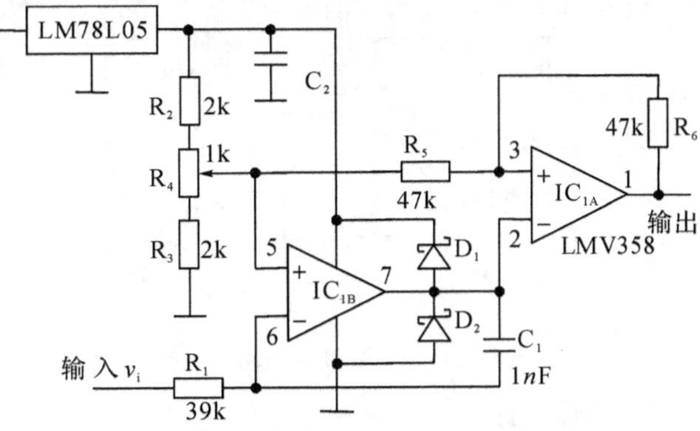

图 2-4-17　脉冲延迟电路

延时时间主要由 R_1、C_1 的参数决定，与 R_5、R_6 的比值也有一定关系。电路中的电位器 R_4 用于调整输出脉冲的宽度，应该与输入脉冲宽度相等。脉冲延时电路采用稳压器供电，是为了使输出脉冲宽度稳定。二极管 D_1、D_2 是为积分电容 C_1 第一阶段的放电而设置，尽量缩短第一阶段的放电时间。

三、信号运算电路

运算电路是指输出信号的幅度与输入信号之间组成特定的函数关系。线性放大电路、加减法电路都可以列入运算电路的范围，但比较简单，这里不做复述。一阶微分电路就是一阶高通电路，如图 2-4-1 和图 2-4-2 所示；一阶积分电路就是一阶低通电路，如图 2-4-3 和图 2-4-4 所示，也不做详细介绍。重点列举其他一些函数运算电路。

1. 绝对值电路

目的：获取 $v_o=|v_{in}|$ 关系。

绝对值电路是取输入信号电压的绝对值作为输出电压的电路，即 $V_o=|V_{in}|$。与桥式整流电路相比较，桥式整流电路也能将正、负电压转换成正电压输出，但在电压转换的过程中，存在二极管导通电压损失。也就是对小幅度信号无法输出电压，对大幅度信号整流输出的也不是标准的绝对值电压。图 2-4-18 所示的绝对值电路消除了二极管的导通电压的影响，能够输出标准的绝对值电压，因此，绝对值电路又称为精密整流电路。

图 2-4-19 是该绝对值电路模块。该电路采用双电源供电，电源电压从±3V 至±15V 范围内选择。对于采用 NE5532 芯片的，适用的信号频率上限可达到 1MHz。其输出电压误差主要来自于运算放大器的失调电压，若改用低失调运算放大器，如 OP07，输出误差会更小，但电路结构会复杂一些。

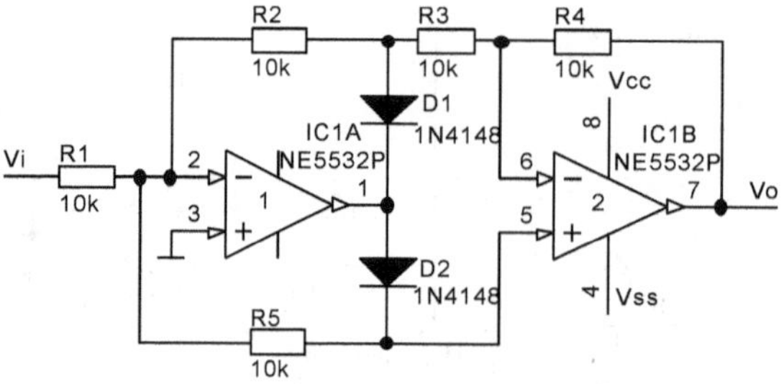

图 2-4-18 绝对值电路

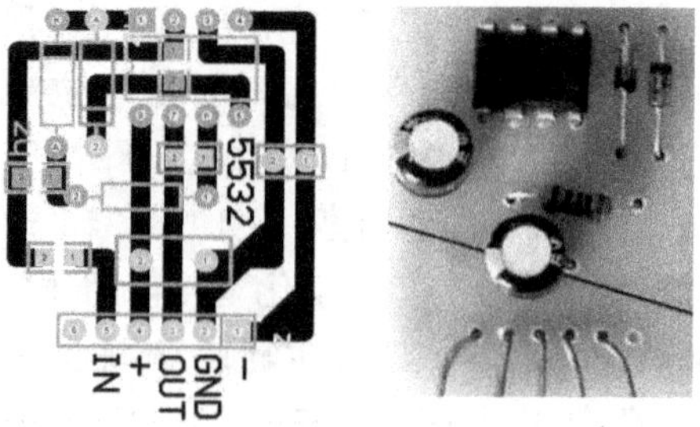

图 2-4-19 绝对值电路模块

2. 峰值电路

取峰值电路是指将输入信号的峰的 k 倍作为输出值的电路，$v_o = kv_{im}$ 或 $v_o = -kv_{im}$。如图 2-4-20 和 2-4-21 所示。

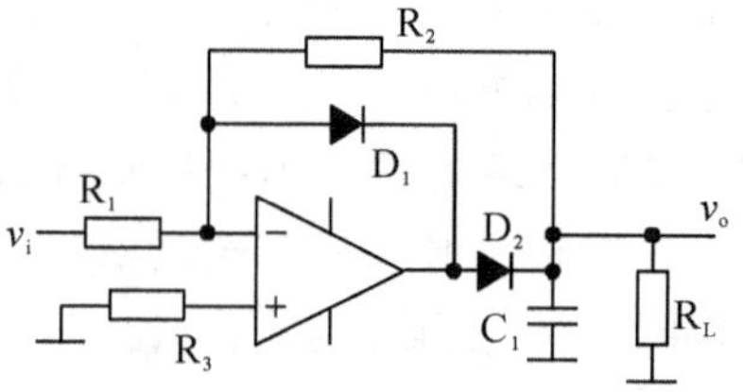

图 2-4-20 取正峰值电路

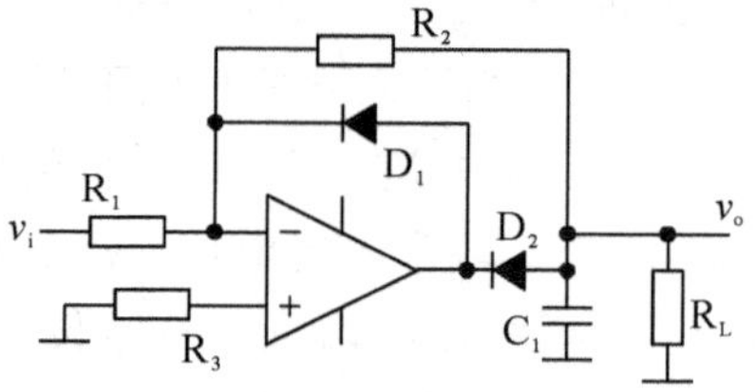

图 2-4-21 取负峰值电路

图中二极管 D_1 是为了让运算放大器工作在线性区域而设置的，信号应当工作在电路的动态范围之内。C_1 是峰值记忆电容，C_1、R_L 的时间常数应该大于信号周期的 10 倍以上。信号可以从反相端输入，也可以从同相端输入。

该电路常用于需要以信号峰值进行控制的控制电路中。

3. 对数电路

对数、指数电路都是利用 PN 结的伏安特性实现输出电压与输入电压的对数运算关系，即 $v_o = k\ln mv_i$ 的关系，其中 k、m 是比例系数，图 2-4-22 所示是对数电路的基本结构。PN 结的伏安特性表示为 $i_D = I_S(e^{v_{BE}/V_T} - 1)$，其中 V_T 为常数，符合指数规律的 v_{BE} 变化区间较小。图 2-4-22 所示电路的电压转移关系如式 2-32 所示。

$$v_o \approx -V_T \ln \frac{v_i}{I_S R} \tag{2-32}$$

4. 指数电路

指数电路是能实现输出电压与输入电压的指数运算关系，即 $v_o = ke^{mv_i}$ 的关系，其中 k、m 是比例系数。图 2-4-23 所示是指数电路的基本结构，其电压转移关系如式 2-28 所示。

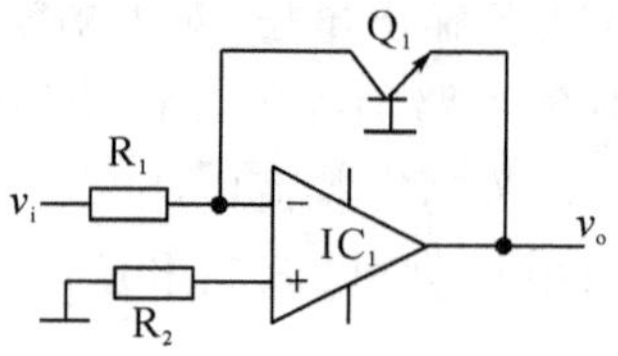

图 2-4-22 基本对数电路

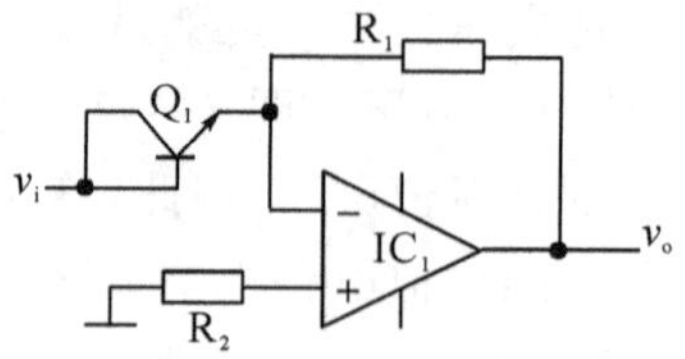

图 2-4-23 基本指数电路

$$v_o = -I_S R_1 e^{v_i/V_T} \tag{2-33}$$

图 2-4-24 是低温漂指数电路，图 2-4-25 是他的实际电路模块。电路采用±15V 供电，当控制电压为 0V 时，输出电压为+10V；当控制电压为 1.2V 时，输出电压为 10mV。

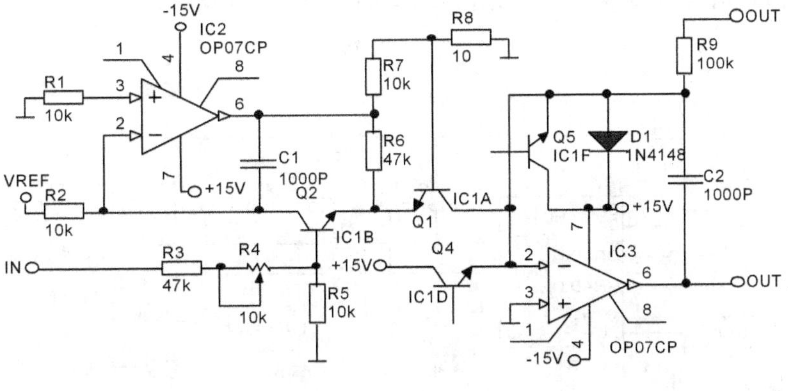

图 2-4-24　低温漂型指数电路

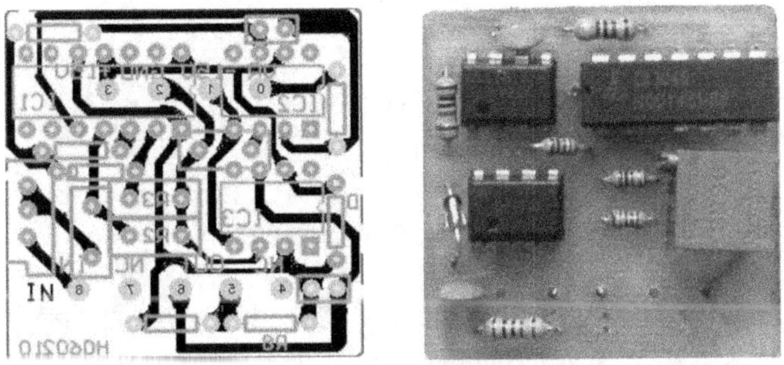

图 2-4-25　低温漂型指数电路模块

指数特性实际是由三极管的 PN 结特性决定的。为了保证温度特性的一致性，图 2-4-24电路中的三极管必须采用同一集成芯片，如 CA3046 芯片。指数电路常用于扫频电路中。如扬声器的扫频测试仪器中必定要用到这一模块。

5. 模拟量乘法电路

目的：获取 $v_o = k v_{i1} v_{i2}$ 的乘积关系，其中 k 是比例系数。

目前信号间的乘法运算大多依靠微机处理，优点是准确度比较高，缺点是所采用的电路规模比较大，一般要做模数转换、数模转换等环节，且计算量大。因此，对于精度要求不高的场合采用模拟乘法方案还是有实用意义的，特别对于高频信号的相乘，微型计算机还难以适应，模拟乘法更有应用价值。可以进行乘法运算的电路种类也比较多，其核心技术基本上都是依靠半导体 *PN* 结的非线性特性实现的。

(1) 基于 MC1496 的模拟乘法电路

MC1496 芯片的名称就叫四象限模拟乘法器，是为信号的模拟相乘而设计的，内部是双差分对电路结构。用于高频信号的幅度调制，幅度调制本身就是一个相乘的过程。图 2-4-26所示电路是利用 MC1496 芯片相乘特性设计的模拟乘法器。电路有二个信号输入端 v_{i1} 和 v_{i2}，乘积结果在 IC_1 芯片 6 和 12 端之间平衡输出，IC_2 是为了将对称输出电压转换成不对称电压而设置的，不需要转换时可以省去。从理论上讲，输入、输出间电压存在如式 2-34 所示的简单关系，这一关系成立的条件是电路静态设置的对称性要足够好（$v_8 = v_{10}$、$v_1 = v_4$）、输入信号幅度要足够小，送到端口的电压在 100mV 以下。

$$v_o = k v_{i1} v_{i2} \tag{2-34}$$

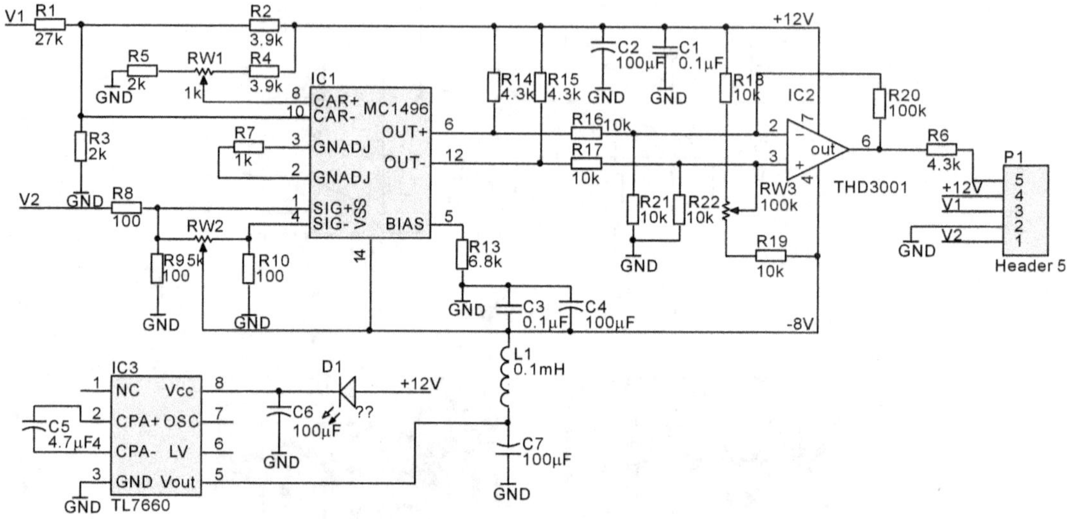

图 2-4-26　基于 MC1496 的模拟乘法电路

这一电路的输出电压与输入电压间相乘关系吻合程度，与电路调整的精确度密切相关。所谓的电路对称性并不是用万用表量得的端口电压对称性能把握的，而是在工作过程中所体现出来的特性对称性。电位器 R_{W1} 用于微调端口 8 和 10 之间平衡关系，他也可能需要并联到电阻 R_2 两端；电位器 R_{W2} 用于微调端口 1 和 4 之间平衡关系。平衡的标准见以下调试方法。

鉴于高频信号平衡调幅是一个完全相乘的结果，因而可以采用平衡调幅法进行电路乘法状态调试。用信号源在模块输入端分别输入高、低频两个正弦信号 v_{i1} 和 v_{i2}，幅度高过正常值，最好加入电容隔离输入端直流电位，用双踪示波器观察 6 端或者 12 端中任意一个端的输出信号和输入的低频信号波形，最好是采用模拟示波器进行观察。

第一步：在静态下调整电位器 R_{W1}，使得乘法芯片 6 端和 12 端的电位基本一致，并且明显高于 8 端和 10 端口的电位。

第二步：加入 v_2 信号，去除 v_1 信号，调整电位器 R_{W1}，使 6 端或 12 端的输出信号幅度最小；再加入 v_1 信号，去除 v_2 信号，调整电位器 R_{W2} 使输出信号幅度也最小。

第二步：将不同频率的 v_1 和 v_2 信号均输入，再反复微调两个电位器，让输出调幅波形尽量接近平衡调幅波形，如图 2-4-27 所示。

调整过程中会发现，改变 R_{W1} 的值，是在纠正二条包络线上下的错位；改变 R_{W2} 是纠正左右相邻块的大小关系。反复调整 R_{W1} 和 R_{W2}，使得调制波形呈现上下、左右均对称，必要时可以适当减小输入信号的幅度，送入至芯片输入端的两个信号幅度峰峰值不超过 80mV，达到尽量理想的相乘状态。

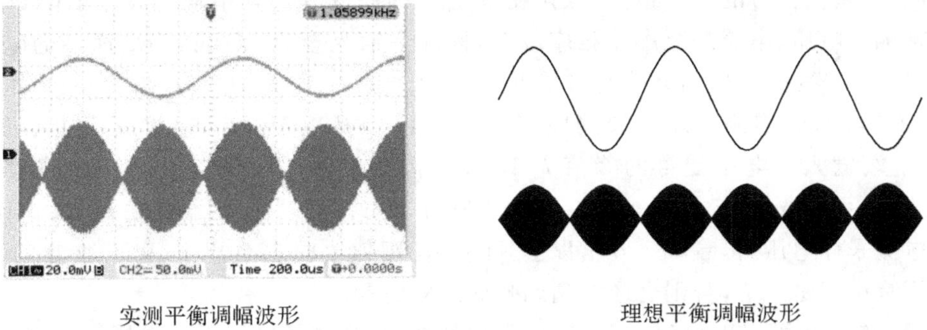

实测平衡调幅波形　　理想平衡调幅波形

图 2-4-27　平衡调幅波形

图 2-4-28 是根据乘法器模块调试中测量到的数据所绘制的曲线。图中的点是实测数据，实线是拟合曲线，其中 $v_{i1}=v_{i2}$。结果基本符合乘积关系，其误差小于 7%。而且从曲线图中可以看出，过大的数值明显偏离了乘积关系，PN 结只有很小一段区域近似为平方律关系，与此结果相吻合。

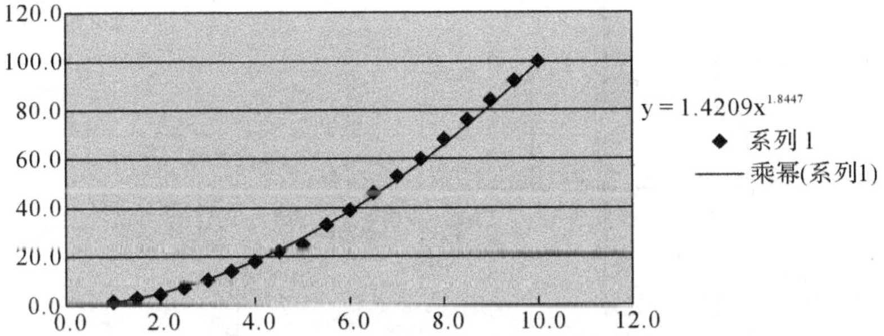

图 2-4-28　功率测量模块的测试结果

图 2-4-29 是该电路对应的线路结构和模块。MC1496 芯片本身的电源供电电压为 +12V和-8V 两组，为了简化模块供电方式，模块中加入了 TL7660 负电压芯片，只需要提供 +12V 电压即可正常工作。如果去除 TL7660，要多加入 −8V 供电电压。

图 2-4-29　基于 MC1496 的功率测量模块

基于 MC1496 制作的模拟乘法模块可以用于音频功率放大器输出功率测量、高频信号的功率测量、调幅信号的同步检波、噪声中弱信号的提取等。其中输入衰减电阻 R_1、R_8 阻值要视被测量电压、电流的大小作相应改变，标准是输入至 R_3 两端和 R_9 两端的电压不超过 100mV。注意：v_{i1} 信号的衰减网络是 R_1、R_2、R_3，是 R_2 和 R_3 并联后与 R_1 组成电阻分压结构，即 R_1 与 1kΩ 电阻分压。如：测量 8Ω 负载上 10W 以下功率值，将电压从 v_{i1} 端输入，电流从 v_{i2} 端输入。电压变量的峰值为 12.5V，需要衰减 125 倍以上，则 R_1 阻值要定在 125kΩ 以上，可以取为 150kΩ；电流变量的峰值为 1.6A，可以在 v_{i2} 端并联 0.1Ω 电阻，获取 0.16V 电流采样电压，再衰减 1.6 倍以上，即将 R_1 阻值改成 62Ω 以上，可以取为 100Ω。R_1 的阻值不宜小于是 51Ω，否则会影响到调整好的静态参数。

MC1496 芯片可以工作到 10MHz 以上的频率，当该测量模块用于高频信号功率的测量时，应该将后级的运算放大器更换成高频运放，采用 THS3001ID 芯片就是鉴于这一考虑。

(2) 基于晶体三极管的模拟乘法电路

实现的方法是采用“对数电路＋求和电路＋指数电路”，电路如图 2-4-30 所示，其电压转移关系如式(2-35)所示。这一电路实现乘法运算的数学模型比较简洁，其缺陷是温度特性不良，主要受晶体三极管发射结的温度特性影响。

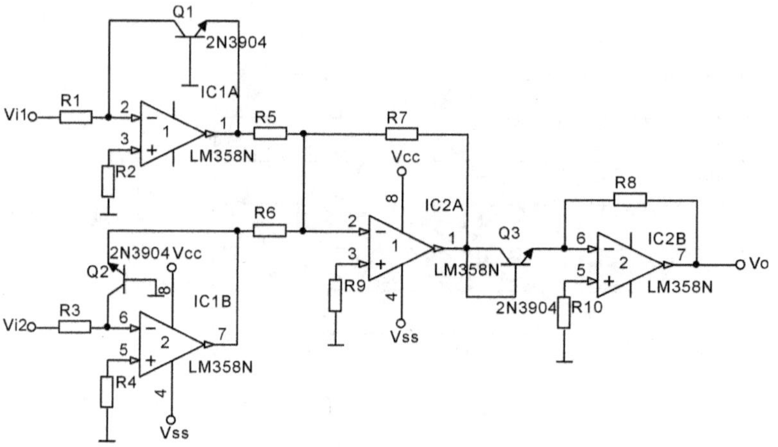

图 2-4-30　基于三极管的模拟乘法电路

$$v_o = -I_S R_8 e^{\left(\frac{R_7}{R_5} V_T \ln \frac{v_{i1}}{I_S R_1} + \frac{R_7}{R_6} V_T \ln \frac{v_{i2}}{I_S R_3}\right) / V_T}$$

当 $R_1 = R_3 = R_5 = R_6 = R_7 = R$ 时：

$$v_o = -\frac{R_8}{I_S R^2} v_{i1} v_{i2} \tag{2-35}$$

如果要实现除法运算，只要将中间的加法电路换成减法电路即可，输入反相端的量为被除数，输入同相端的量为除数。

(3) 基于场效应管的模拟乘法电路

场效应管工作在可变电阻区时，其导通电阻是受栅极电压控制的，或者说其电导是栅压的函数。利用场效应管的压控可变电阻特性实现模拟量相乘，即 $v_o = ir(v_{i1})$，是实现模拟乘法的方法之一。图 2-4-31 是对应的乘法电路，其乘法运算关系如式(2-36)所示。

图中 IC_{1A} 是为场效应管设置一个工作电压，要求 V_{o1} 足够小，应落在场效应管的可变区内，即场效应管的夹断电压以下。由此可见，场效应管应该选用夹断电压高的类型。

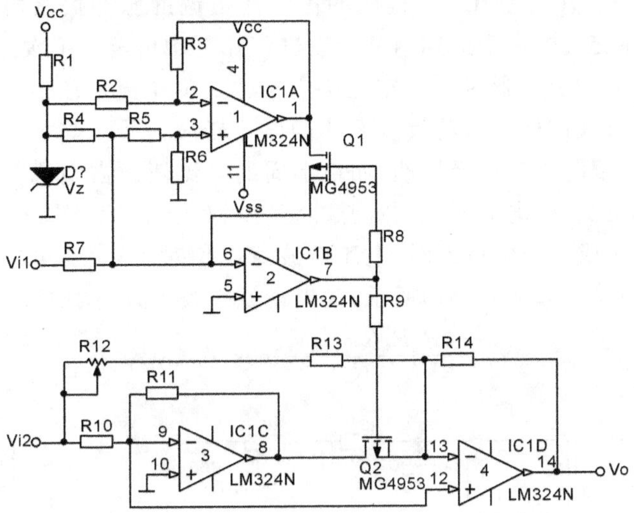

图 2-4-31　基于变电阻的模拟乘法电路

$$V_{o1} = -\frac{R_3}{R_2} V_Z$$

图中 IC_{1B} 是为了获得场效应管的导通电阻与输入电压成线性关系而设置的。其中 R_4 是为了给场效应管 Q_1 提供静态电流。

图中 IC_{1C} 是为了获得 v_{i2} 的反相信号 v_{o3} 而设置，以便能够抵消运算关系式中常数项的影响。

$$v_{o3} = -\frac{R_{11}}{R_{10}} v_{i2}$$

$$v_o = \frac{R_2 R_{11} R_{14}}{R_3 R_7 R_{10} V_Z} v_{i1} v_{i2} \qquad (2\text{-}36)$$

应用条件：$R_{12} + R_{13} = \frac{R_3 R_4 R_{10}}{R_2 R_{11}}$；场效应管工作在可变电阻区；两个场效应管的特性完全一致；电路采用正、负电源供电。

图 2-4-31 电路中接入电阻 R_5 是为了消除运放 IC_{1A} 和 IC_{1B} 失调电压的影响，要求 $R_5 = R_3$，$R_6 = R_2$。同样，IC_{1D} 的同相端连接至 IC_{1C} 的反相端，也是为了消除运放 IC_{1C} 和 IC_{ID} 失调电压的影响。

(4) 分时积分型模拟乘法电路

分时乘积分型(TDM)模拟乘法器主要用于交流电网的电功率电子测量中，他能确保在不考虑波型不对称性的情况下逆功功率均方根测量($ui\cos\varphi$)的精确度。分时积分型(TDM)模拟乘法器如图 2-4-32 所示。由电流采样放大及倒相电路、电压分时电路、RC 积分电路组成。其中电流采样由电流互感器 T_1 和电流电压轮换电阻 R_4 完成；R_5、R_6、IC_{6B} 构成反相放大电路，R_7、R_8、IC_{6A} 构成倒相电路，放大电路的输出和倒相后的输出均输入至模拟开关 K 的两个输入端；模拟开关的转换由控制电压分时电路控制，电压分时电路就是占空比可调的脉冲振荡器，由 R_1、R_2、R_3、C_1、D_{15}、IC_{3B} 和 IC_4 构成；RC 积分电路是指 R_9、R_{10}、C_3、C_4 构成的电路，他将输入的电压脉冲转换成平均电压输出。

R_1、R_2、R_3、C_1、D_{15}、IC_{3B}和IC_4所构成的占空比可调的脉冲振荡器振荡频率远高于交流电的频率，这样，在交流电一个周期内就可以进行几百次仍至上千次的分时相乘处理。其振荡频率基本由R_3、C_1决定，脉冲的占空比决定于输入的交流电压值。电流采样放大后输入模拟开关K，模拟开关的输出就是反复倒相的电流斩波信号。当电流、电压同相位时，电流斩波的宽脉冲总是偏向于某一半周期，如正半周的电流斩波占空比总是大于负半周的占空比。当电流、电压正交时，电流斩波的宽脉冲宽度相对于正、负半周对称，取其平均值后必定为零。当电流、电压成一定相位差时，电流斩波宽度相对于正、负半周不对称。电路输出电压与输入量之间的关系如式(2-37)所示，输出量就代表了有功功率大小。

$$V_2=\frac{R_3R_4R_6}{2V_{CC}R_iR_5}\frac{I_mV_m}{2}\cos(\phi_i-\phi_v) \tag{2-37}$$

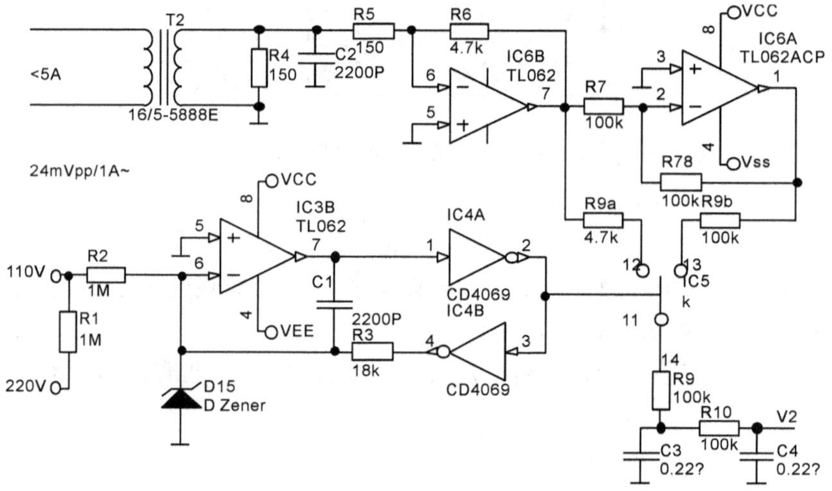

图 2-4-32　分时积分型模拟乘法电路

该电路采用双电源供电，要求供电电压稳定。斩波频率最好在电源频率的100倍以上。运算放大器最好采用高输入阻抗类型，以消除运放输入电流带来的误差。正因为斩波频率远高于被测信号频率，因而此方案不适合高频环境下的功率测量。

四、信号调制电路

信号调制电路是将需要传递的信号通过一定方式加载在另一个频率更高频率的信号上，以达到更好的传递效果；或者是将一种类型的信号转换成另一种类型的信号，更方便传递。低频率信号加载至高频率信号上的基本方式是调幅、调频率、调相、调脉冲宽度，由此还可以衍生出其他多种调制方式。

1. PWM 电路

脉冲宽度调制简称PWM，是指对固定频率脉冲信号的脉冲宽度加以调制，以传递连续变化的电压或电流量。PWM调制通常用于功率电路的信号处理，其优点是能够使得功率电路具有较高的工作效率。在逆变电路、开关电源电路、直流电机调速等场合得到广泛应用。

因为PWM电路应用广泛，实现这种调制方式的专用芯片也较多，图2-86就是是基于

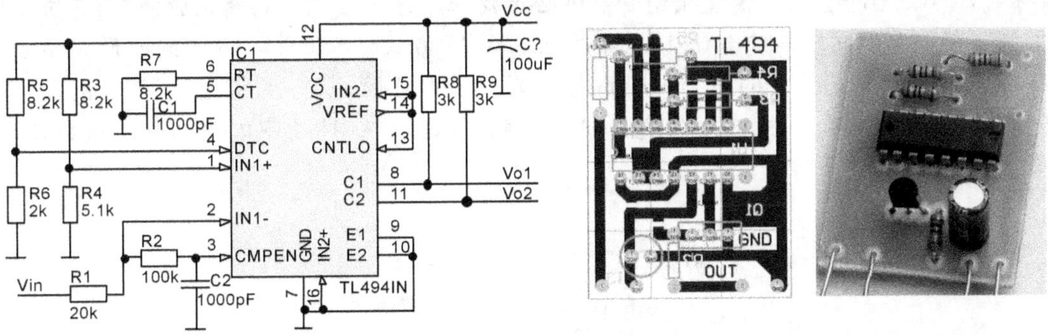

(a)　　(b)　　(c)

图 2-4-33　基于 TL494 的 PWM 电路

SG3525 芯片的 PWM 电路，输出两个相位互补的脉冲信号。图 2-4-33(a)是基于 TL494 芯片的 PWM 电路，输出两个时间上交叉的脉冲 V_{o1} 和 V_{o2}，内部振荡频率由式(2-38)计算。2-4-33(b)和 2-4-33(c)是由 TL494 搭建的 PWM 模块。

$$f=\frac{1.1}{R_7C_1} \tag{2-38}$$

图 2-4-33(a)电路由输入电压 V_{in} 改变输出脉冲宽度，芯片的第 3 端电平越低，输出口的三极管导通时间越长。脉冲宽度被调整时 3 端的电平有效变化范围为 0. 2-3. 6V。TL494 芯片内部带有两个误差放大器，两个误差放大器的输出汇总于第端 3。

TL494 芯片有两路 OC 形式的输出，当第 13 端处于高电平电时，输出两个相位差 180°的脉冲，脉冲占空比小于 50%，脉冲频率是内部振荡频率的一半；当第 13 端处于低电平电时，输出单个脉冲，脉冲占空比小于 100%，脉冲频率等于内部振荡频率。内部振荡频率由 5、6 端外接的振荡电阻和电容参数决定，可以根据式(2-38)计算。最高振荡频率为 200kHz。芯片第 4 端用于死区电平控制，即从 4 脚加入死区控制电压可以对驱动脉冲的最大宽度进行限制，第 4 端电平高，死区时间长。第 4 端脚电平为零值时，已存在 0.14T(T 为内振荡周期)的死区时间。同其他 PWM 芯片一样，内部向外提供 5.0V 的基准电压，供给外围电路设置电压的需要。

该模块的供电电压为 8～30V，输出脉冲频率约为 65kHz，每个脉冲的最大占空比为 40%。

因 TL494 芯片是电流输出型，比较适合驱动互感器类负载。

还有一款开关电源中常用的 TL3842 也被称作是比 PWM 芯片，但他的输出脉冲宽度无法连续调整，只能使脉冲出现，难以用于 PWM 调制。

2. 三相 SPWM 电路

在 PWM 调制电路中，若调制电压是按正弦规律变化的，即对正弦信号进行的为脉宽调制，称为 SPWM 方式，在正弦交流逆变器中必定要采用这一方式。对于三相正弦交流逆变器，一般采用三相 SPWM 芯片实现比较方便。如图 2-4-34 是采用 HEF4752 芯片实现的 SPWM 调制电路。

3. SSPWM 电路

在 PWM 调制电路中，若调制电压是按正弦规律变化的，即对正弦信号进行的为脉宽调制，称为 SPWM 方式，在正弦交流逆变器中必定要采用这一方式。若将正弦波的正、负半周分别调制在二个不同的脉冲电压中，则称为 SSPWM 方式。SSPWM 方式的波形关系如图 2-4-35 曲线所示。正弦波的正半周期间由 v_{o1} 输出 PWM 脉冲，v_{o2} 为零值；正弦波的负半周期间由 v_{o2} 输出 PWM 脉冲，v_{o1} 为零值。这样处理可以减少脉冲功率电路的开关次数，减少功率器件的开关损耗。

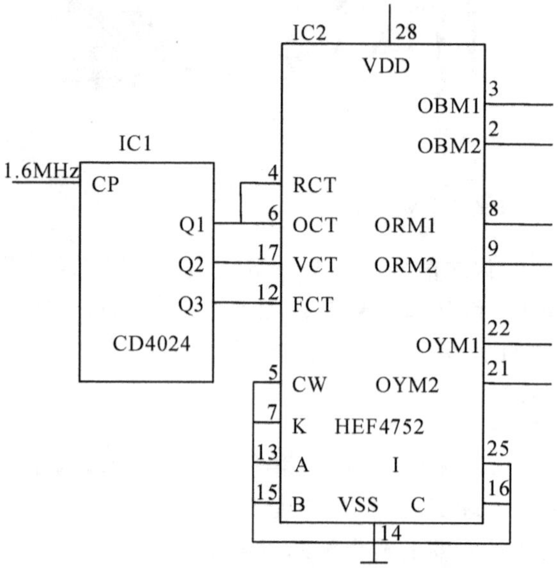

图 2-4-34　三相 SPWM 调制电路

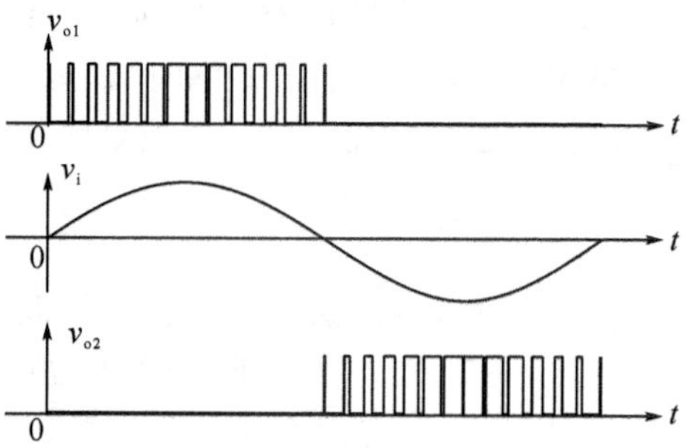

图 2-4-35　SSPWM 波形

图 2-4-36 所示电路是采用级联方式构成的 SSPWM 电路，其两个输出端电压。该电路由正弦信号产生电路、三角波产生电路、电压比较电路等形组成，反应出了 SPWM 信号的形成过程。其实 PWM 芯片内部也包含这些电路，只是电位已固定，不必调整。图 2-4-36 电路的电位设置需要自己调整，有助于对 SSPWM 电路工作原理的理解，可用于教学与学生练习。

图 2-4-36 中，运算放大器 IC_1 及外围元件组成正弦信号产生电路和选频放大电路；运算放大器 IC_2 及外围元件组成三角波产生电路；运算放大器 IC_3 及外围元件用作第 5 端的直流电位调整；运算放大器 IC_4 及外围元件组成 PWM 比较。另外设置的 D_5、R_{27}、R_{28}、R_{29}、C_{15}、Q_1 所组成的电路是用作对调制度的限制。当输入的控制电压 VI 足够高时，场效应管 Q_1 导通，将正弦振荡电路送来的正弦波信号衰减，最后送至 PWM 比较器的幅度减小，调制度也被减小。

图 2-4-36 电路既可工作在 SPWM 状态，也可以工作在 SSPWM 状态，两者只在 IC_4 输入端的静态工作状态有所区别。如果是 SPWM 状态，则 IC_4 第 2 端与第 5 端的电位应该一相等。如果是 SSPWM 状态，则 IC_4 第 5 端的电位应该低于第 2 端的电位至少一个正弦波的峰值。第 2 端的静态电位由 RW_2 调整，第 5 端的电位由 RW_3 调整。

以 SPWM 方式工作时，正弦波的峰峰值应当小于三角波的峰峰值，否则会出现过调制失真。在 SSPWM 方式工作时，正弦波的峰值应当小于三角波的峰峰值，在正弦波的半个周期内完成 0%～100%之间占空比的调整。正弦波的幅度首先由 RW_4 调整，也可以加入

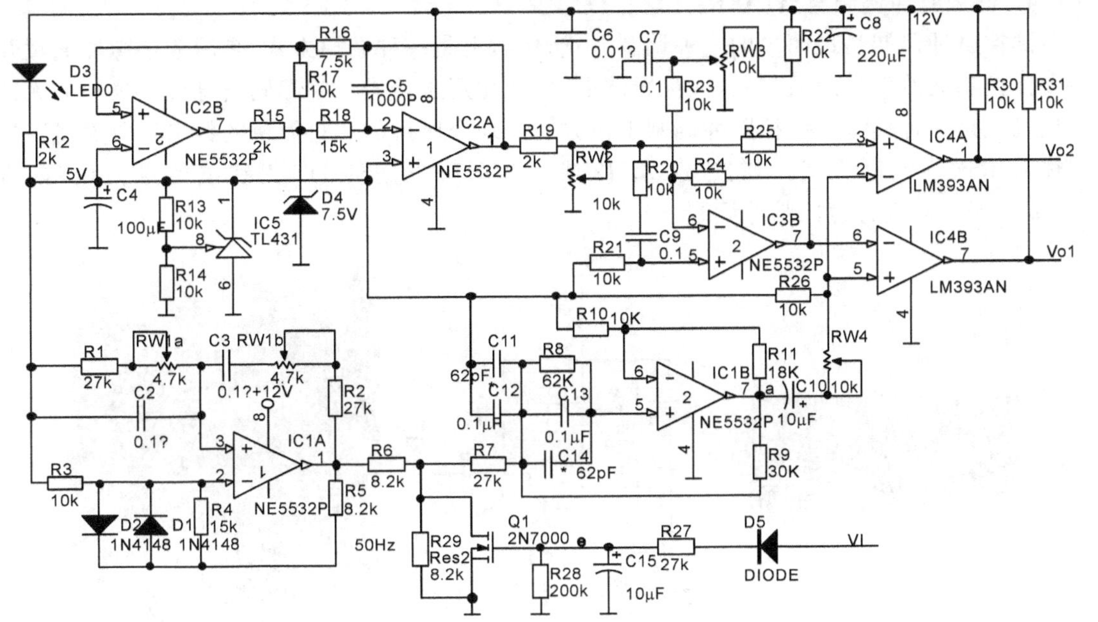

图 2-4-36　级联式 SPWM 电路

VI 电压进行限制。

对于 SSPWM 方式工作，IC_4 第 3、6 端的静态电位是 5V，第 2 端的静态电位小于 5V，其动态最高电位是 5V。第 5 端的静态电位高于 5V，其动态最低电位是 5V。这样，第 2 端与正弦的负半周期进行电压比较，形成变化的脉宽 v_{o2} 输出；第 5 端与正弦的正半周期进行电压比较，形成变化的脉宽 v_{o1} 输出，如图 2-4-35 中曲线所示。

图 2-4-37 是依照该电路所制作的模块和线路布局。其电源供电电压为单 12V，正弦信号频率为 50Hz，调制频率为 15.5kHz。

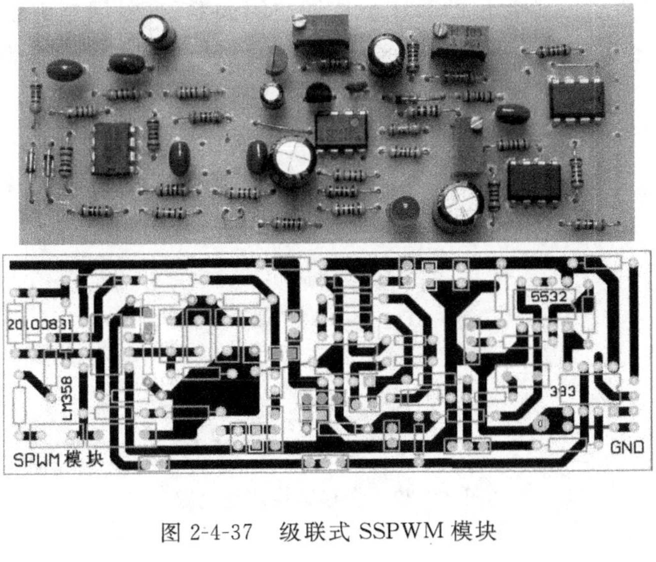

图 2-4-37　级联式 SSPWM 模块

4．键控脉冲调制电路(ASK)

键控脉冲调制是最简单的一种调制方式，本质上是一种调幅方式，是用数字脉冲通过开关元件控制载波信号的通与断，又称斩波电路，往往用于传送数字编码信息等。早期的无线发报机就是一种典型的键控脉冲调制工作方式。现今所用的比较简单的数字编码无线遥控往往采用这一调制方式。如按 315MHz 或 433MHz 发送的 DF 无线电传送模块，配合 PT2262 编码器进行键控脉冲调制。

图 2-4-38　键控脉冲调制模块

键控脉冲调制虽然操作简单，但所产生的调制信号包含比较丰富的频率成分，所占用的频带较宽，一般只用于小功率无线传送的调制。

5．频移键控调制电路(FSK)

FSK(Frequency-shift keying)：频移键控。就是用数字电平去调制载波的频率，体现为载波频率的跳变，是信息传输中使用得较早的一种调制方式。它的主要优点是：比较容易实现，抗噪声与抗衰减的性能较好。最常见的是用两个频率承载二进制 1 和 0 的双频 FSK 系统。如 MSM7512B 就是一款常用的频移键控调制解调器，可以用二进制数 1 和 0 产生 390～450Hz 或者 1300～2100Hz 频率模拟信号频率的跳转。图 2-4-39 是基于 MSM7512B 的频移键控调制电路。

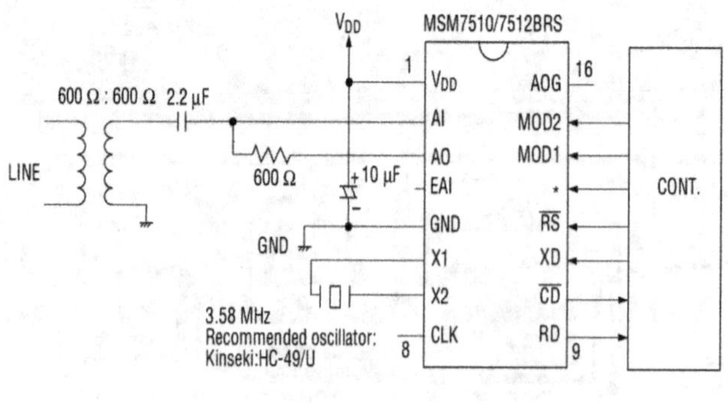

图 2-4-39　频移键控调制电路

6. 普通调幅电路(AM)

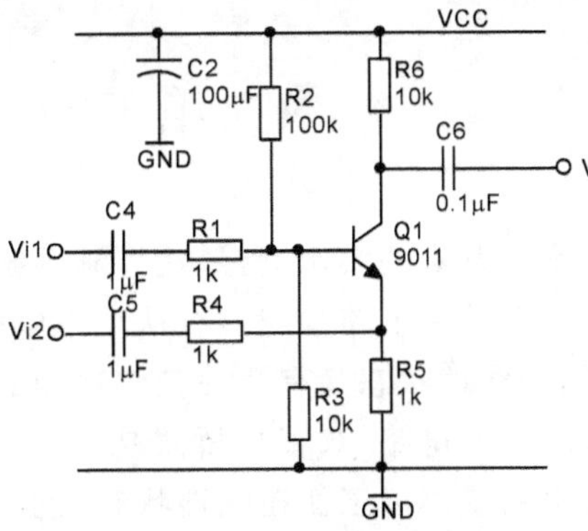

图 2-4-40　三极管调幅电路

调幅信号很容易实现，只要将调制信号和载波信号送入非线性工作的元件，其输出必定包含调幅信号。可实现调幅的电路很多，如图 2-4-40 电路是一个应用实例，采用三极管完成调幅功能，调制信号和载波信号分别从三极管基极和发射极送入，产生调制的电流，经过集电极电阻 R_6 转换成调制电压输出。这一电路的关键技术点在于要让三极管的静态工作点处于放大区与截止区的临界区域，即三极管处于微导通的非线性状态。调制器件的非线性特性越接近二次方关系，所获得的调幅波越接近标准调幅波，即只含有载波、上边频、下边频三个频率成分。

调幅电路往往也用于变频处理，即提高频率或降低频率，特别是用于降频。变频的原理就是取调幅所形成的边频信号，使得可以十分灵活地改变频率值。

7. 基本调频电路(FM)

调频的基本思想是改变 LC 谐振回路的电容参数，压控正弦信号发生器就是一种调频电路。也有一些调频电路是利用振荡晶体管结电容改变实现，如图 2-4-41 所示的是一款简易型的无线话筒电路，L_1 是高频振沁电感，影响振荡频率的电容主要有 C_5、C_6、三极管 Q_2 发射结电容三者。经过 Q_1 放大的音频信号改变 Q_2 的导通电流，从而改变 Q_2 管 PN 结的结电容，引起振荡频率的漂移，从而产生了调频效果。该电路虽然结构简单，但中心频率的稳定性不良。若要提高频率稳定性，应该采用晶体谐振器产生载波频率，但是正因为频率稳定度高了，使得频率改变量变小，对于有些宽频偏的调频实现起来比较麻烦，往往需要倍频电路与变频电路一起参与。

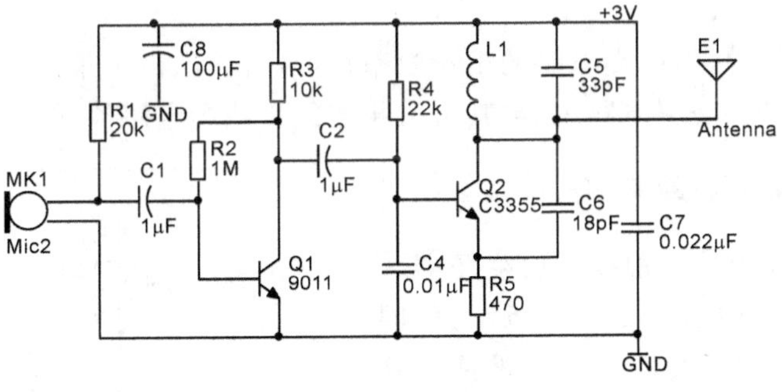

图 2-4-41　简易无线话筒电路

调制信号的解调应该与调制类型相对应，不同的调制类型，采取不同的解调方式。如 PWM 的解调可以采用平均值滤波法；调幅信号的解调可以采用同步检波法，也就是再次调制；调频信号可以通过谐振电路在失谐状态的频率幅度间的斜率关系，将调频信号转换成调幅信号，再检波等。

第五节 功率基础电路

功率是基本的实用电路，在控制系统的执行机构、开关电源的激励、音响系统的功率输出等都需要功率电路参与。有从功率电路的工作方式上看有线性工作方式和非线性工作方式二类，非线性状态又有开关工作状和部分渐变工作状态；从结构上看，有单管激励电路、双管推挽式功率电路、双管半桥式功率电路、双管互补式功率电路、四管全桥式功率电路等。每一种电路既可以工作在线性状态，也可以工作在非线性状态，其中开关工作状态只做开与关二值处理。以下做一个综述，并从结构上进行逐一说明。

一、单管激励电路

单管功率电路所用元件少，结构简单，但输出功率一般也较小，在 1W 以下的音响功率电路和 100W 以下的开关电源激励中用得较多。以场效应管为例，图 2-5-1 是工作于线性状态的单管功率电路结构，要设置合适的静态工作点，又称甲类功率电路，输入的是小幅度渐变电压，如正弦电压等；图 2-5-2 是工作于开关关状态的单管功率电路结构，不需要静态设置，输入的是大幅度脉冲电压。

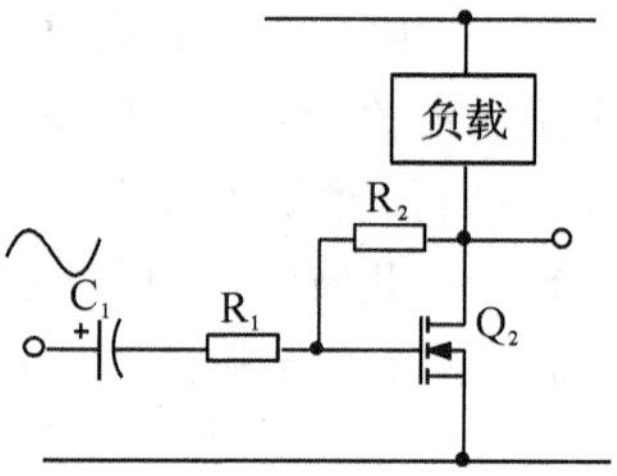

图 2-5-1 甲类功率电路

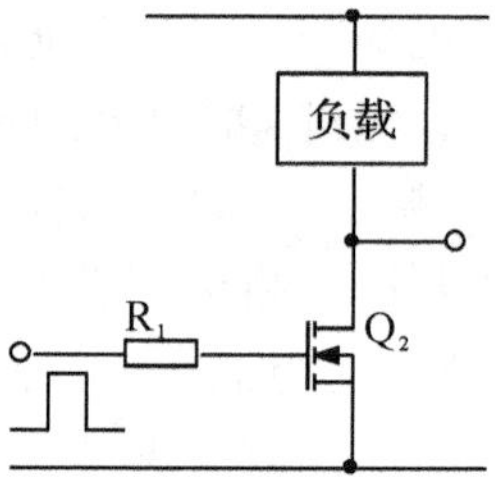

图 2-5-2 单管开关电路

在线性功率电路中，因甲类电路的工作效率很低，目前已极少采用。单管功率电路多用于开关电路和高频谐振功率电路中，与其直接相连的负载为电感器或 LC 谐振回路。

二、双管推挽式功率电路

双管推挽式功率电路一般要配合变压器一起使用。电路基本结构如图 2-5-3 所示，由同极性的功率管组成，对于线性工作的推挽电路还需要增加静态设置网络。

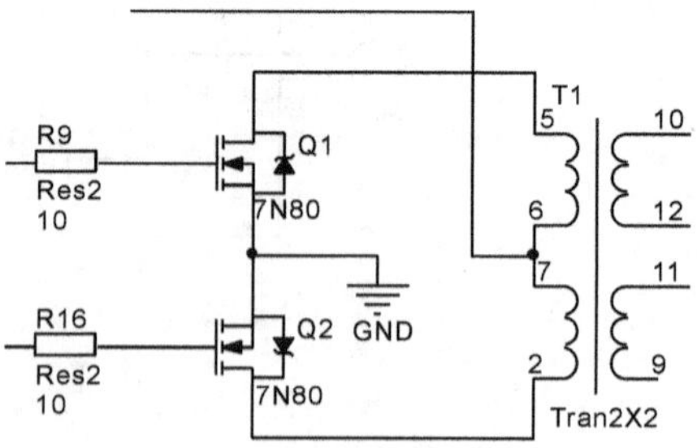

图 2-5-3 推挽式功率电路

推挽式功率电路的两只功率管总是工作在交替状态。对于线性工作方式，栅极输入的是小幅度缓变信号（如正弦信号），各负责半周期的导通，再通过变压器将两个半周期信号合成完整的信号。对于开关工作方式，二个栅极输入交替出现的 10V 左右脉冲，使得一只管子被开通，另一只管子被关闭，各自独立。

推挽式功率电路的两个输入信号是共地方式，其前端电路容易处理。两只功率管的耐压要求比较高，要达到电源电压的二倍以上。

三、双管半桥式功率电路

双管半桥式功率电路结构如图 2-5-4 所示，他是由两只同极性的功率管组成。二个输入信号之间无共地特性，他们相对于各自源极输驱动信号，两者电位需要完全独立。对于半桥式电路，输出端与电源线之间连接负载，其输出端与负载之间应该加隔直流电容。每一个功率管的耐压要求大于电源电压即可，对场效应的耐压要求较低。

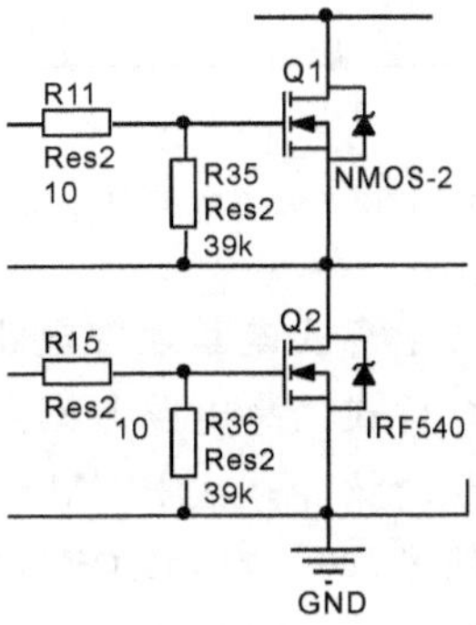

图 2-5-4　半桥式功率电路

半桥式功率电路的两只功率管总是工作在交替状态。对于线性工作方式，还需要增加静态设置网络，栅极输入的是小幅度缓变信号（如正弦信号），各负责半周期的导通，再通过隔直流电容将二个半周期信号合成完整的信号。对于开关工作方式，两个栅极输入交替出现的 10V 左右脉冲，使得其中一只开关管被开通，另一只开关管被关闭，两者各自独立。开关工作方式中，两只开关管要留出死区时间，所谓死区时间就是指两只开关管均截止的最小时间，目的是为了防止两只开关管同时导通。

四、双管互补式功率电路

双管互补式功率电路由两只极性不同的功率管组成，一般为共射或共源结构，电路结构如图 2-5-5 所示。对于线性放大电路，还需要增加静态设置网络，以保证小幅度信号也能正常输出。

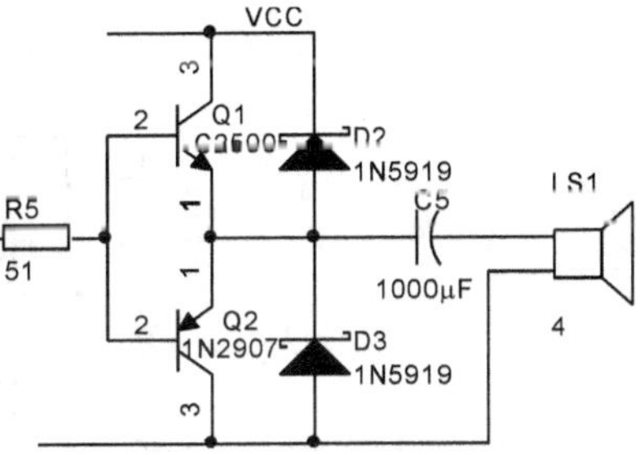

图 2-5-5　互补式功率电路

对于共射或共源结构双管互补式功率电路，其输入电压总是要大于或等于输出电压幅度，也就是电路没有电压放大能力。所以，共射或共源结构互补式功率电路一般用于线性放大中，很少用于开关电路。

五、四管全桥式功率电路

由四只场效应管为核心组成基本对称的桥式输出电路，又称 H 桥电路，如图 2-5-6 和 2-5-7 所示。其两个输出端的电位都与地线对称，这种输出方式又称为平衡输出。这一电路结构的优点是输出信号的电压峰值几乎等于电源电压值，在有限电压供电的情况下，能够充分利用供电电源的电压值，获得最大输出功率。场效应管又具有输出大电流的能力，有利于提高输出功率。

图 2-5-6 所示的是全桥式功率输出电路（电路左右对称而上下不对称），需要 4 个独立的栅极驱动脉冲，图 2-5-7 所示的是互补型桥式功率输出电路（电路结构的上下左右均对称），由 P 沟道和 N 沟道场效应管互补组成。

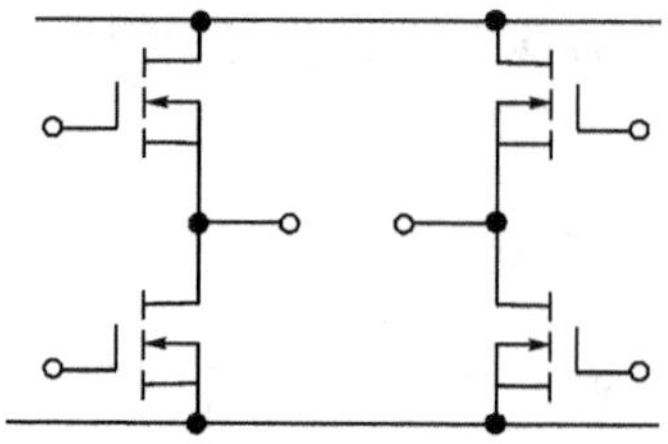

图 2-5-6　全桥电路基本模型

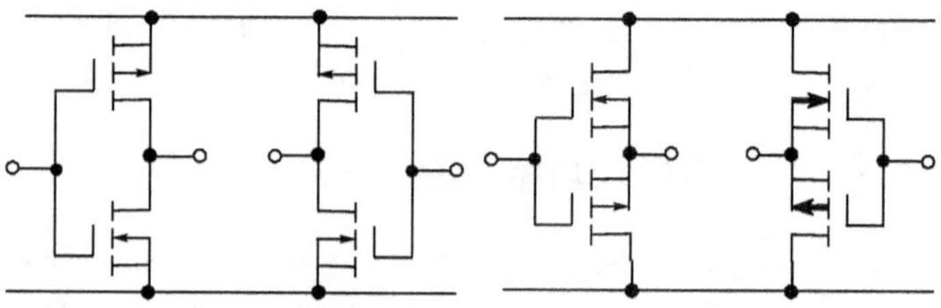

(a) 互补桥电路基本模型　　(b) 互补桥电路基本模型

图 2-5-7

1. 全桥式电路功率电路

全桥式功率电路基本用于开关电路中。对于全桥式功率输出电路，需采用 4 个独立的栅极驱动脉冲。在 PWM 调制时，可以将四个栅极驱动信号分为两组，两个对角管共用一组驱动信号，两个对角功率管栅极的驱动脉冲完全同相。驱动电路采用互补共射结构，是为了加快脉冲上升沿和下降沿的变化速度。栅极的驱动电压是相对于源极而施加的，V_a、V_{1b}、V_{2b}三个驱动电路的工作电压相互独立。同时，需要对上开关管栅极的驱动信号采取隔离传送。隔离传送方式可以采用集成器件耦合，如采用 IR2110、IR2111、L6384 等；也可以通过含驱动的光电耦合器实现，如采用 A3120。A3120 的驱动能力较强，一般用于 IGBT 功率电路中。VCC 是功率电路的供电电压，脉冲变压器耦合方式是最传统的方式。若采用脉冲变压器进行独立耦合，工作速度和驱动电流比较容易处理，但会丢失频率较低的调制信号成分，很多场合不宜采用。

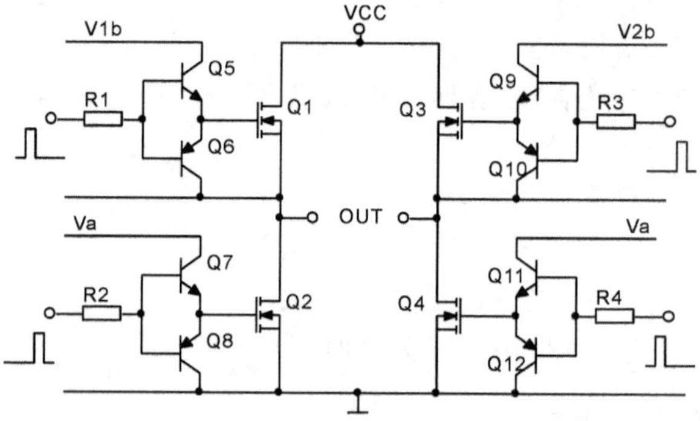

图 2-5-8　全桥功率电路独立驱动方式

2. 互补桥式功率电路

图 2-5-7 所示的是互补型桥式功率输出电路(电路结构的上下左右均对称)，由 P 沟道和N 沟道场效应管互补组成。具体结构又可以分为共源组合和共漏组合两种，图 2-5-7(a)所示的是共漏组合电路，其功率电路供电电压受场效应管栅极耐压限制，一般为 20V 以下，此方案实用价值低，较少采用。图 2-5-7(b)所示的是共源组合电路，需要正负双电源为功率电路供电，且需要大动态范围的输入信号电压驱动，输入信号幅度往往要大于输出集中幅度，一般只用于功率电路之后的功率扩展，可以理解为是电压跟随器电路。

在开关电路中，互补桥式电路的优点是栅极驱动方式可以简单化，只要将单边的两个场效应管栅极连接在一起，共用一个驱动信号就可以实现上下两个场效应管的开通与截止的交换。这种驱动方式归属于单侧驱动方式。

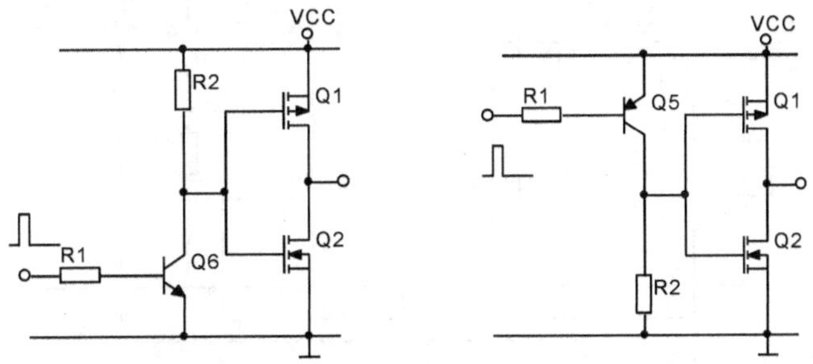

图 2-5-9　单管单侧驱动方式

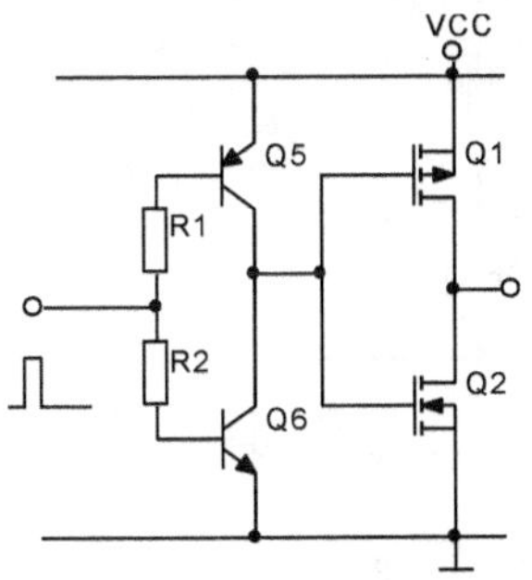

图 2-5-10　共集互补单侧驱动方式

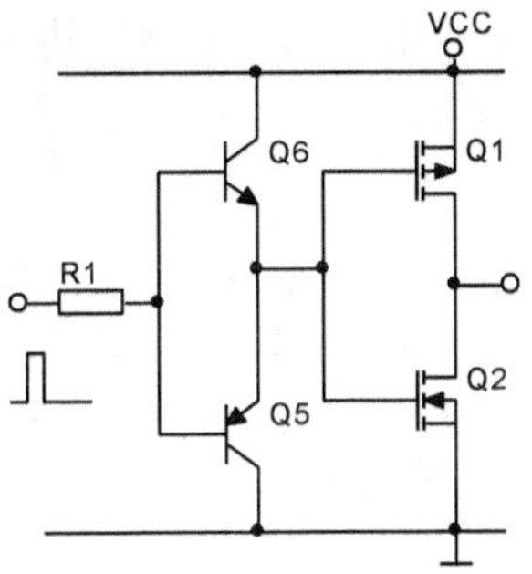

图 2-5-11　共射互补单侧驱动方式

单侧驱动有三种方式：单管驱动方式，共射互补方式，共集互补方式。单管驱动时，因只能输出电流或输入电流，脉冲的上升沿与下降沿的变化速率不能同时兼顾，总会有一个边沿的变化速率不够快。互补方式的驱动电路同时具有电流输出与输入的能力，使得脉冲的上升沿与下降沿变化速率都能达到较快的要求。

在开关控制的电路中，互补桥式功率电路除单侧驱动方式外，还有对角驱动方式，就是桥式功率电路的对角二个功率管合用同一个驱动信号，以实现对角功率管同时导通或者同时截止的目的。对于互补桥式功率电路，有对角联合驱动和对角独立驱动两种。对角联合驱动桥式功率电路中对角位置的开关管区用一个开关信号，如图 2-5-12 所示。

这种直接连接的单侧驱动方式虽然简单，但对于开关电路，存在着无法留出死区时间的弊端，不能用于高速脉冲电路或 PWM 调制电路，只能用于比较稳定的开关方式处理，如电动机的简单正转或反转控制。或者用于线性功率放大器中，线性电路无死区要求。在线性功率放大器中，基本采用图 2-5-7(b)的类似结构，称为 BTL 电路，应用比较广泛。

实际的桥式功率电路的工作过程中，两个对角功率管总是作为一组联合使用。即要么两组对角管子同时导通，要么两组对角管子同时截止。互补桥式功率电路对角联合驱动方式看起来比单侧驱动方式复杂，但这种配对方式为预留死区时间提供了可能，是可以实际采用的方式。使用的局限性在于功率电路的工作电压不得超过 20V，否则会击穿场效应管的栅极。

若要增大功率电路的工作电压，四个功率场效应管栅极应当独立驱动，驱动电路如图 2-5-13 所示。其中 V_a、V_{1b}、V_{2b} 三个驱动电路的工作电压相互独立，而驱动脉冲相位要求是

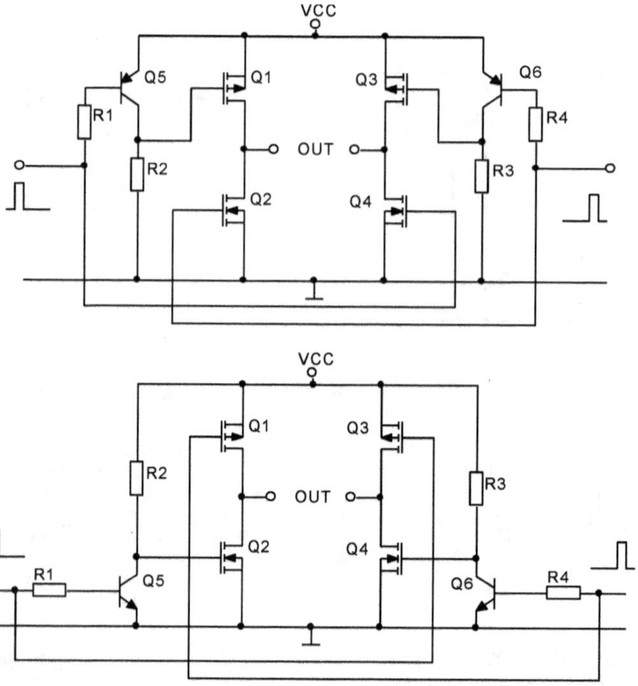

图 2-5-12 互补桥式功率电路对角联合驱动

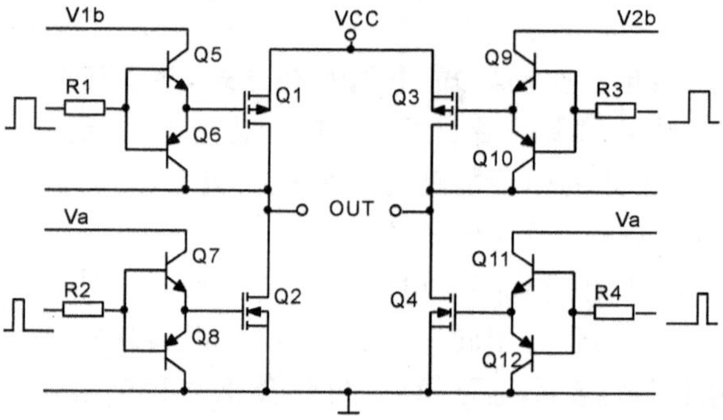

图 2-5-13 互补桥式功率电路独立驱动方式

单侧基本同相，但为了留出死区时间，单侧两个脉冲不能完全相同；对角驱动脉冲互为反相。这类驱动电路的结构比较复杂，已经失去了互补桥式电路可以进行简单驱动的优点，但仍然受 20V 以下供电电压的限制。因此，还不如采用全桥功率电路结构，可以提高工作电压，大大增加其输出功率值。

补桥式功率电路主要应用于线性放大功率电路中。

在设计开关型桥式功率电路驱动时，还有一个重要的问题需要考虑，就是如何留出死区时间？这一点需要在 PWM 波形成时加以处理。

第六节　转换基础电路

转换电路包括非电变量到电参数的转换,也包括电参数之间的转换。非电变量到电参数转换的基础的传感器的应用,构成传感电路。市场上有各类传感器可代选择,设计的原则是可以采用成品传感器的尽量使用成品器件,他的技术指标容易得到保证。但有些时候也难免需要设计人员做一些改进或创新工作。

一、电压转电流——恒流电路

要从给定的电压上获得一个电流的方法很简单:只要将电压加在电阻上,即可获得电流。如果说要使得转换得到的电流值恒定不变,并且向外部电路输出,即负载电压改变时,其电流值恒定不变,就不是一个电阻能够解决的。但基本思想还是离不开恒定电压加在固定电阻上产生确定的电流这一基本要素,如何给出恒定的电压值,有许多不同的方法。

1. 采用稳压芯片实现恒流

图 2-6-1 是由三端稳压芯片 HT7130 实现的恒流电路。HT7130 输出 3.0V 直流电压,加在电阻 R_1 上,则 R_1 上流过的电流确定为 $3.0V/R_1$。按照图 2-6-1 中参数为 3mA,改变 R_1 的阻值,可以改变恒流值。在输入电压 VCC 足够高时,负载电阻 R_L 上流过的电流值是 3mA 再加上 HT7130 的静态电流值。

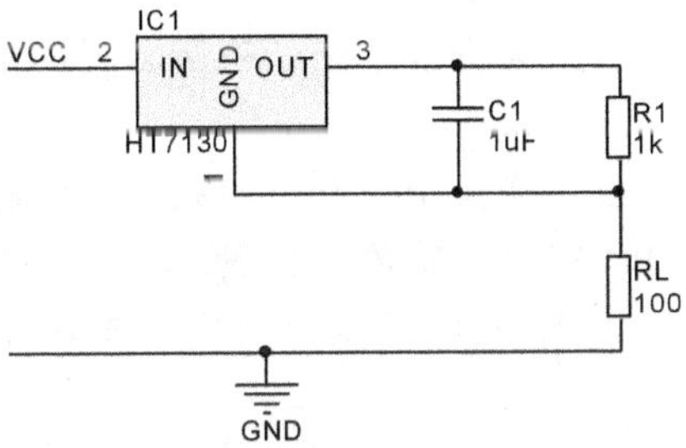

图 2-6-1　基于 HT7130 的恒流电路

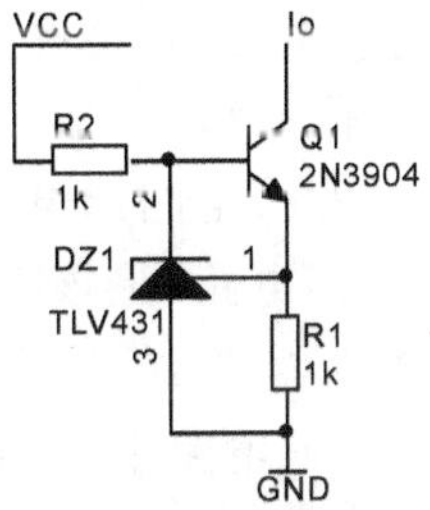

图 2-6-2　基于基准电压源的恒流电路

如果将负载电阻 R_L 换成电容器,就可以实现对电容器的恒流充电,电容上的电压将线性上升。

当然,也可以采用其他的稳压芯片,如 7805 等,只是稳压芯片的输出电压高,恒流电路的自身功耗会增大,输入电压的利用率会降低。因此,应该采用输出电压尽可能低的稳压芯片实现。稳压二极管的电压稳定性不够理想,采用稳压二极管来获得恒定电压,往往达不到理想效果。

图 2-6-2 是一款由基准电压源的恒流电路,其恒流精度较高。

2. 由运算放大器构成恒流电路

图 2-6-3 是一款由运算放大器构成的恒流电路。利用输出电流取样反馈来恒定电流值,恒流值可以通过改变 R_1 的值进行调整。图 2-6-3 电路所示参数为流出 12.4mA 电流。其恒流精度主要决定于参考电压值和电流取样电阻的稳定性。R_2 的取值主要考虑能够提

供基准电压源最小电流以上。

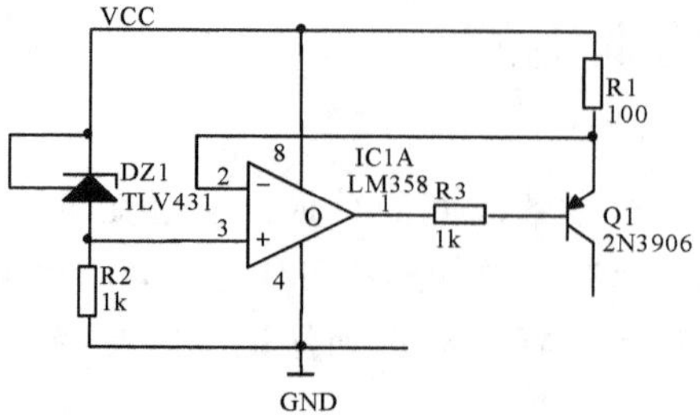

图 2-6-3 运算放大器构成恒流源

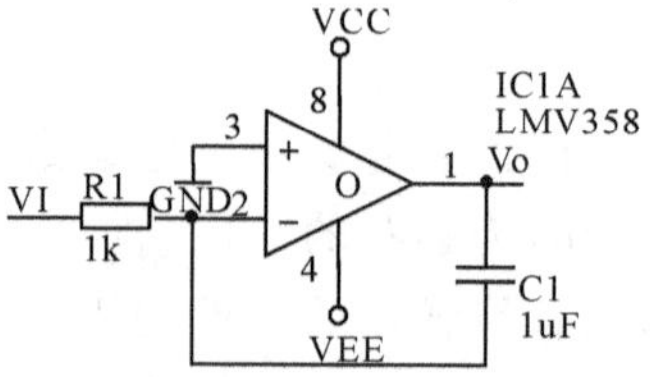

图 2-6-4 运算放大器构成恒流充电电路

图 2-6-4 是一款由运算放大器构成的恒流充电电路。首先将运算放大器同相端接地，钳住运算放大器输入端的零伏电位，再依据输入电压 V_I，由电阻 R_1 限定电流，这一电流值就是输出电流。图 2-6-4 电路将这一恒流值对电容 C_1 充电，使得运放输出电压线性变化。如果 V_I 是正值，则充电流由下往上流，输出电位逐渐降低。

二、DC-DC 变换

DC-DC 变换是直流电压的变换，从一个电压值变换成另一个电压值，或者改变电压极性，经常用于电子线路的供电系统中，为不同供电要求的电子电路设置合适的电压值，DC-DC 变换电路主要有降压电路、升压电路、极性变换电路三类。对于降压电路分为线性降压和开关型降压二种方式，线性降压电路在模拟电子技术等教材中有详细介绍，这里不再重复。此处仅介绍开关型电路，他的好处是转换效率高，其关键技术是变换所获得的电压值的稳定性和低讯扰指标。

开关型 DC-DC 变换电路以电感式为主，在电压极性变换中也有电容式开关电路。对于电感式的 DC-DC 变换电路，最核心的是开关管 Q、电感器 L、整流二极管 D 三个元件，这三个元件总是排列成 T 字形结构，如图 2-6-5 所示。三个元件的位置决定了是属于降压电路、升压电路、极性变换电路中的某一类。

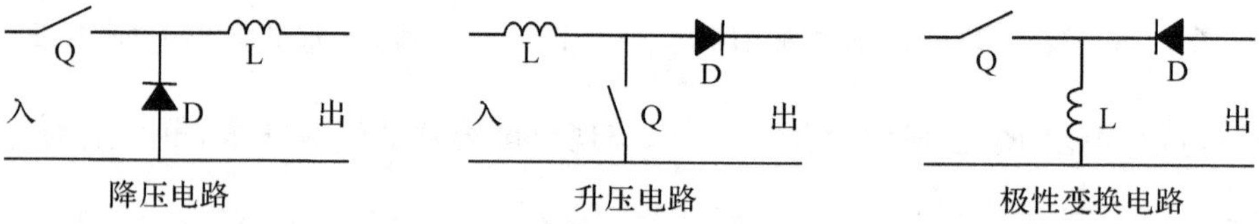

图 2-6-5 DC-DC 变换的基本结构

以上的降压电路又称 Buck 电路，升压电路又称 Boost 电路，极性变换电路的输出电压既能降低也能升高，他们是所有电感式 DC-DC 变换的基础。极性变换电路还常用到一款库克变换电路的结构，其输入、输出端电源电流的波动较小，但电容 C_1 上的电流变化较大，电路结构如图 2-6-6 所示。

实际使用的各类电感式 DC-DC 变换电路中，主要差别在于开关器件的不同，而且多数采用了集成器件。

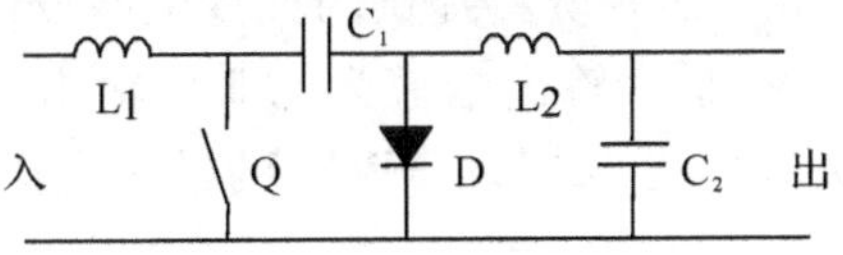

图 2-6-6　库克变换电

1. 基于 MC34063 的 DC-DC 降压电路

MC34063 是十分常用的小功率 DC-DC 变换芯片，他属于 PWM 控制方式，但并不注重脉冲宽度调制的线性指标，而是着重于输出电压恒定性控制。采用 MC34063 所制作的小功率电源的输出电压比较稳定。

图 2-6-7 所示电路是按照 15V 输入、输出 5V 电压，为单片机电路供电而设计。电路中滤波电感的电感量没有严格要求，一般电感量以大为好，但是其载流能力要大于输出电流的最大值。电感量受到载流能力、电感器体积的制约。电路中的续流二极 D_{14} 选用肖特基二极管，由于他的高响应速度，有助于减小开关噪声、降低电路自身的损耗。

该电路的输出电压由下式确定：

$$V_o = \frac{R_{44} + R_{50}}{R_{50}} \times 1.25\text{V} \tag{2-39}$$

对于图中所示的电阻配比，输出电压为 5.0V。改变 R_{44}、R_{50} 的电阻比值，就可以改变其输出电压值。

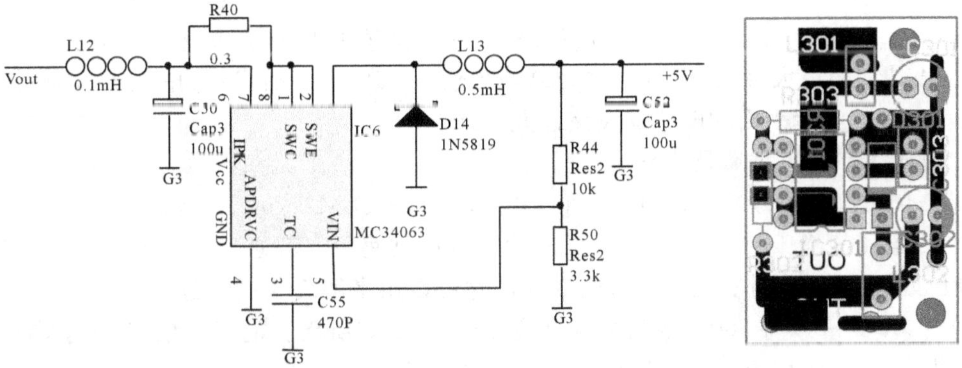

图 2-6-7　基于 MC34063 的 DC-DC 降压电路

该电路的实际输入电压在 8.6～40V 之间均能够正常供电。开关频率约为 60kHz，最大输出电流为 0.5A，输出纹波电压约 100mV，输出讯扰电压约 50mV。

2. 基于 LM2575-5.0 的 DC-DC 降压电路

LM2575-5.0 是专门为 5V 电源设计的低压差固定电压串联型开关降压芯片。传统的串联型线性稳压电源 78 系列虽然稳压精度高，但工作效率一般较低。当电压改变值大时，采用开关电源芯片可以显著提高工作效率。由此近年以来推出了多款固定电压的串联型开关降压芯片，在某些对电压精度不高的场合替代串联型线性稳压芯片。固定电压的电源芯片实际上是将电压反馈网络集成在芯片内部电路中，采用固定电压串联型开关降压芯片，可以最大限度地简化电源电路。

图 2-6-8 是采用 LM2575-5.0 芯片资料提供的典型电路设计的 5V 电源模块，输入电压为 6.6～40V，输出电压约 4.8V，最大输出电流为 0.5A，输出纹波电压约 25mV，输出讯扰电压约 50mV。该芯片的开关频率为 54kHz，PWM 的最大占空比为 92%。

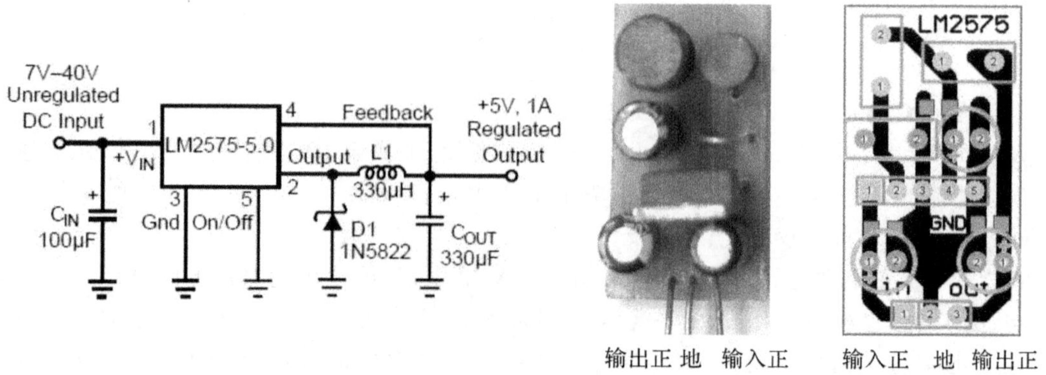

图 2-6-8 基于 LM2575-5.0 的 DC-DC 降压电路

图中的续流二极管 D_1 采用的 1N5822 就是额定电流为 3A 的肖特基管。滤波电感 L_1 的电感量在载流能力足够的情况下以大为好，并不一定采用 330μH。但有一个最小值限制，其最小值由下式确定。

$$L_{1\min}=\frac{(V_{i\max}-5.0)\times 18\times 10^{-6}}{2.2} \tag{2-40}$$

式中 $V_{i\max}$ 是芯片的最大输入电压；"18×10^{-6}"是该芯片的最大开通时间，单位为秒；"2.2"是该芯片的最大供电电流，单位为 A。当输入 15V 电压时，滤波电感 L_1 的电感量不得小于 82μH。实际采用的电感量应该远大于该值。

3. 基于 LNK306 的降压电路

对于 40V 以下电源的降压处理，可以由 MC34063、LM2575-5.0 等芯片来完成。对于 220V 左右电压的降压，有许多开关电源芯片可以提供使用。若遇到 40～150V 之间的直流电源降压处理，该采用什么芯片？LNK306 芯片可以用来解决这一问题。

LNK306 是一款将 300V 的高电压直接降至 LED 灯所需要的低电压值，属于串联型开关降压芯片，广泛应用于 LED 照明领域。LNK306 芯片的开关频率固定为 64kHz 附近，输入电压为 350～40V，最大输出电流为 1.4A，额定输出电流约为 250mA。

图 2-6-9 是参考芯片资料中提供的典型电路，实现中低电压的降压。最初设计是将 60V 电压降为 15V 电压。电路中的 R_2、R_3、C_4、D_3 构成的电压反馈回路，稳定输出电压。芯片自身带有过电流保护，能够在输出口被短路时不会损坏电路模块。

图 2-6-11 是该模块在 60V 电压激励下，LNK306 源极的电位波形。可明显地看出其开关过程是非均匀的，通常处于间断性的工作过程，其中首次开通时间几乎为一个周期的时间。因此，设计中需特别考虑在近一个周期的激励时间下，滤波电感 L_2 的电流增量不能超过芯片 IC_1 最大的电流允许值。对于 LNK306 而言，不能超过 1.4A。图中漏极电位下降沿存在一个负电压尖脉冲，是由于续流二极管 D_2 使用了标准速度的二极管 1N4007 的缘故。二极管的开通需要有一定时间，开通速度都有一定限制，如果采用耐压足够高的肖特基管，其负峰幅值会减小。

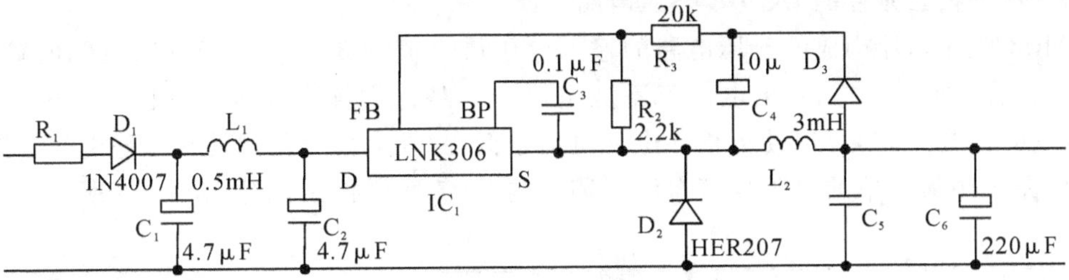

图 2-6-9　基于 LNK306 的 DC-DC 降压电路

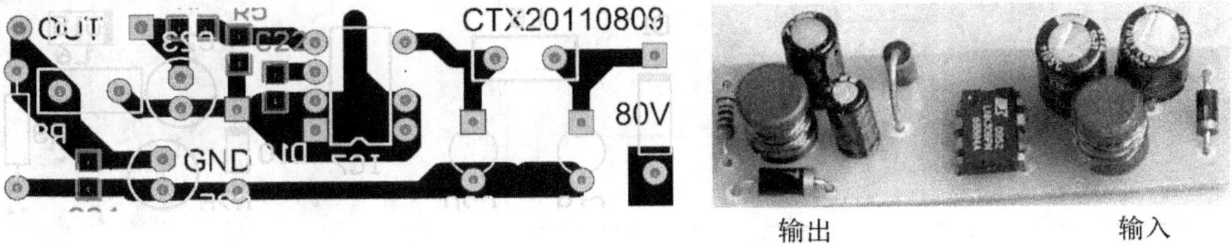

图 2-6-10　基于 LNK306 的 DC-DC 降压模块

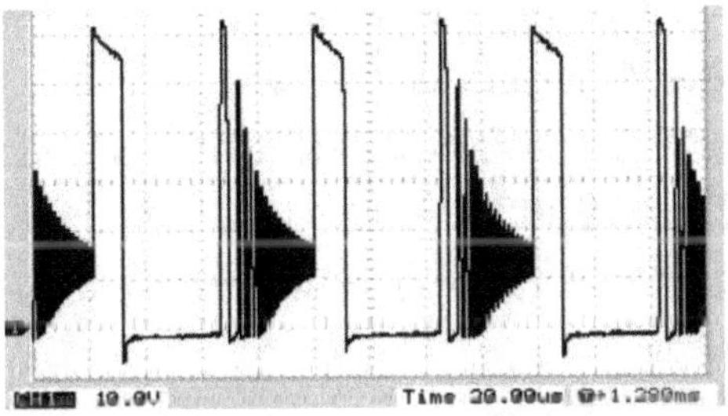

图 2-6-11　LNK306 的输出端电压波形

4. 基于 MC34063 的 DC-DC 升压电路

参考 MC34063 的技术资料，可以制作小功率的升压电源。如图 2-6-12 所示的升压模块输出电压为 9.6V，最大输出电流约 0.25A，最小输入电压为 3.0V。

升压电路中升压电感是一个关键部件，最好采用铁硅铝磁环制作。在集成芯片工作电流许可的情况下，升压电感的电感量决定了输出功率的大小。

图 2-6-12　基于 MC34063 的 DC 升压模块

5. 基于独立元件的 DC-DC 升压电路

MC34063 芯片构成的升压电路的输入电压最小值为 3.0V，对于电压更低的输入电源就无法工作，如一节 1.5V 的电池就不能由这一电路完成直流升压。由独立电子元件构成的 DC-DC 升压电路，可以使得输入电源电压很低，弥补大部分集成芯片工作电压高的不足。

电路采用最简单的电阻反馈自激振荡结构，电流取样控制，如图 2-6-13 所示。

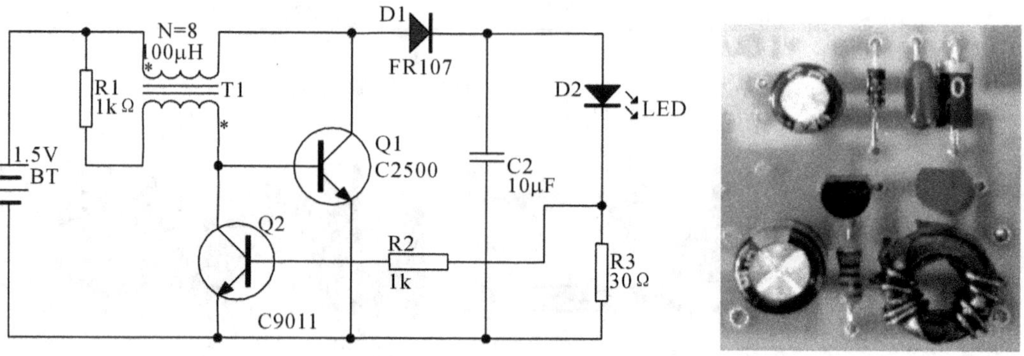

图 2-6-13　1.5V 恒流输出升压电路

电路工作原理：R_1、Q_1 变压器 T_1 组成自激振荡电路，产生高频振荡，振荡频率由偏置电阻 R_1 决定。D_1 用作整流元件，将变压器 T_1 初级电感产生的自感电压送到输出端，由电容 C_2 储能。流过发光二极管的电流经电流取样电阻 R_3，将电流转换成电压送到分流管 Q_2，当电阻 R_3 上流过的电流足够大时（$I_{Omax}=0.7V/R_3$），Q_2 管 C、E 极之间导通，对 Q_1 管基极电流进行分流，提早让 Q_1 管截止，减少 Q_1 管导通时间，从而减少变压器 T_1 初级电感的储能，降低向输出端提供的电能。

电路元器件参数的确定：

电流取样需要 0.7V 电压，加上发光二极管的 3.3V 工作电压，整流二极管 D 的 0.7V 导通电压，电感器的自感输出电压为 $V_2=4.7\text{V}$。发光管的工作电流给定 $i_2=20\text{mA}$。

依据电压时间平衡方程，$\frac{t_1}{t_2}=\frac{V_2}{V_1}-1$，算得：$t_1=2.3t_2$。

取振荡频率为 60kHz，则 $t_1=11.6\mu\text{S}$，$t_2=5\mu\text{S}$。

$$2Li_2(V_2t_1+V_2t_2-V_1t_2)=V_1^2t_1^2$$

得到：$2L\times20(4.9\times11.6+4.9\times5-1.5\times5)=1.5^2\times11.6^2$

电感器的电感量为：$L=103\mu\text{H}$。三极管最大工作电流 $i_{1max}=170\text{mA}$。

三极管在实际工作时，存在饱和压降 V_{CES}，会影响到电感器电流的上升率。因此，设计值与实际工作状态间存在差异，但差异不会太大。

6. 基于 MC34063 的 DC-DC 电压极性翻转电路

在输出功率要求不大的情况下，可以采用 MC34063 芯片构成库克电路，实现电压极性的翻转。在翻转电压比较高的环境下，没有电容式开关芯片实现电压极性翻转时，库克电路就体现出了实用意义。图 2-6-14 所示的是采用 MC34063 芯片构成 12V 电压极性的翻转电路。

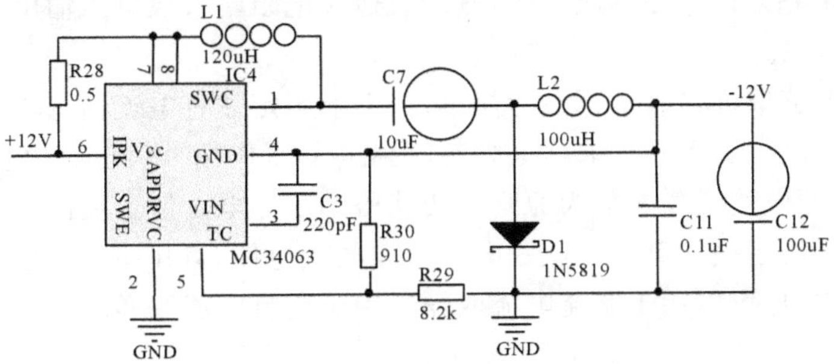

图 2-6-14　基于 MC34063 的电压极性翻转电路

7. 基于电容开关式的 DC-DC 电压极性翻转电路

采用电容式开关电路实现电压极性翻转，电路结构简单，开关噪声小，是比较理想的选择。但很多专用芯片的工作电压较低，工作电流较小，只能用于低电压、小电流环境。如 TL7660 芯片用于 2.0～10V 的输入电压，小于 40mA 的输出电流。电路如图 2-6-15 所示，结构特别简单。

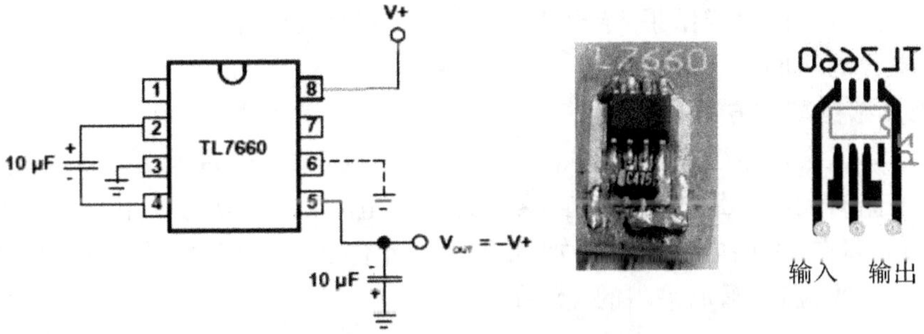

图 2-6-15　基于 TL7660 的电压极性翻转电路

如果采用 TPS60400 芯片实现电压极性翻转，可用于 1.8～5.25V 的输入电压、60mA 以下输出电流的场合。电路如图 2-6-16 所示，结构特别简单。

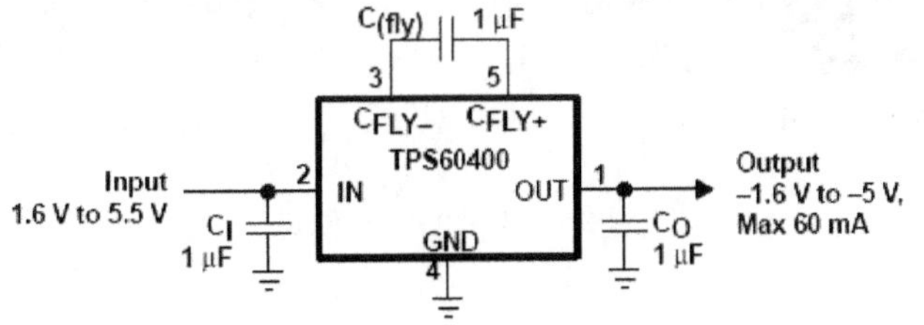

图 2-6-16　基于 TPS60400 的电压极性翻转电路

三、电流检测与保护

电流检测是电路中经常要用到的技术。电流检测方法基本上可归纳为电阻取样和电磁感应二类，对于小电流，基本上采用电阻取样方式，对于大电流主要采用电磁感应方式；交流电流检测基本上是先采用电磁感应方式，然后再通过电阻转换成电压输出。

1. 电阻取样方式

通过电阻对电流取样最基本也最为简单，依据欧姆定律将电流信息转换成电压值，送给控制电路或显示电路。为了减少取样电阻对电路的分压作用，电流取样电阻的阻值一般取得较小，以不影响原电路工作参数为原则。所获得的取样电压值也较低，需要通过放大电路处理，如图 2-6-17 所示是典型的电阻式电流取样放大电路，其中 R_0 是电流取样电阻，可以用于直流电流取样，也可以用于交流电流取样。用于交流电流取样时，运算放大器应该采用双电源供电。

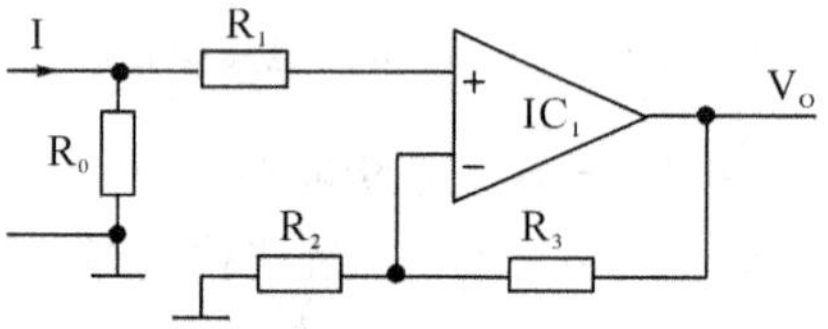

图 2-6-17　电流取样放大电路

对于电阻式电流取样，也有专门的集成器件，如 INA282 系列芯片，只需要单电源供电，就可以获得双向电流的取样结果，单电压极性输出。对交流电流取样时，该芯片的静态输出最好预置于电源电压的一半值上。

2. 电流互感器取样方式

载流导线周围会产生磁场，磁场强度与电流大小成正比，通过检测电流磁场的大小，就可以反映出电流的大小。最初的电流互感器是采用电磁线圈感应，仅用于交流电流检测如 ZMCT103 型。目前，有些电流互感器加入了霍尔元件和电子线路，成为有源电源互感器，可用于直流电流的检测，霍尼韦尔的 CSNF161 型。

交流电流互感器

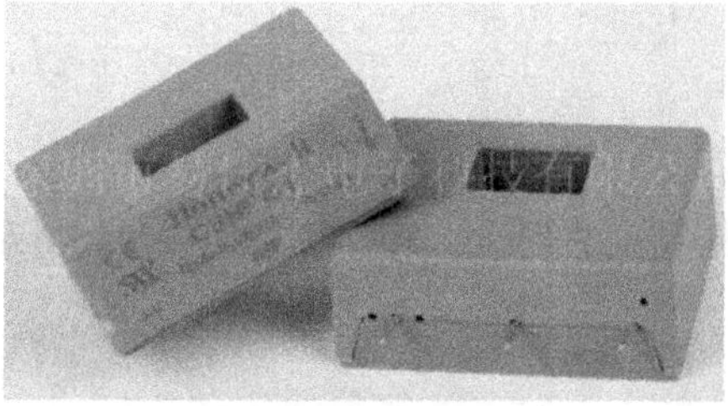

交直流电流互感器

图 2-6-18　电流互感器

3. 电磁头感知方式

同样是利用载流导线周围会产生电流磁场的原理，将电磁线圈贴近载流导线，获知导线中电流的大小。只适用于交流电流的测量。如飞思卡尔智能汽车电磁赛车需要对赛道电流进行检测，都是采用电磁线圈获取电流信息，再加以放大处理。图 2-6-19 是 20kHz 电流的感知电路。图中电感 L_3 是工字形开磁路电感，电路工作电压为 5V，能有效检测峰值 50mA 以上的电流，用于车身位置判断。

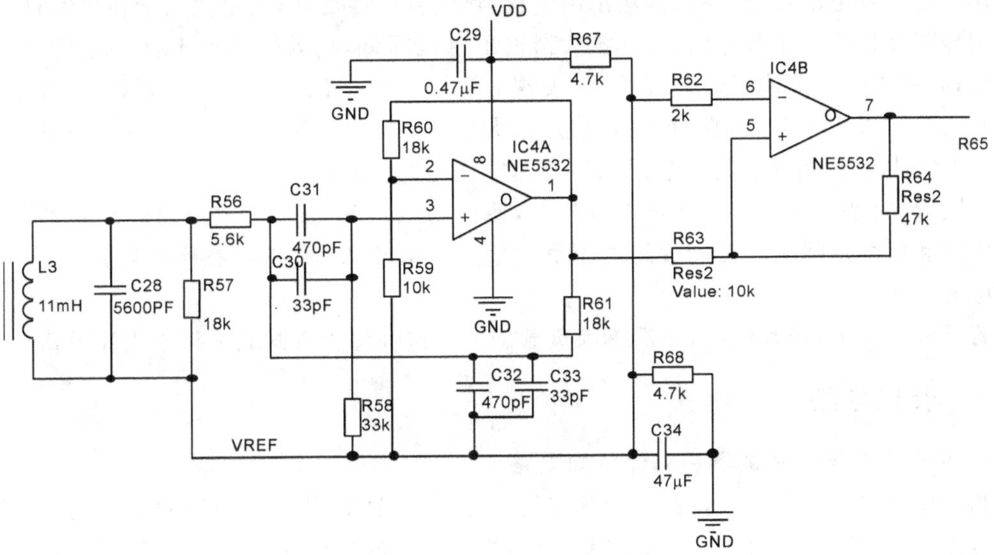

图 2-6-19　20kHz 电流检测电路

4. 过电流保护方式

过电流保护是指电流越过允许值时所采取的保护措施，一般分为限流保护和开路保护。限流保护是将电流限制在某一最大值，即恒流状态，实际是不会出现过电流。对于稳压电源，如果负载电阻过小，将会出现过大电流时，电源设计成自动降低输出电压，以限制最大电流值。目前多数电源采取这一措施。另外，有些过电流保护措施中，当检测到电流过大时，切断电流回路并维持断路状态。比如在供电电路中连接了继电器，启动保护动作时断开继电器触点并自锁。在电流控制电路难以自控的情况下，只能采取开路保护。这种保护需要一个恢复措施，或者说是解保护措施。

除采用继电器切断电流回路外，也可以采用电子器件关闭电路，装置体积会更小巧。图 2-6-20 是采用场效应管实现过电流保护的电路。在锂电池保护电路中，此方法应用得比较多。

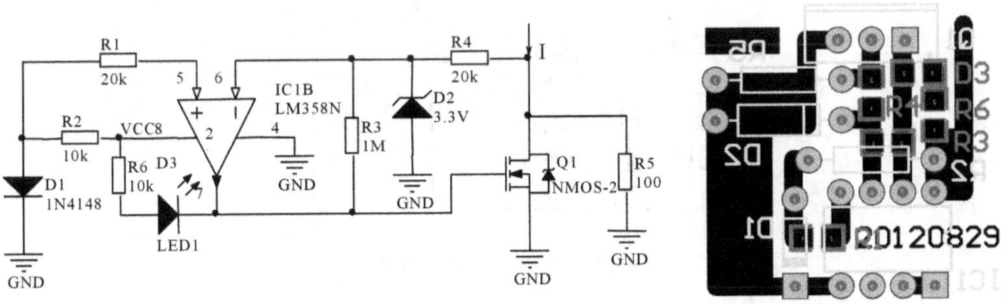

图 2-6-20　自检型过电流保护电路

图 2-6-20 中场效应管当作开关使用，并利用场效应管导通电阻进行电流检测，所以称为自检型过电流保护电路。这一保护电路存在一个临界状态：当电流小于临界值时，场效应

管的压降小于参考值，运算放大器输出高电位，场效管开通良好；当电流大于临界值时，场效应管的压降接近或高于参考值，运算放大器输出电位降低，场效管开通不良，体现为导通电阻增大，必将进一步促使场效应管关闭，表现为自锁过程。例如，图中二极管 D_1 的导通电压是 0.6V，若采用 0.5Ω 内阻的场效果应管，大概 0.8A 是临界点。当流过场效应管的电流超过 0.8A 时，栅极电位下降，场效管被关闭，电流主通路被切断。

电阻 R_5 是为了预先将电漏极电位拉低，使得场效管开通。R_5 阻值的确定要考虑场效应管关闭和负载短路时允许通过的电流最大值。二极管 D_2 是保护指示灯，进入过流保护时，D_2 被点亮。

若要清除保护，恢复供电，只需拆除负载即可。这种保护方式只适用于直流电路。

四、传感电路

1. 基于光耦反射式的黑白物体感知电路

利用物体对光线反射的特性进行感知的一种方式，通常采用红外反射式光耦来鉴别黑白反射面。学用于智能汽车的跑道跟踪、旋转物体转数的统计、障碍特的探测等场合。

为了避免环境光线对反射式光耦的干扰，一般采用脉冲调制的方式进行处理，单独鉴别是否存在强度足够高的调制频率的信号，排除平均光强度信息。在这种处理方式中，有多种电路可以实现，除了采用专用芯片外，就是采用锁相环路最为简单、可靠。图 2-6-21 是利用 LM567 芯片进行处理的电路，他对反射信号频率的选择性很强，也就是意味着抗干扰能力强。

LM567 芯片内部包含了输入信号放大器、两鉴相器、一个 RC 压控振荡器，能够比较输入信号与内部振荡信号的相位差，并自动调整内部振荡频率，使得两者有一个固定的相位差，也就是锁定在外输入频率与内振荡频率完全相等的状态。当环路锁定时，其 8 端口输出低电平作为锁定指示；当没有外输入信号或者虽有输入信号但环路未锁定时，其 8 端口输出高电平。只要测量 8 端口的电平，就可以断定是否有足够的反射光线。进而感知有无反射物体存在，是白色反射区间还是黑色反射区间等。

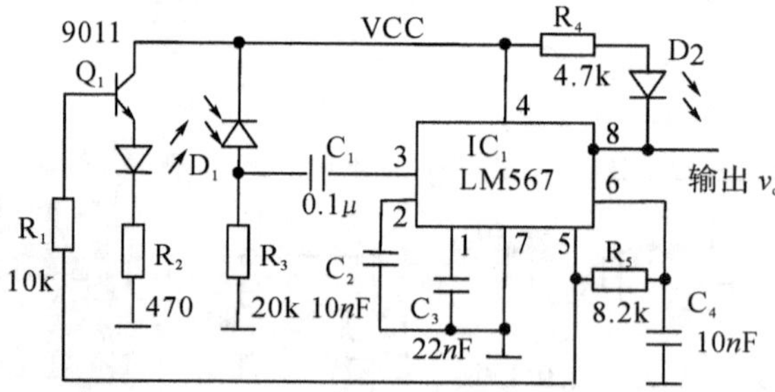

图 2-6-21　锁相环光耦探测电路

环路直接利用 LM567 芯片内部产生的 10kHz 左右振荡脉冲电压驱动光耦 D_1，接收回来的信号通过电容 C_1 隔离从 3 端口输入。这样，两者的频率一定相等，锁环路的频率锁定区间可设计得很窄，有利于提高反应速度，减少输出滞后时间。但锁相环路的锁定还要求两者有一个固定的相位差，这一要求是利用脉冲频率足够高时，光耦发射与接收的滞后效应实现。这就是采用 10kHz 高频脉冲的原因，实际上是工作在光电耦合器的频率上限附近，使得输入 3 端口的信号相位滞后振荡信号 90°左右。

感知灵敏度依靠其发光强度和光电流转换电阻两个部位调整。提高发光强度或者加大光电流转换电阻 R_3 阻值均可提高工作灵敏度。光电流转换电阻 R_3 阻值的选择要考虑自然光环境下让光敏元件有足够高的工作电压，如光敏元件上的电压在 2V 以上；发光管上的驱动电流应该调整至距离黑色反射区最近处不被感知反射光线为好，由电阻 R_2 控制。

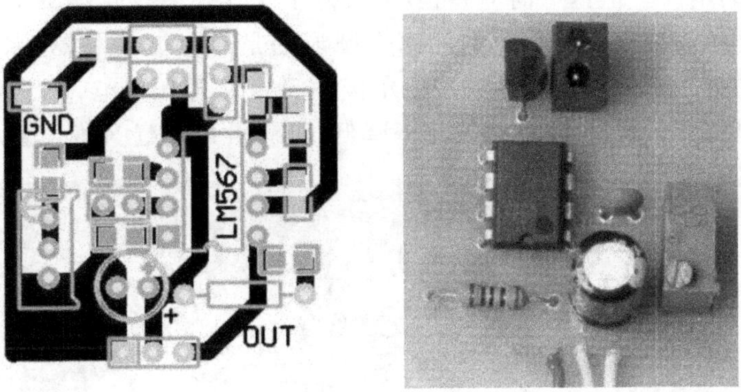

图 2-6-22　光耦寻迹模块

敏感区间还与光耦型号的关，如果选择 SPR220 反射式光耦，敏感区间大约在 5～45mm；如果选择 OPB606 反射式光耦，敏感区间大约在2～10mm。图 2-6-18 是采用 SPR220 反射式光耦制作的红外寻迹模块。电源电压 V_{CC} 为 5.0～9.0V 单极性电源，用电平状态判断，输出延迟约 8ms。图中发光二极管 D_2 用作状态指示。

2. 长距离激光探测电路

在利用反射光线探测物体的方式中，如果要做远距离探测，需要采用激光反射，并且加装聚光镜提高其灵敏性。当然，为了排除自然光线的干扰，也需要要采取脉冲调制的方式。对于激光管，其调制频率可以非常高，一般采用专用调制器件，调制频率在 180kHz 左右，应用电路如图 2-6-23 所示。

图 2-6-23　激光寻迹模块

激光二极管比一般的发光二极更容易老化，体现为发光强度衰退。所以，在足够灵敏的情况下，激光二极管的亮度应该尽量低一些。这就要求聚光镜装配位置正确，接收器置于聚光镜的焦平面上。调整时，先固定接收器与聚光镜，用同样规格的激光发射器照射探测平面，找出敏感区间，再点亮模块中的激光二极管，调整照射角度，使其照射点位于敏感区的中心。

这类探测模块的垂直探测距离一般在一米以上，灵敏度较高。

3. 声源方向感知器

声源方向的确定实际上是依赖于声音到达两个声音传感器的时间差参数，是人或其他动物对声音定位的本质。但这一时间差很小，实际上是比较两接收器所获得信号的相位差。

图 2-6-24 是超声波定向模块。中间两个圆形的是超声波接收器，因为超声波的波长短，两个接收器的间距必须很小。模块采用单极性 5～9V 电压供电，对于 40kHz 的超声波，可测量角度在正负±30°之内，若超声波频率降低，可测量角度范围随之增大。

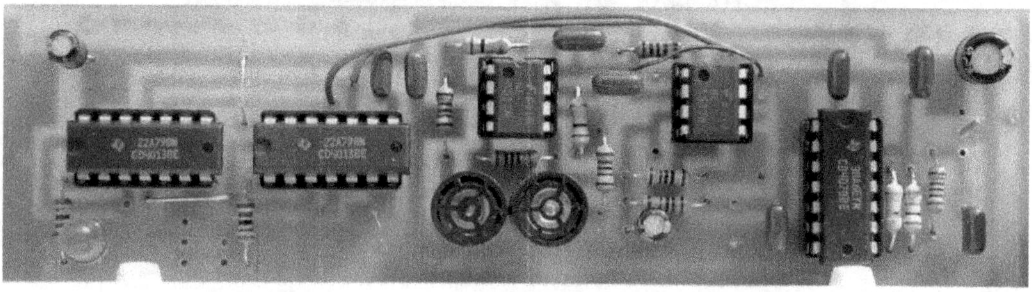

图 2-6-24 超声波定向模块

4. 光照方向感知器

太阳灶、太阳能电板等如果能够随着太阳光照射方向的变化自动改变照射面角度，就可以更好地获取能量，这就需要具有感知光线照射方向控制装置。这种感知光照方向电子装置比较简单，用电压比较电路配上遮光罩就可以实现，电路如图 2-6-25 所示，感知器实物模块如图 2-6-26 所示。模块中集中了二套图 2-6-25 所示的电路，实现二维探测。

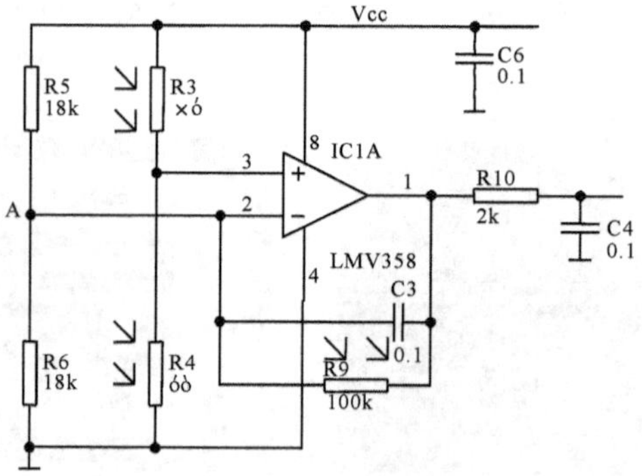

图 2-6-25 光源方向探测电路

图中 R_3、R_4 是光敏电阻，其阻值随光照量的增加而减小。当光线对 R_3、R_4 照射量相等时，他们的阻值基本相等，电阻 R_5 与 R_6 的阻值也设置得相等，运算放大器 IC_{1A} 的输出电位居中；当 R_3 的光照量大于 R_4 时，运放同相端的电位升高，运放输出端电位也随之升高；反之，运放输出端电位下降。根据运算放大器输出电位的变化量，就可以判断光照方向的倾斜角度。

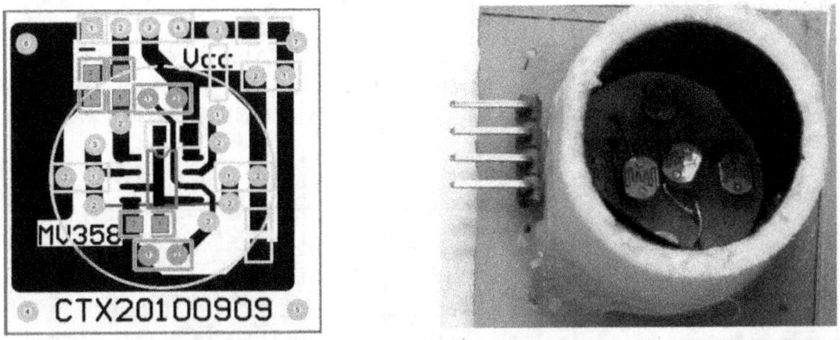

图 2-6-26　光源方向探测模块

光源方向探测需要配合遮光罩，造成光敏电阻的光照强度改变，使电路输出一个变化的电压信号。图 2-6-25 电路采用单极性 5～15V 电压供电，输出电压连续变化的模拟量。根据输出模拟量的大小，确定光照方向的角度大小。

5. 电流型高频电压传感器模块

电压、电流传感器用于电路中对电压、电流参数进行电路隔离式测量。电路的隔离经常采用互感线圈实现，是比较传统的手段。但对于高频率电压的检测，互感线圈存在严重的相位失真和幅度失真的问题。因此，变压器型互感器工作频率较低，如电流型电压互感器 ZMPT101B 工作频率高端只能达到 5kHz 左右，更高频率下难以找到合适的传感器。

光电耦合器具有良好的电隔离电隔离性能，只是其电压电流间的非线性问题突出，如果对其非线性进行纠正，可以做成响应速度较高的传感器。图 2-6-27 所示电路就是基于普通光电耦器的电流型电压传感器。所谓电流型电压传感器，是通过电流传递的方式进行电压检测，即先将电压转换成电流，再进行电流线性传递，然后将输出电流转换成电压，最终完成一个电网的电压信息传输到另一个电路网络形成电压参数输出。

电阻 R_4、R_5 是为了给运算放大器输入端设置静态电位，同时，他们也会影响到采样电压值。输入电流在电阻 R_7 上获得一个采样电压，输入由运算放大器 IC_1 组成的闭环放大电路。放大电路的信号反馈与输出采用二只特性一致的光电耦合器 IC_2，使得输出电流等于反馈电流。为了尽量符合这一要求，最好采用集成的双光电耦合器，图中采用的 TLP521-2 就是一款最常用的双光耦器件。运算放大器采用 AD8032 有三点好处：减小静态工作电流；增大动态范围；拓宽频率响应范围。稳压器采用并联型 TLV431，是为了减小自身的静态工作电流。电路中 R_{12} 实际是为了消除自激振荡而设置的，其阻值不能过大。

电路中信号输入至同相端的幅度为：

$$v_1=\frac{\frac{1}{3}R_5}{R_6+\frac{1}{3}R_5}v_i=\frac{R_5}{3R_6+R_5}v_i \tag{2-41}$$

模块电路输出电流为

$$i_o=\frac{v_1}{R_1}+\frac{v_1-(R_2+2R_D)i_o/k}{R_{12}} \tag{2-42}$$

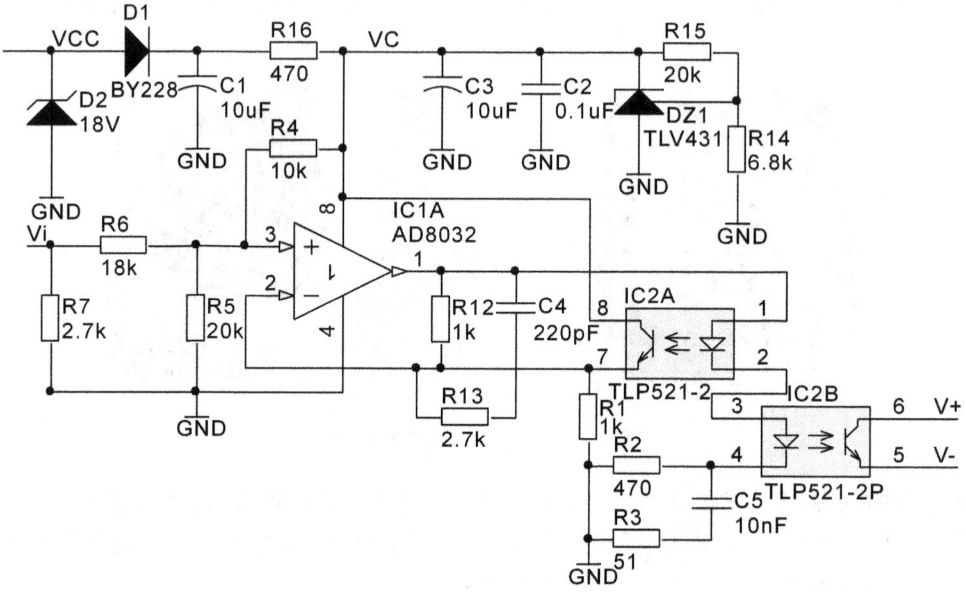

图 2-6-27　基于光耦的线性电压传感器电路

其中 k 是光耦的光电流传输比，R_D 是光耦内部发光二及管的内阻。由此可以得到输出电流与输入电压之间的关系为：

$$i_o=\frac{k(R_1+R_{12})}{(kR_{12}+R_2+2R_D)R_1}\frac{R_5}{3R_6+R_5}v_i \tag{2-43}$$

这一电路实际是利用放大电路的深度负反馈纠正光电耦合器的非线性失真问题，同时利用 RC 相移电路补偿信号传递过程中的延迟量，提高对高频信号的响应速度，得以获得很宽的线性传输频带。电路可以达到的指标为：

电流传输比：峰值 2mA：2mA。

模块最小工作电流：6.0mA。

模块最小工作电压：8.0V。

输入信号电压峰值：4.3V

适用波形：正弦波

相频幅频关系表

频率/ kHz	0—20	30	40	50	70	100
滞后相位角/°	0	2.2	2.9	6.0	7.2	9.0
电流传输比	1∶1	1∶1	1∶1	1∶1	1∶1	1∶1

由于此模块的工作频带很宽，不仅可以用于工频交流电压的测量，还可以用于高频电磁炉加热电压的检测。

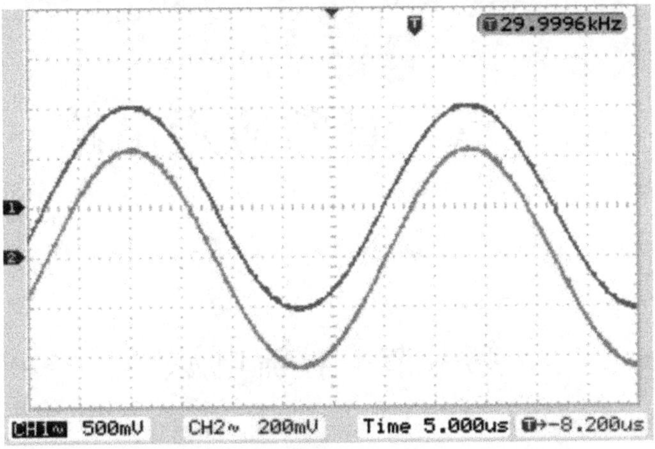

图 2-6-29　30kHz 频率下电压电流传输波形曲线

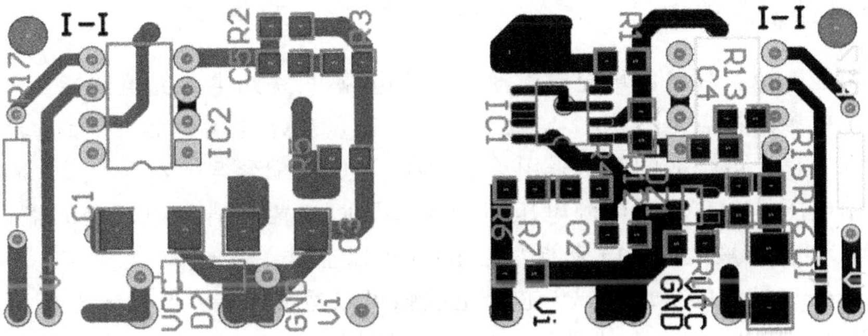

图 2-6-30　电压电流传输模块的 PCB 布线

第三章　日常应用电路

第一节　直流电源

直流电源是电子设备的必配装置，目前，电子装置中的电源除了抗干扰要求高的电路之外，更多的是采用开关型电源。

一、便携式太阳能电源

所谓太阳能电源实际是由可充电电池供电的电源，只是给电池充电的能量来自太阳能。便携式太阳能电源的特点是体积小巧，便于携带。这就要求电池体积小、重量轻，太阳能电池板的面积也要小。最合适的就是采用单节锂离子电池，配合 5.5V 的小型太阳能电池板。锂离子电池的电压是 3.6V，当电源电压高于 3.6V 时，就需要升压电路提升输出电压。这里以输出 5V 为目标，最大输出电流能力在 600mA 以上。

德州仪器公司推出的 TPS54331 芯片也勉强可以适应 3.6V 低输入电压，但他本身是开关型降压芯片，若加外电路改成升压工作，有些麻烦。

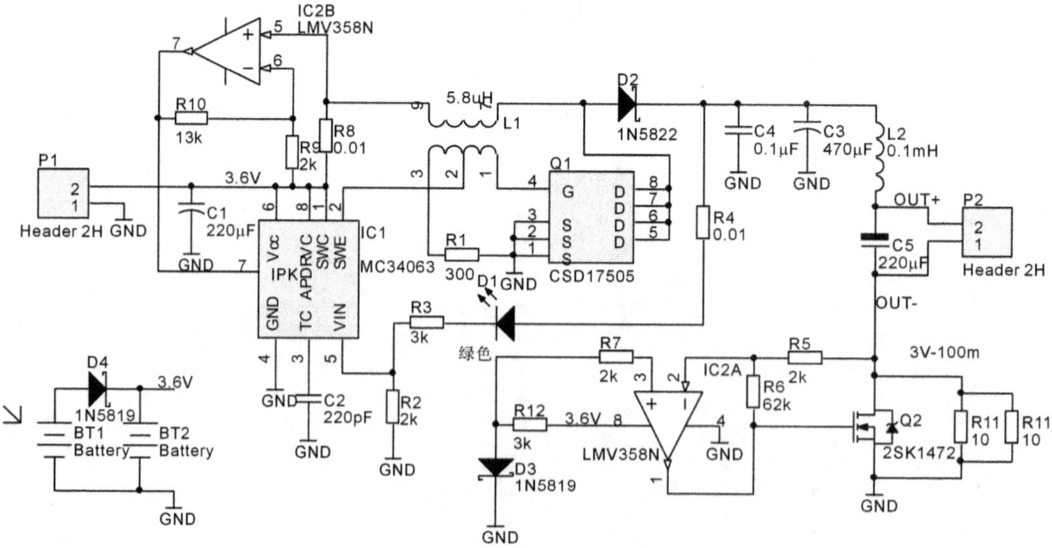

图 3-1　3.6V 升压至 5.0V 电路

MC34063 芯片可以适应 3.6V 低输入电压做成升压电路，输出电压的稳定性也较好，但他的开关管最大输出电流能力只有 1.5A。所制作电源的输出电流平均值在 600mA 以上,电池的平均供电电流约 1A,开关管的峰值电流会大于 4A。已经超出了开关管最大输出电流 1.5A,芯片本身无法提供足够的电流,需要外加开关管进行电流扩展。

根据 MC34063 芯片的技术资料,电流输出端直接连接电流扩展管,会存在一个问题:开通速度可以很快,但关闭无法提高,关闭损耗会加大。因此,对电流扩展电路做一定改进:从激励电感上反馈一个绕组,给电流扩展管的栅极加一个正反馈电压,但反馈电压值不能过高,保证单独依靠反馈电压不足以开通电流扩展管。电流扩展管采用德州仪器公司推出的 CSD17505Q5A,他的栅极开通电压大于 1.0V,导通电阻小于 5mΩ,漏极电流大于 100A,足够电流扩展的需要。改进后的升压电路如图 3-1 所示,反馈电压值取为 1.0V。

图 3-1 中 L_1 是升压电感,Q_1 管栅极驱动电压的临界值为 3V,大于 3V 对应的导通电阻较小,小于 3V 导通电阻急剧增大。而 IC_1 芯片能提供给栅极的也只有 3V 电压,为了保证 Q_1 管可靠导通,同时能够使得 Q_1 管快速截止,在升压电感上引出两个绕组加在栅极上。

输出电压值由反馈到芯片 5 端口的电位确定,达到 1.25V 后电压输出稳定。

电路中设置了二个过电流保护功能:

一是利用芯片 7 端口的过电流保护功能,芯片 7 端口比 V_{CC} 低 0.3V 时,芯片进入保护。在外部设置过电流保护电路,由 IC_{2B}、R_8、R_9、R_{10} 组成,并且以电池正极为参考。当输出电流超过 4A 时,在 R_8 上产生 0.04V 电压,经过 7.5 倍放大,输出 0.3V,即将 7 端口电位拉低 0.3V,芯片的激励端口被关闭。电阻 R_8 不宜大于 0.01Ω,可以采用 φ1.2mm 长 22mm 的锰铜电阻丝连接。

二是防止输出端口短路造成过流。对于 Boost 升压电路结构,电池会直接向负载输出电流,输出端口短路将直接导致电池被短路。为了防止这种情况出现,不能依靠开关电路来控制。为此,在电路中加入了由 IC_{2A}、Q_2、R_{11}、R_5、R_6、R_7、R_{12}、D_3 组成的过电流保护电路,利用 Q_2 的导通电阻对输出电流进行取样。D_3 用于设置参考电压,约 0.2V。当输出电流较小时,电流取样电压小于 0.1V,Q_2 栅极的最高驱动电压约 3.5V,对应的 Q_2 导通电阻约为 90mΩ;当输出电流增加至 0.97A 时,Q_2 栅极驱动电压约 3.0V,对应的 Q_2 导通电阻约为 100mΩ。之后,输出电流增加,会导致栅压下降,Q_2 的导通电阻急剧增大的正反馈过程,最终场效应管被关闭,只剩 R_{11} 提供电流路径,最大电流限制在 0.6A 左右(输出电压降为零值)。可见,电流保护的临界值约为 1A。过流保护后,只要断开负载,即可撤销过流保护状态。

除了开关管承载电流能力外,升压电感的电感量 L_1 也影响电源的输出功率。为了达到 5V/600mA 的输出功率,每一个振荡周期升压电感的储能应该在 40μJ 以上(振荡频率预设为 80kHz)。

根据伏安关系式:$3.6=L_1\dfrac{i_m}{6\times10^{-6}}$,即 $L_1 i_m=21.6\times10^{-6}$。

根据储能公式:$40\times10^{-6}=\dfrac{1}{2}L_1 i_m^2$,因此,$i_m=\dfrac{80\times10^{-6}}{L_1 i_m}=3.7\text{A}$。

因此,电感量 $L_1=5.8\mu\text{H}$。用 0.4mm 漆包线绕匝在 φ(16.5～9.5)铁硅铝磁环上双线并绕 12 匝,反馈绕组为 2+2 匝。

从此电路的设计中可见,对于开关式升压电源,激励管的电流裕量应该达到电源输出电流的 6 倍以上。高电压的升压、PFC 电路等都是如此。

二、12V 升压至 220V 的直流电源

12 电源的常见的直流电源，车载电源一般都是 12V 规格。很多用电设备是 220V 交流电规格的，其中有一些只要电压大到要求即可，并不一定需要采用交流电，如大部分电阻体发热的电热器具、大多数照明设备、开关电源作为输入的电子设备等。所以，将 12V 直流电压升压至 220V 的直流电压，可以提供许多电器应急使用。

这里的直流升压不同于逆变器。直流升压只是输出直流电压，而逆变器不仅要升高电压，还需要转换成正弦波电压输出，至少要转变成交流输出。所以直流升压是逆变器的前置电路，直流升压更具实用价值。

升压的基本思想是依据 Boost 电路工作原理，通过电感器储能转换而来。具体结构要视输出功率大小做适当改变，图 3-2 所示电路是用于 100W 以下输出功率的 220V 直流电源电路。

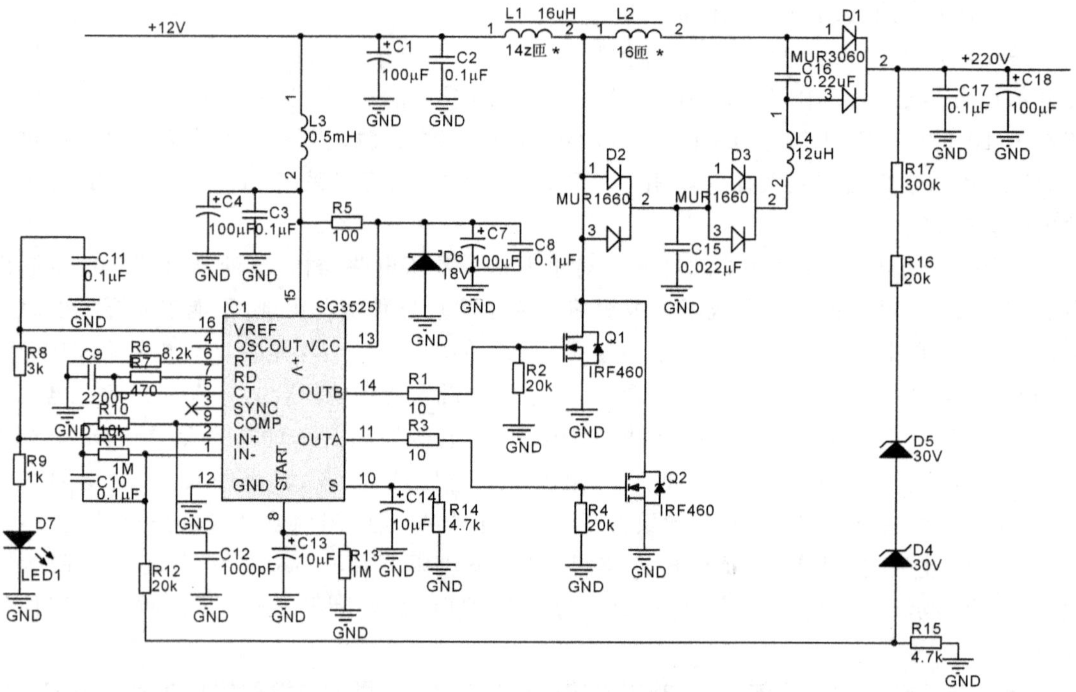

图 3-2　直流升压电路

电源的输出功率是通过改变 PWM 的脉冲宽度来完成，输出电压的稳定也是通过电压反馈网络，调整 PWM 的脉冲宽度实现。要使得输出功率连续可调，脉冲宽度必须连续可调。因此，采用 PWM 专用集成器 SG3525 芯片来产生脉冲电压。SG3525 有两路脉冲输出，可以驱动两只开关管，以便输出足够大功率。SG3525 具有软启动功能，能够在电源开机时降低浪涌电流，提高电源工作可靠性。

脉冲频率由 R_6、R_7、C_9 决定。设计中要注意：PWM 的死区时间不小于储能电感的能量释放时间，即不小于周期的 10%，以保证每一个周期储能电感的能量都能得到充分释放。

死区时间由 R_7 阻值大小控制。

开关管采用 IRF640 场效应管，其漏极耐压为 200V，额定电流为 18A，导通电阻为 0.18Ω，完全满足电路工作需要。

决定输出功率大小的核心器件是开关管与储能电感，开关管的载流能力越大，升压电感的储能能力越高，升压电源的输出功率就越大。升压电感 L_1 和 L_2 应该采用铁硅铝磁环绕制，并绕成自耦变压器结构，可以降低升压比，也降低对开关管的耐压要求。

升压电感参数确定举例：

设升压电源的输出功率为 50W，开关频率为 50kHz，则升压电感的开关频率为 100kHz。升压电感绕组的升压比为 1∶2，则激励绕组的反电动势为 110V。

根据电压时间平衡方程：$V_1t_1=V_2t_2$，即 $12t_1=110t_2$；其中 $t_1+t_2=10\mu s$。由此可以得知激励时间 $t_1=9\mu s$，能量释放时间 $t_2=1\mu s$。

在升压电感的每一个周期内，电源应该输出能量为 0.5mJ。若能量转换效率按 90% 计算，升压电感在每一个周期内需要的储能量为 0.56mJ。根据电感储能公式和电感伏安关系式有：

$$\begin{matrix} w=\dfrac{1}{2}LI_m^2 \\ V_1=L\dfrac{I_m}{t_1} \end{matrix} \Rightarrow \begin{cases} 2\times 0.56\times 10^{-3}=LI_m^2 \\ 12\times 9\times 10^{-6}=LI_m \end{cases}$$

电感上的最大电流 $I_m=10.3\text{A}$，电感量 $L=10.5\mu\text{H}$。

若升压电感采用其 φ27mm 相对磁导率为 60 的铁硅铝磁环绕制，10.5μH 需要绕 12 匝。因为工作在高频脉冲状态，激励线圈所用漆包线采用 φ0.4mm 的 10 线并绕方式，升压线圈采用 φ0.4mm 的漆包线 5 线并绕方式，顺向地也绕 12 匝。

升压电感的电感量越小，电源输出功率越大。若实际电感量与计算值不一致，只影响到输出功率的大小，无其他问题。

HCS27060[ϕ(27－15)×11 mm]的铁硅铝磁环的体积 V 为 4333mm³，其储能能力为：

$$w_m=\frac{V\Delta B_m^2}{2\mu_0\mu_r}=\frac{4333\times 10^{-9}\times 0.64}{2\times 4\pi\times 10^{-7}\times 60}=0.017\text{J}$$

这一体积的磁环足以满足该电源储能量的需要。

D_1、D_2、D_3、C_{15}、C_{16} 和 L_4 组成缓冲电路，降低开关管的电压应力，减小电磁噪声，也由此减小开关损耗，提高电源的工作效率。引入电压缓冲电路后，正激励开始阶段，在互感线圈感应电压的作用下，有二路环流产生：L_2、D_2、C_{15}、D_3、L_4、C_{16} 元件所构成的回路和 L_2、Q_1、C_{15}、D_3、L_4、C_{16} 回路。后一回路电流作用下缓冲电容储存的电荷转移，激励管上会有短时间的大电流出现，容易造成开通损耗增大。环路电流的大小受 C_{16} 容量影响，C_{16} 容量越大，环路电流也越大，因此，C_{16} 的容量不宜过大，在这里取为 0.01μF，其完全放电时间占用了 0.5μs左右，基本能够兼顾电压缓冲和冲击电流二者之间的矛盾。另外，必须满足 $C_{15}\leqslant C_{16}$。并增设 L_4 用于减缓这一环流的增大速度，降低激励管开通损耗，采用铁氧体磁管绕制

图 3-3 是 220V 直流升压电源的线路布局，主要依据外壳尺寸要求进行布置。

图 3-3 比图 3-2 电路多了一部分输出短路保护电路。安装了短路保护电路后，使用中会使得电源更加安全。该电源以 12V 输入电压为设计对象，但也可用于 18V、24V 规格的输入电压。若输入电压过低，其输出功率会下降。

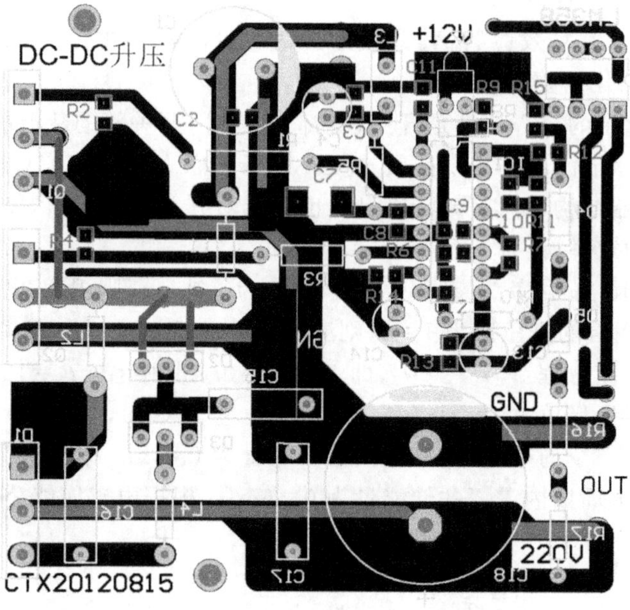

图 3-3 直流升压电路线路布局

升压模块所能够达到的工作效果：

(1) 升压模块的负载特性：负载变化时输出电压误差小于 2.5%。

(2) 升压模块的稳压特性：改变输入电压输出电压误差小于 0.25%，具有较好的输出电压稳定性。

(3) 工作效率：基本稳定在 83%。

(4) 输出口电磁骚扰电压：地线上存在传导干扰或辐射干扰，反激励过程中有瞬间过冲电压。

三、直流降压电源模块

直流降压电源是从高电压的成品电源上获取所需的低电压，如从 12V 蓄电池上获得 5V 电压，为单片机电路等供电等，免除交流电源线的拖弋。此电源采用德州仪器公司推出的 TPS5430 芯片制作，可以达到 3A 的电流输出能力。电路结构如图 3-4 所示。

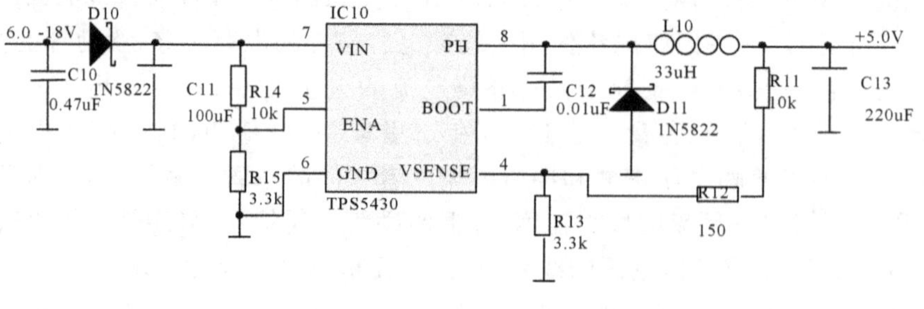

图 3-4 降压至 5V 的电源电路

二极管 D_{10} 是为了防止输入电压极性接反而设置的，与电路降压无关。输出端口电压经过 R_{11}、R_{12}、R_{13} 分压后，4 端电压达到 1.22V 时，芯片进入稳压状态。R_{12} 用作输出电压值的微调。改变 R_{11}、R_{12}、R_{13} 的分压比，可改变输出电压。

四、电池充电电源

电池充电是从其他电源中获取电能再储存到被充电的电池中。这里给出的电路是从 220V 交流电网获取电能，对电池进行充电。通常，充电方式以快速充电、涓流充电、恒压浮充三阶段进行，特别是对于铅酸蓄电池，最好按三阶段充电方式进行，能够延长电池使用寿命。

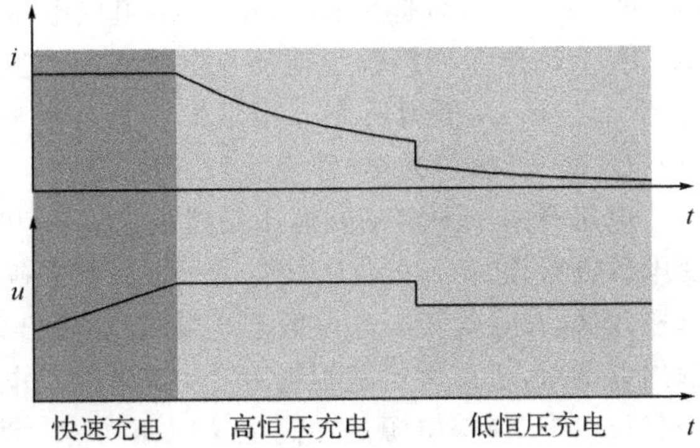

图 3-5　三阶段充电的电流电压变化曲线

电池充电状态的转换标准：

虽然电池有标称电压值，实际上电池电压是随电量的多少而改变的。电量越充足，电池的端电压也就越高，端电压值成为了判断电池电量是否充足的标准。从快速充电状态至高恒压充电状态为自然转换，快速充电过程中，电池端电压逐渐升高，当升高至高恒压充电值时，电压被恒定，进入高恒压充电状态。从高恒压充电状态到低恒压充电状态（涓流充电）的转换是判断充电电流的大小而定。进入高恒压充电状态后，充电电流逐步下降，当充电电流下降至某一值以下时，进入低恒压充电状态。

快速充电电流值的标准：电池 Ah 容量值的 0.2 倍。

高恒压充电值的标准：电池标称电压的 1.2 倍。

低恒压充电值的标准：电池标称电压的 1.15 倍。

2 阶段至 3 阶段的转换电流标准：快速充电电流值的 0.15 倍左右。

规范的充电器均按以上标准进行设计。图 3-6 是针对于 12V 铅蓄电池的专用充电电路。

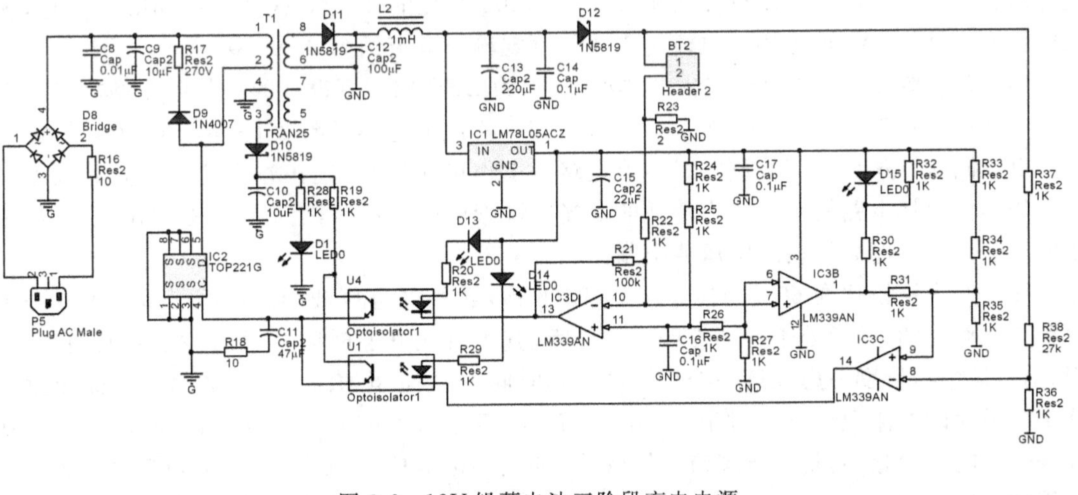

图 3-6　12V 铅蓄电池三阶段充电电源

电路的左边部分实际是一个开头电源，提供充电电压和充电电流，而电压和电流值的控制电路是图中的右边部分。被充电的电池连接于 BT_2 接口上。IC_1 为控制电路提供恒定的电压，某些基准电压也从中获取。R_{23}是电流取样电阻，电流控制电路的参考电压由 R_{24}、R_{25}、R_{26}、R_{27}分压后提供；R_{36}、R_{37}、R_{38}组成电压取样电路，电压控制电路的参考电压由 R_{31}、R_{33}、R_{34}、R_{35}电阻网络确定他随充电状态而改变。D_{13}是快速充电限流指示灯，D_{14}是恒压充电指示灯，D_{15}是低恒压充电指示灯。全过程充电是快速充电，D_{13}亮；高恒压充电（涓流充电），D_{14}亮；低恒压充电（浮充），D_{14}、D_{15}亮。

电路有两个固定基准电压设置值：V_{IC3D11}和 V_{IC3B6}，由 R_{24}、R_{25}、R_{26}、R_{27}比值确定；一个可变电压设置点，R_{33}、R_{34}、R_{35}、R_{31}及 V_{IC3B1}共同确定。当电量极少的蓄电池接入后，充电端口电压较低，IC_{3C}的 8 端电位低于 9 端，IC_{3C}输出高电平，U_1 不工作。充电电流达到最大，IC_{3D}输出低电压，进入大电流恒流状态，即快速充电。此时 $IC3B$ 输出高电平，可变基准电压处于高位状态，使得电源处在高电位限压功能。当电池电量的增加，输出端口电压升高，最终被限制在高位电压值上。再继续充电后，充电电流下降，IC_{3B}第 7 端电位下降，降至 IC_{3B}第 6 端电位以下时时，IC_{3B}输出低电位，限压值被调整至低位，使得电源处在低电位限压功能。

如果要用于 24V 或 6V 甚至更低电压的蓄电池充电，只要改变输出电压和检测电压即可，其工作原理基本相同。充电器的输出功率随电池的容量而定。

锂电池一般都自带保护电路，在充电器的设计上往往可以简单一些，比如不一定采用三阶段充电方式等。

第二节　照明灯及指示灯电路

一、基于 LNK306 的 LED 照明灯电路

LNK306 是一款将 300V 的高电压直接降至 LED 灯所需要的低电压值，属于串联型开关降压芯片，广泛应用于 LED 照明领域。LNK306 芯片的开关频率固定为 64kHz 附近，输入电压为 350～40V，最大输出电流为 1.4A，额定输出电流约为 250mA。

图 3-7 是参考芯片资料中提供的典型电路，为 LED 照明灯设计的一款限压型电流源电路。电路中有设有两个控制环路：R_2、R_3、C_4、D_3 构成的电压反馈回路；R_4、R_5、IC_2 构成的电流反馈回路。这种双环控制方式使得电路的工作可靠性高，输出端无论是口开路或者是短路均不会损坏电路模块。作为负载的发光二极管可以单只的，也可以是多只串联而成，串联的最多只数受电源模块的限压值限制。

图 3-9 为该模块在 60V 电压激励下，LNK306 源极的电位波形。可明显地看出其开关过程是非均匀的，通常处于间断性的工作过程，其中首次开通时间几乎为一个周期的时间。因此，设计中需特别考虑在近一个周期的激励时间下，滤波电感 L_2 的电流增量不能超过芯片 IC_1 最大的电流允许值。对于 $LNK306$ 而言，不能超过 1.4A。图中漏极电位下降沿存在一个负电压尖脉冲，是由于续流二极管 D_2 使用了标准速度的二极管 1N4007 的缘故。二极管的开通需要有一定时间，开通速度都有一定限制，如果采用耐压足够高的肖特基管，其负峰幅值会减小。

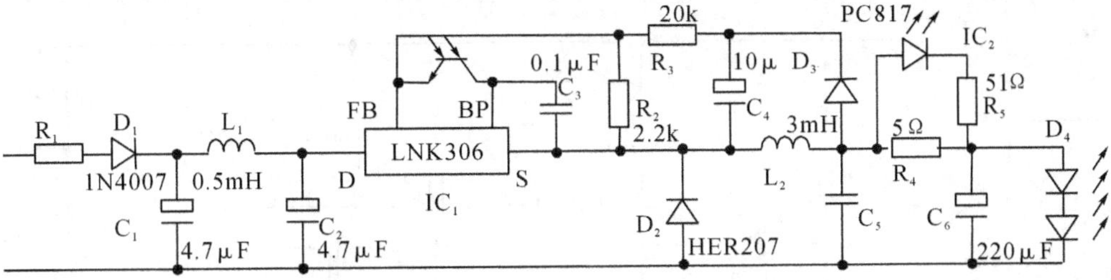

图 3-7　基于 LNK306 的 LED 照明灯电路

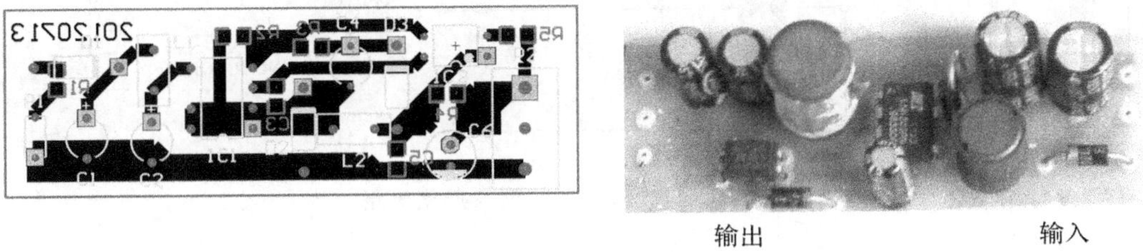

图 3-8　基于 LNK306 的 LED 照明灯模块

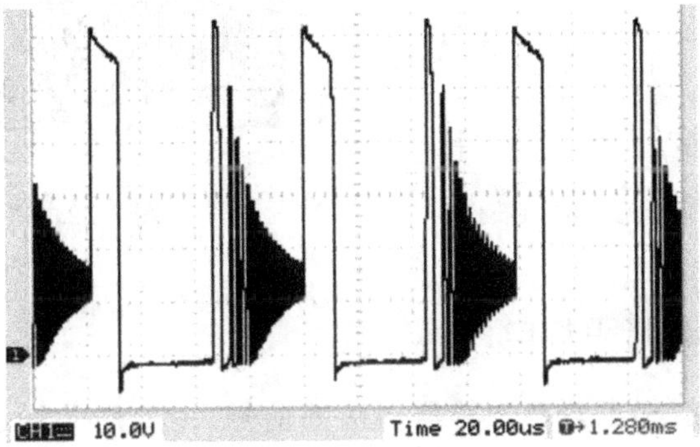

图 3-9　LNK306 漏极电压波形

上述 LED 照明电路工作在恒流状态下。如果负载电流小于恒流值时，就是一款高压差的降压稳压电源。

二、日光灯电子镇流器电路

电子镇流器是日光灯的基本控制器，使用量远超出了传统的电感镇流器。各种功率的电子镇流器电路结构基本相同，如图 3-10 所未。其基本作用就是产生启辉高压，降低工作电压。

该电路提供给了灯管两端以 220V 整流后电压为峰峰值的交流电，只是其输出电压波形接近矩形波而已，如图 3-11 所示。电子镇流器是自激励方式，而我们所设计的逆变器需要输出正弦波，应该采用 PWM 电路进行控制。

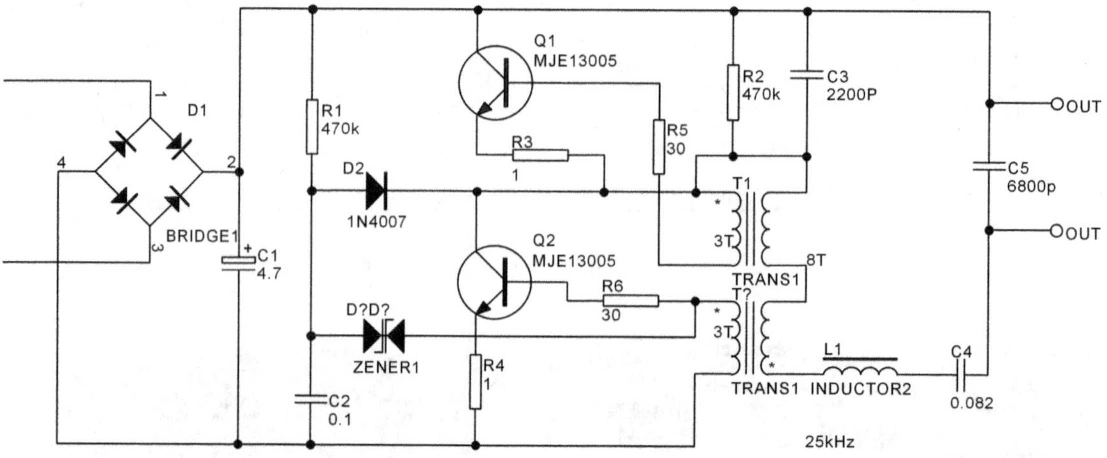

图 3-10　日光灯电子镇流器典型电路

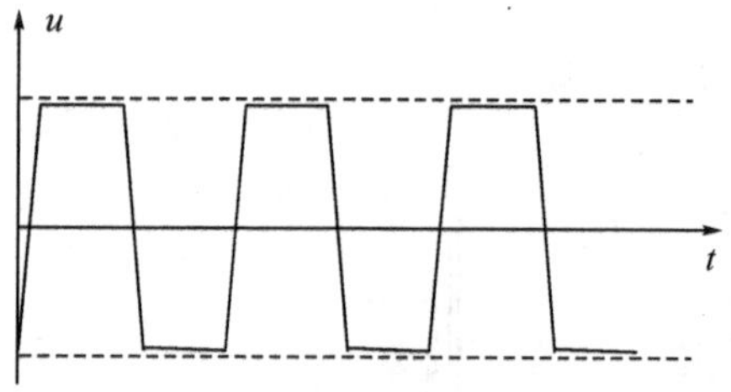

图 3-11　日光灯电子镇流器输出波形

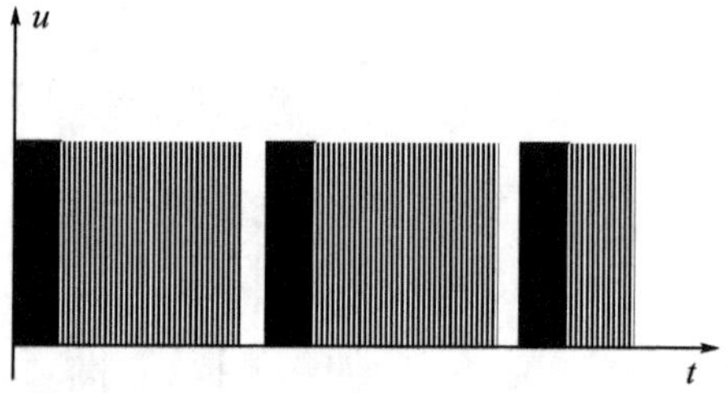

图 3-12　占空比的调整

三、热释感应自动照明灯电路

热释感应自动照明灯根据热释传感器送来的信号，由专用芯片进行控制。相关的控制芯片有多种型号。图 3-13 是采用 BISS0001 芯片实现的 LED 自动照明电路。

四、欠压闪烁指示灯电路

图 3-15 是一款能反映电压高低的闪烁指示灯电路，当被测电压正常时，指示灯常亮；当被测电压降低时，指示灯开始闪烁；电压越低，指示灯闪烁速度越快。由此可以直观地了解被测电压的高低。

该指示灯电路由电压误差放大器和 RC 延迟振荡器组成，电压正常时，振荡电路被关闭。电压下降后，振荡电路被开启，并根据电压下降幅度改变其振荡频率。

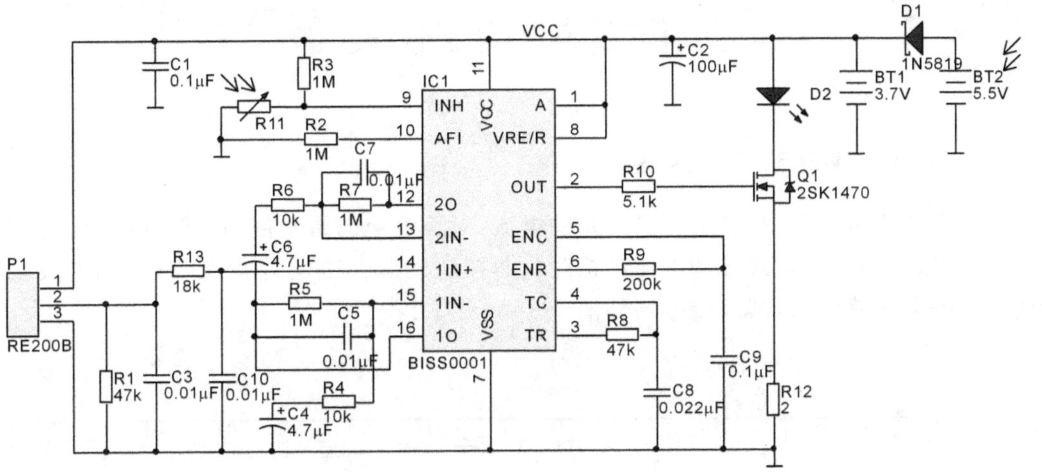

图 3-13　热释感应自动照明电路

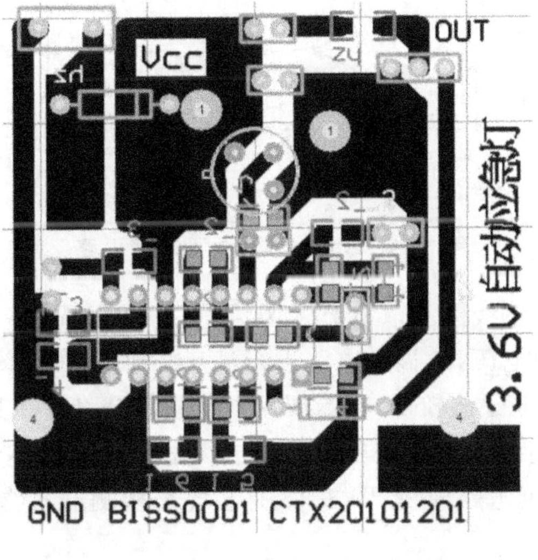

图 3-14　热释感应自动照明电路

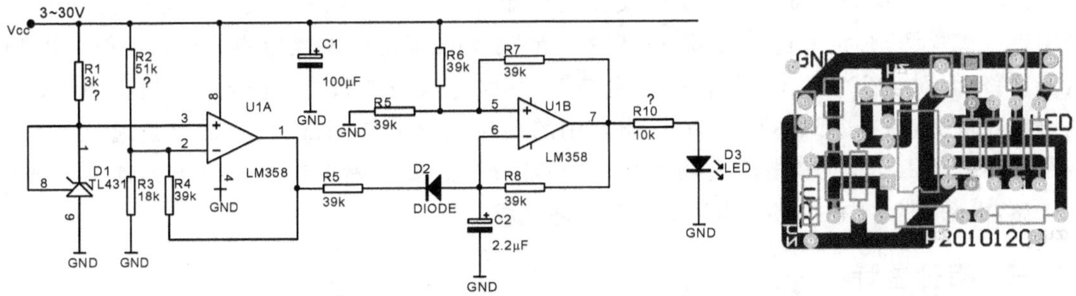

图 3-15　欠压闪烁指示灯电路

第三节 检测仪表

一、20kHz 赛道电流检测器

智能车电磁组竞赛中，赛道通以规定的电流，对该电流的指示使用串联式电流表。除此之外，也可以采用非接触式脉冲电流计检测。非接触式脉冲电流计实际就是一个电磁感应原理设计的电磁感应头，其前端电路如图 3-16 所示。

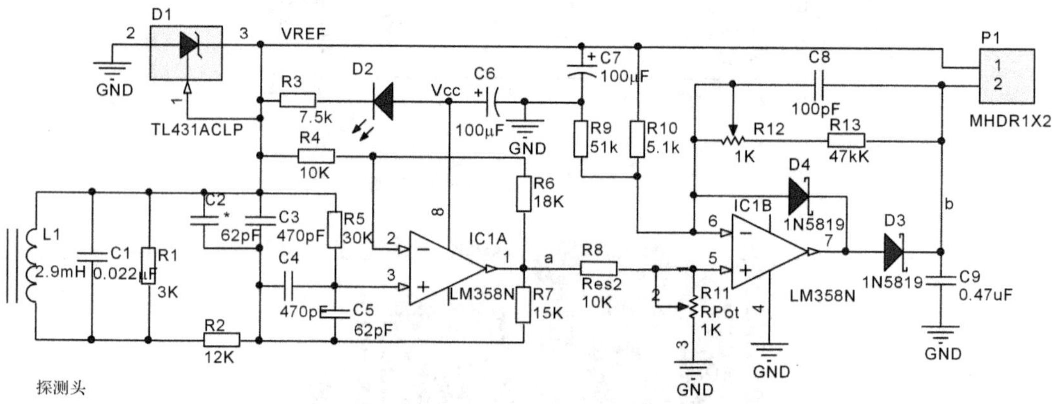

图 3-16 20kHz 赛道电流检测电路

前端电路由工字形电感线圈获取电流磁场信息，并进行选频、放大、整流、滤波等，输出一个能够反映电流大小的电压，送显示电路进行显示。对于 20kHz 频率的信号，LC 谐振电路能够起到一定效果，但其 Q 值较低，还需要用 RC 选频电路提高其选频能力。IC_{1A} 及外围器件组成二阶 RC 选频电路，IC_{1B} 及外围器件组成无电压损失的整流电路。

图 3-17 是该电流检测电路模块，图 3-18 是该电流检测器实物。

二、感应式工频电流表

工频频率是指 50～60Hz 的正弦交流电频率。图 3-19 是感应式工频电流表的电路。采用感应式检测，必定要进行选频，以减少干扰，提高准确度。电磁感应式选频一般采用 LC 谐振回路，但对于 50～60Hz 的频率产生谐振，其电感量需要很大，完全采用绕线圈制作的电感损耗过大，谐振效果不良。为此，电路中的谐振电感分作两部分：一部分是通过绕制线圈制作的电感 L_1，以获知电流磁场信息；另一部分更主要的谐振电感是由电容器组成的模拟电感，由图 3-19 中的 IC_{1A}、IC_{1B}、C_1 等元件组成。

三、相位差计

在交流发电机的并网过程中，要随时把握并网前两个交流电压的相位差，只有当他们的相位差接近零度时，才可以合闸并网。相位差计就是用于指示两个交流电压的相位差，通常

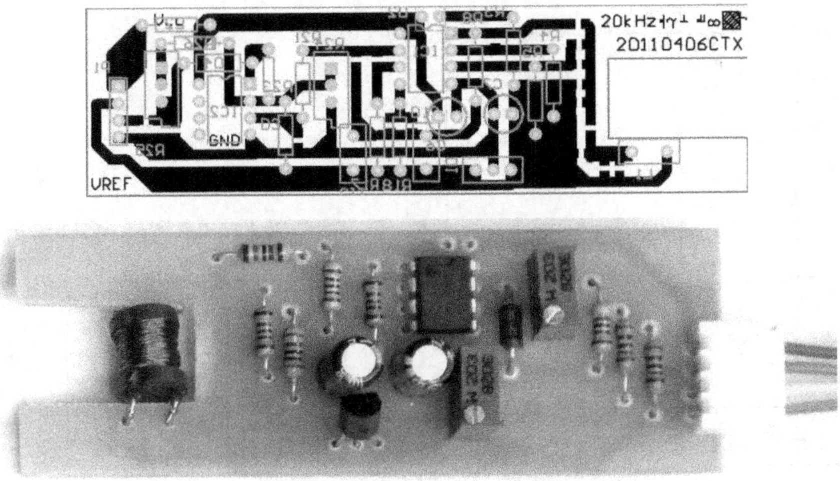

图 3-17　20kHz 赛道电流检测模块

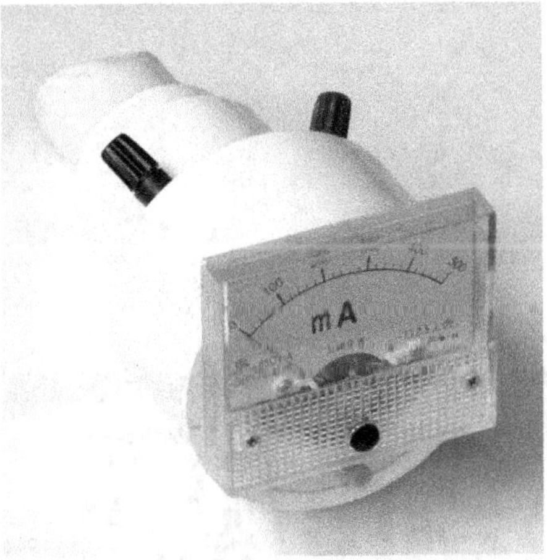

图 3-18　20kHz 赛道电流检测器

采用形象的环形指示灯方式进行指示。当交流发电机的输出频率相接近时，发光点会随之绕圈。绕圈速度的快慢反映频率差值的大小。当交流发电机的输出频率完全相等时，发光点的位置随即锁定。

图 3-21 所示是基于 51 系列单片机的相位差计电路，共有 36 只指示角度差的发光二极管，排成圆环形结构；1 只指示零度标志位的发光二极管，置于 12 点钟位置的下方，12 点钟位置被定为零角度。单片机的任务是判别二个输入信号的相位差值，并点亮相应位置的发光管。

为了提高单片机对相位判别的准确度，先用电压比较器对输入信号进行过零比较，整形成方波，再送入单片机的两个中断口。由此可见，相位误差主要来自于电压过零比较器，当输入信号幅度较小时，误差就会被体现出来。如果考虑对小幅度信号的相位比较，前端还得

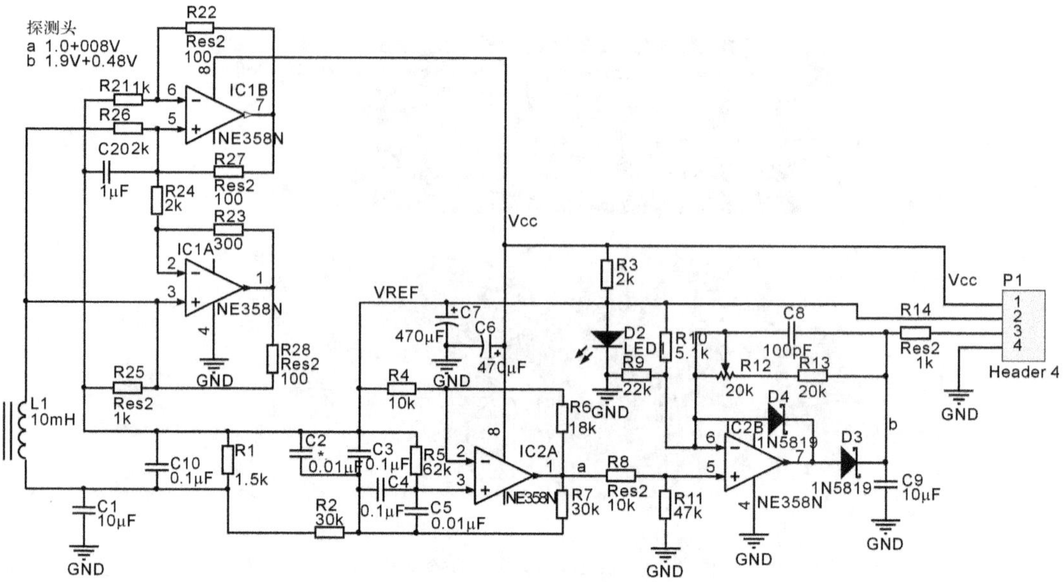

图 3-19 工频电流检测电路

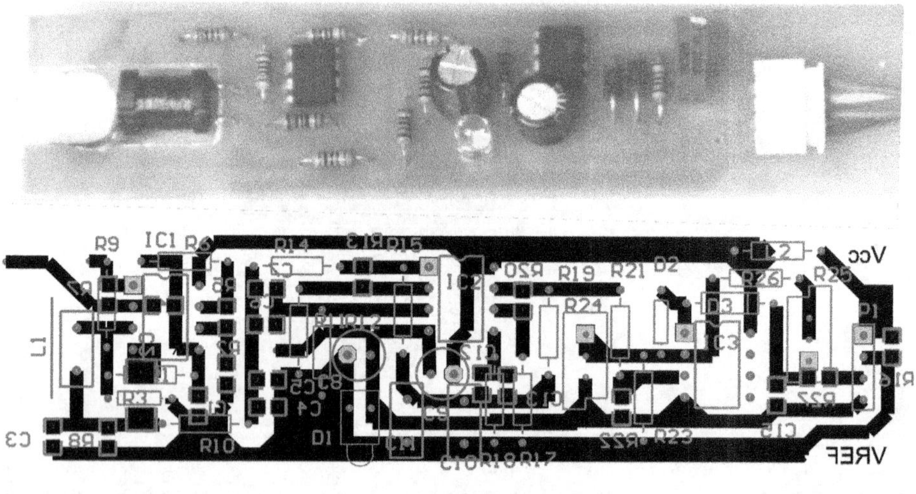

图 3-20 工频电流检测模块

增加信号放大电路。

电路采用单 5V 电源供电，而输入的交流电压相对于地线是双极性的。为了防止其负电压对比较器工作状态的扰乱，电路中连接了二只肖特基二极管 D36、D37，将负电压的幅值限制在－0.2V 以内。同相道理，如果考虑防止高输入电压对比较器工作状态的破坏，应当再加入二只限制高电压的保护二极管，比如采用 1N4148 管。

单片机采用 STC12C5A16S2 芯片。为了有效利用单片机芯片端口，对 0°和 180°以外的 34 只发光管的排列做了分组处理。正负 10°的二只发光管为一组，共用一个端口；正负 20°的二只发光管为一组，共用一个端口；正负 30°的二只发光管为一组，共用一个端口；以此类

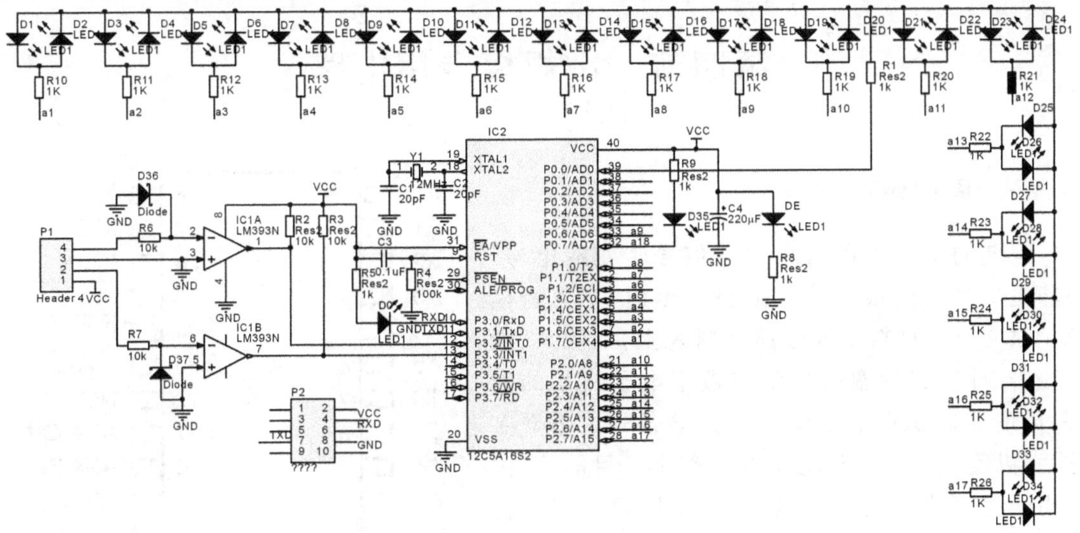

图 3-21 相位差计电路

推。34 只发光管的另一端共用一个端口。单片机的相位判别以 180°为界，分超前角度和滞后角度。对超前角度的分组端口置高电平，公共端口置低电平；对滞后角度的分组端口置低电平，公共端口置高电平。反之亦然。对于 0°和 180°无所谓超前滞后的概念，直接判断同相还是反相，分别点亮。这样，在环形灯中只有一只灯被点亮，指示当时的角度差。

相位差计的硬件电路比较简单，主要的设计工作是程序设计，以上述设计思想为基础，并且要对相位误差进行纠正。相位差计程序见附录一。

这一电路适合低频交流电压的相位比较。如果对于高频信号，电压比较器的电压传递滞后效应、输入保护二极管的 PN 结积分效应等均会造成相位偏移，使得误差变大。

图 3-22 是这一相位差计的布线图，采用单面板布线。图 3-23 是其实物图，发光管贴装在线路板上，用导线引出的是程序下载接口。

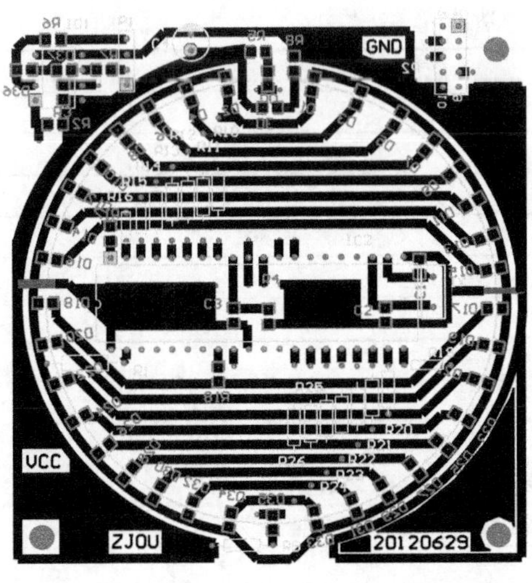

图 3-22 相位差计布线图

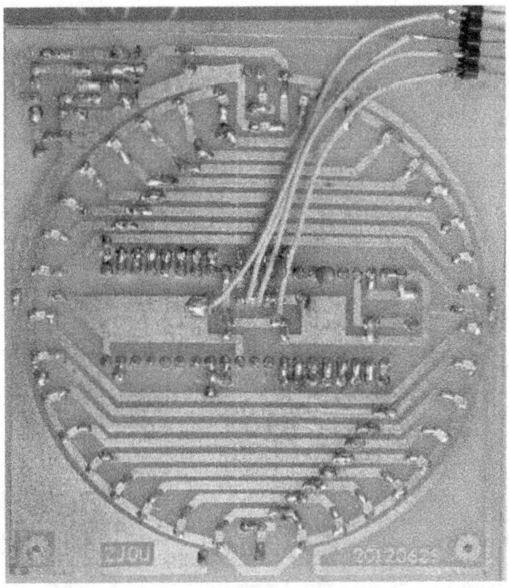

图 3-23 相位差计试验板

第四节 小规模专用电路

一、固体录音电路

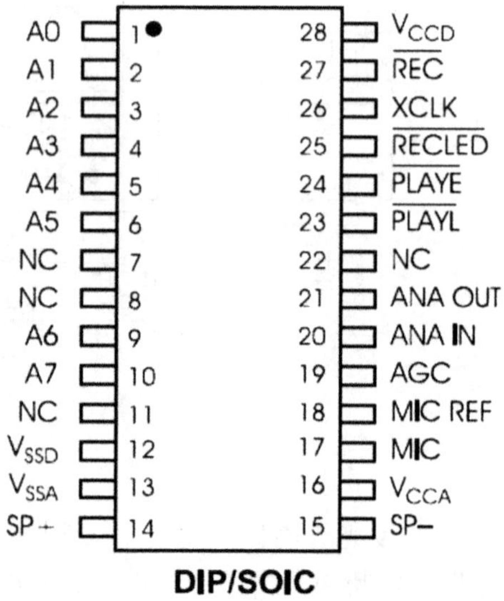

图 3-24 ISD1420 封装引脚图

早期的录音手段是将声音信号转变成电号，再将电信号转变成磁信号或机械刻痕，把声音信息记录在磁性材料上或硬质塑料片上，如唱片、录音磁带、计算机硬盘等。随着数字电子技术的发展，出现了光碟录音技术，是将声音信号二值数字化后，以反光率的变化记录在光碟上。目前，又由于电子存储器的迅速发展，大量使用闪存器进行声音信号记录，如 U 盘、录音笔等。这一些录音技术的好处是信息记录量大，弊端是处理方案比较复杂，声音的保真度往往不理想。

美国的 ISD 公司致力于开发直接模拟存储技术，以其原本的模拟形式进入 EEPROM 存储器永久存储单元，直接存储模拟量，提供零功率信息存储，使用一种单片固体电路方法完成其原本语音的再现，构成单片语音录放电路，语音质量优良。ISD 公司推出的单片固体录放音电路有若干系列，ISD1420 是一块半导体单片语音录放专用集成电路 1400 系列中的一个型号，具有分段录音功能，最长录音时间为 20S。

ISD1420 内部除了记录单元、地址分配单元外，还有片内时钟振荡器、MIC 放大电路、自动增益控制电路、前置放大电路、功率放大电路等，超低静态电流 0.5μA，额定 16Ω 输出阻抗，5V 单电源供电。

表 3-1 芯片引脚功能

名 称	管 脚	功 能
$A_0 \sim A_5$	1～6	地址
A_6、A_7	9、10	地址(MSB)
VccD	28	数字电路电源
VccA	16	模拟电路电源
VssD	12	数字地
VssA	13	模拟地
SP+、−	14、15	扬声器输出
XCLK	16	外接定时器(可选)
NC	7、8、11、22	空脚
Ana Out	21	模拟输出，录音时电平约为 1.8V，未录音电平为 0V
Ana In	20	模拟输入，录音时电平约为 1.8V，未录音电平为 0V
AGC	19	自动增益控制
Mic	17	麦克风输入

续表

名 称	管 脚	功 能
Mic Ref	18	麦克风参考输入
PLAYL	23	放音控制，低电平触发
PLAYE	24	放音控制，边沿触发
RECLEO	25	录音状态指示，录音时为低电平。外接发光二及管。
REC	27	录音控制，低电平时芯片处于录音功能。REC 变高或内存录满后，录音周期结束，芯片自动写入一个信息结束标志(EOM)，使以后的重放操作可发及时停止。

ISD1420 芯片工作原理：

ISD1420 采用直接模拟量存储技术存储，而未经过 A/D 或 D/A 转换，因此具有十分良好的语音效果，而且存储的模拟数据不会丢失。ISD1400 系列芯片采用分段录音方式，共分为 8 段，每一段可以单独录音，录音总时间为 20 秒。各分段的地址端分配如下表所示。

表 3-2　地址端的分配

相应的十进制	A_7	A_6	A_5	A_4	A_3	A_2	A_1	A_0	录音时间	
1	0	0	0	0	0	0	0	1	0.125S	
8	0	0	0	0	1	0	0	0	1.0S	
10	0	0	0	0	1	0	1	0	1.25S	
13	0	0	0	0	1	1	0	1	1.625S	
50	0	0	1	1	0	0	1	0	6.25S	
100	0	1	1	0	0	1	0	0	12.25S	
159	1	0	0	1	1	1	1	1	19.875S	
160	1	0	1	0	0	0	0	0	——	

从 10100000 地址开始，不用于录音，而是用作状态控制、溢出标志。芯片可以重复使用，当进行新的录音时，上次的信息就会自动被新内容所覆盖。

地址模式：

A_0～A_7 地址输入有双重功能，根据地址中的 A_6、A_7 端口的电平状态决定功能。如果 A_6、A_7 中有一个是低电平，A_0～A_7 输入全用作地址位，作为录音或放音的起始地址用。根据 PLAYE、PLAYL 或 REC 的信号下降沿锁定地址。

A_0-A_7 由低位向高位排列，每位地址代表 125ms 的寻址，160 个地址(00000000～10011111)覆盖 20s 的语音范围(160×0.125s＝20s)。

芯片的起始地址是 00000000。录音及放音功能都从设定起始地址开始，录音结束由录音控制端口电平决定，芯片内部自动地在该段的结束位置插入结束标志(EOM)；而放音时芯片遇到 EOM 标志即自动停止放音。

从录音到放音转换时需要一定的时间间隔，才能使放音触发起作用，这一刻现行的地址/模式信号被取样并执行。

操作模式：

如果 A_6、A_7 同时为高电平，A_0-A_5 即为模式位。

当 PLAYE、PLAYL 或 REC 变为低电平，同时，A_6、A_7 均为高电平时，执行对应的操作模式。这种操作模式一直执行到下一个低电平控制信号现出为止。

A_0:信息检索(仅 PLAYE 或 PLAYL)

不知道每条信息的实际地址,A_0 可使操作者快速检索每条信息。A_0 每输入一个低脉冲,可使内部地址计数器跳到下一信息。这种模式仅用于放音,通常与 A_4 操作同时使用。

A_1:删除 EOM 标志(仅 REC)

将 A_1 置高电平可删除每个中间段信息后的 EOM 标志,仅在末尾信息后留一个 EOM 标志。当这个操作模式完成时,录入的所有信息就成为一个连续的信息放出。

A_2:未用

A_3:循环重放信息(仅 PLAYE 或 PLAYL)

A_3:置高电平可使存于存储空间始端的信息自动连续地重放。一条信息可以完全占满存储空间,那么循环就可以从头至尾进行,并由始至终反复重放。

A_4:连续寻址

在正常操作中,当重放一个信息,遇到他的 EOM 标志时,地址计数器会复位。A_4 可防止地址计数器会复位,使得信息连续不断地重放。

A_5:未用

表 3-3 操作模式

地址(H)	功 能	典型应用	下一段连接地址
A_0	信息检索	Fast—forward through messages	A_4
A_1	删除 EOM 标记	EOM 标记位于信息结未处	A_3,A_4
A_2	未定义		
A_3	闭环	从 0 地址继续重放	A_1
A_4	连续地址	录/放 复合循环信息	A_0,A_1
A_5	未定义		

表 3-4 ISD1420P 地址功能表

	地址状态								功能说明
地址位	A_0	A_1	A_2	A_3	A_4	A_5	A_6	A_7	1 为高电平,0 为低电平,* 为任意电平
地址模式	1	0	0	0	0	0	0	0	以 8 位二进制表示地址,每个地址代表 125ms。
	0	0	0	0	0	0	0	0	一段式最长 20s 录放音,从首地址开始。
	0	0	0	0	0	0	1	0	以 8 位二进制表示地址,每个地址代表 125ms。
	*	*	*	*	*	*	*	0	只要 A6、A7 有一位是 0,就处于地址模式。
	*	*	*	*	*	*	0	*	
操作模式	0	0	0	0	0	0	1	1	地址指针复位,开始录放第一段。
	0	0	0	1	0	0	1	1	循环放音操作,改变 PE 端电平放音,PL 端置 0 一次停止,或 PL 端置 0 放音,置 1 停止。
	0	0	0	0	1	0	1	1	按顺序连续分段录音,每段语音长度不限。
	0	1	0	0	0	0	1	1	删除中间段信息后的 EOM 标志,将各段连接在一起成为一个连续信息重放。
	1	0	0	0	1	0	1	1	改变 PE 端电平,可快速选段放音。

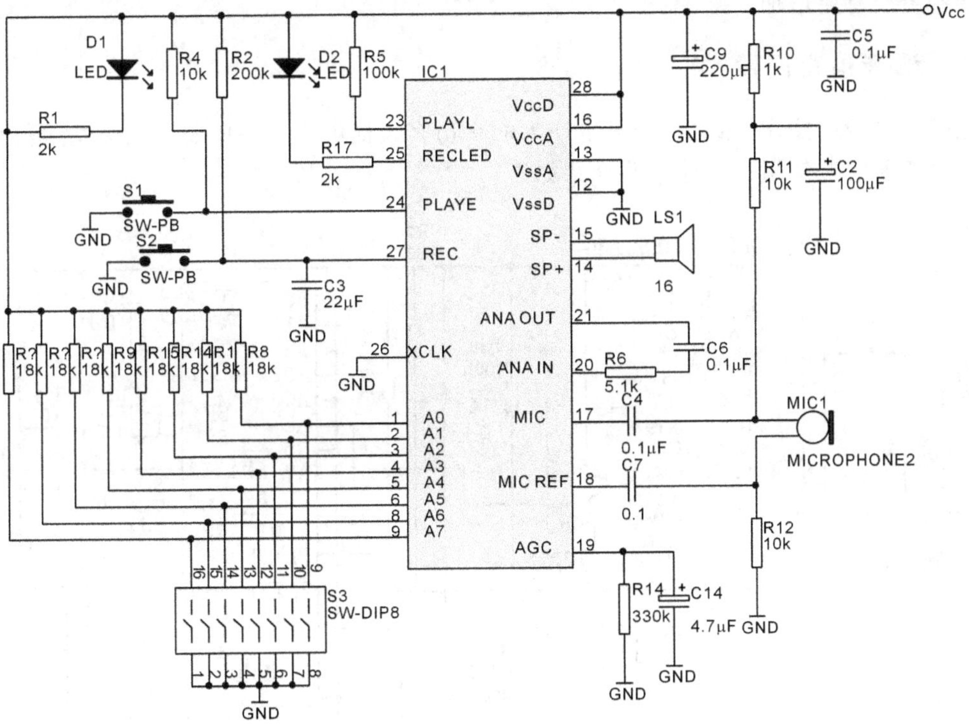

图 3-25 ISD1420P 录放音测试电路

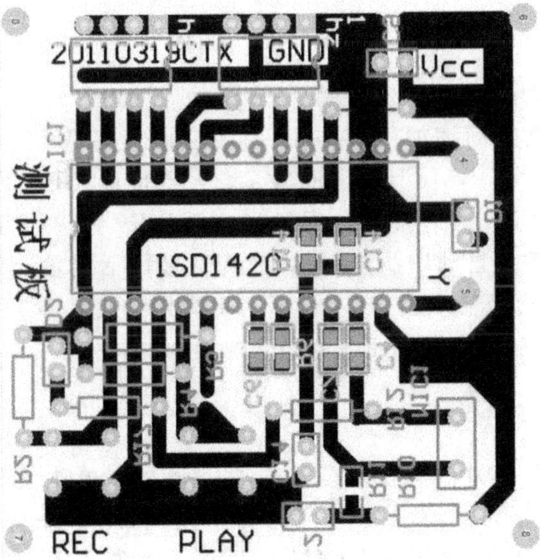

图 3-26 ISD1420P 录放音测试电路 PCB 板图

S_3 是用作录放音地址控制，可以在线路上加以固定。S_1 是放音按钮，接通（按下）一次，录音内容全部播放；S_2 是录音按钮，接通（按下）为录音状态，切断（放开）即停止录音；D_2 是录音指示灯，录音过程中指示灯亮。扬声器最好采用 16Ω 的，也可以使用 8Ω 扬声器，其功耗和音量会有所增加。

二、语音录音门铃

此门铃有两种操作方式：它既可以作为向来访客人提供主人去向及联系方法等信息，又可以作为普通门铃使用。具体电路介绍如下。

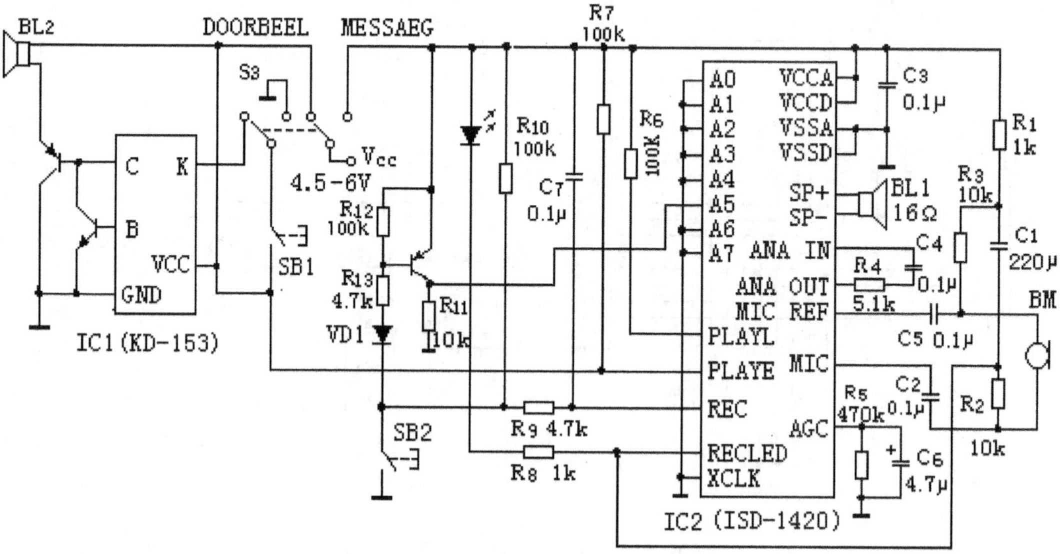

图 3-27 语音门铃电路

1. 主器件功能

KD-153 是“叮咚”音乐芯片。

ISD1420 的各管脚功能简述如下：A_0-A_7 为地址输入端；$V_{CC(D)}$ 为数字电路正电源端；$V_{CC(A)}$ 为模拟电路正电源端；$V_{SS(D)}$ 为数字地；$V_{SS(A)}$ 为模拟地；SP＋为扬声器正；*SP*-扬声器负（两端应配对使用）；XCLK 为外接时钟（可选）；ANA IN 为模拟音量输入端；ANA OUT 为模拟音量输出端；AGC 为自动增益控制；MIC 为驻极体话筒输入端；MIC REF 为驻极体话筒输入端；PLAYE 为边沿触发放音（上升沿与下降沿均可触发）；PLAYL 为低电平触发放音，维持低电平一次只放音一次；REC 为录音触发，低有效；REC LED 为录音指示接口；NC 是空脚。

2. 工作原理

本电路使用的是 ISD 芯片的分段录音方式，每一段可以单独录音，录音总时间为 20 秒。集成电路内部将存储区分为固定单元和可擦写单元两部分，即从地址 00000000 到地址 00011111 的区域为固定单元，它用来存储提示内容，如“您好，主人不在家中，这是他的留言”。这部分内容必须由制作者事先录好存入芯片。它是永久信息，在以后的使用中不会被用户擦除。从地址 00100000 开始的另一段区域为可擦写区，它用来存储留言信息。用户（主人或客人）可根据自己的情况进行留言，时间为 16s。当用户进行留言时，上次的信息就会自动被新内容所覆盖。

电路的分段操作是通过地址端 A_5 的电平变化来实现的（即放音操作时起始地址为

00000000，而录音操作时的起始地址为 00100000）。三极管 V_l 是地址端 A_5 的驱动开关，当开关 SB_2 被按下时，V_l 导通，集电极电流通过 R_{11} 使 A_5 置高电平，这种方法比直接用开关控制 A_5 接上拉电阻更为稳定。R_9、C_7 组成的积分电路通过时间常数 RC 来提供芯片地址建立所需要的延迟。当开关 SB_2 被按下时，V_1 被优先导通使 A_5 置高电平后。REC 端才逐渐达到低电平，这样就稳定地实现了分段录放的功能。

从录音到放音转换时需要一定的时间间隔，才能使放音触发起作用。

3. 元器件选择

该电路可使用电池供电，工作电压为 4.5～6V。BM 采用优质驻极体传声器，并用 0.1μF的电容器进行耦合。BL_1 选用 16Ω 的优质扬声器，此时输出功率约为 12.5W，如果手头没有 16Ω 的扬声器，也可用 8 的代替。此时电路的负载增大，发出的声音会更响亮，但音质会受到影响，有一定程度的失真，BL_2 则采用普通的 8Ω 扬声器便可。

4. 安装与使用

在焊制电路板时应注意：首先不要将二极管 VD_1 接入电路，待其他部分焊好后，将电路板接通电源，按下 SB_2 键录制固定单元的提示信息，录制完毕后，再将 VD_1 接入电路。这样固定单元的信息就被永久保存下来，用导线按原理图与电铃部分稍加连接后，将其装人体积合适的绝缘小盒内固定即完成了制作。

使用时，若双刀双掷开关 S 处于 DOORBELL 状态，则门铃部分工作，按下 SB_1 键，扬声器 BL_2 便可发出清脆的“叮咚”声。若 S 处于 MESSAGL 状态，则语音部分工作，主人按下 SB_2 键，待发光二极管 LED 亮后，便可进行约 16s 的留言。当客人登门拜访时，按下 SB_1 键，门口的扬产器 BL_1 就将提示部分和主人留言一并放出。

三、100MHz 载波 ASK 调制电路

1. 调制电路组成及工作原理

100MHz 载波 ASK 调制电路是实现在脉冲信号控制之下 100MHz 载波束输出，其电路如图 3-28 所示，由 100MHz 载波产生电路、TTL 电平整形电路、ASK 调制电路、放大电路等组成。

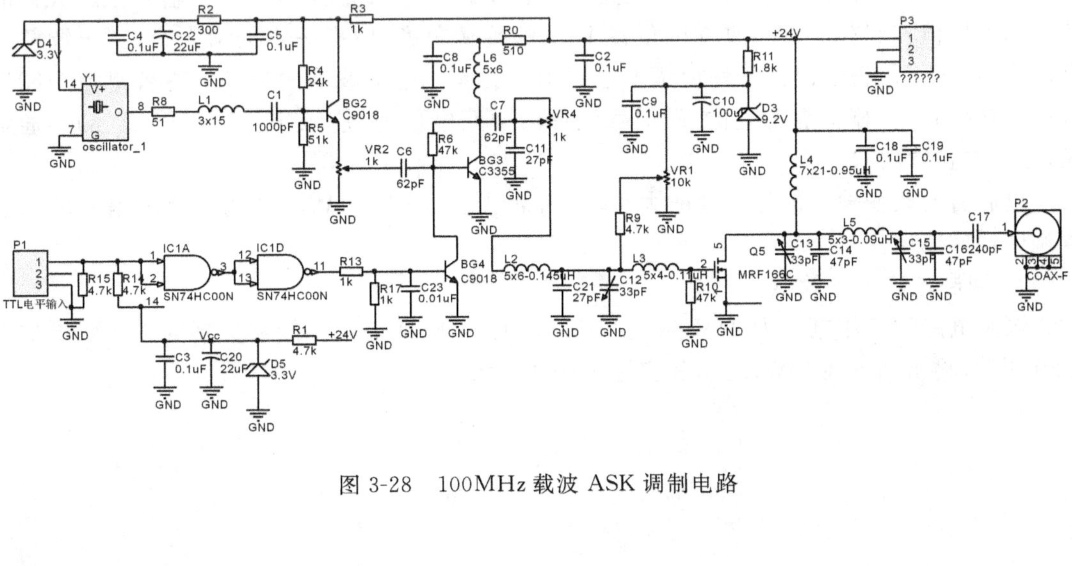

图 3-28　100MHz 载波 ASK 调制电路

100MHz载波由有源晶体振荡器产生，以获得频率稳定的载波信号，同时也简化电路结构。采用与非门器件对输入的TTL脉冲信号整形与隔离。三极管BG_4用于ASK调制；三极管BG_3用于信号幅度放大；功率管Q_5用于功率放大，其输出谐振网络由组成C_{13}、C_{14}、L_5、C_{15}、C_{16}组成π形结构，配合50Ω负载；电感L_4是扼流圈，组成并联型馈电结构。

有源晶振产生的高频信号经过射极输出器隔离，并由电位器VR_2调整输出信号幅度，要求输入至第一放大级的信号峰值小于0.5V，才有可能进入完全关闭状态。ASK调制方式是利用输入的脉冲信号调整第一级放大管的静态设置值，实现开、关变化。当输入脉冲处于高电平时，三极管BG_4饱和导通，三极管BG_3基极对地短接，第一级放大管BG_3被关闭；当输入脉冲处于低电平时，三极管BG_4截止，三极管BG_3基极电位按原电路设置，第一级正常放大载波信号。即所谓的正极性调制。

电路中微功率部分的三极管采用C9018高频管；功率放大电路前一级的推动电路采用C3355小功率射频管，TO-92封装，其引脚排列与普通三极管不同，中间引脚是发射极；功率放大电路采用MRF166C大功率场效应射频管。

在绘制PCB图时，要注意功率电路的地线与小信号电路的地线分块布局。

2. 电路工作状态调整

调制电路的放大部分为谐振型放大器，为了使得功率放大电路有比较高的工作效率，功率放大管的静态应该设置在截止区，使得载波信号的导通角小于90°。具体的截止深度应该视输出信号幅度而定，因此在电路中设置了电位器VR_1，随时可以改变功率管静态设置情况。VR_4接成可变电阻结构，用于输出信号幅度大小的调整。

电路工作状态调整过程中，首先调整放大电路的谐振状态。为了防止调整前功率电路功率损耗过大，先在小幅度信号下测试。断开晶体振荡信号，改为高频信号源输入，接入51Ω负载电阻，用示波器观察负载电阻上的信号幅度，改变电位器VR_1，使得功率放大器有小幅度信号输出。用人工扫描的方式测量放大电路的幅频特性，找出谐振频率点；再将信号源频率固定在100MHz频率上，改变电感线圈L_6、L_2、L_3、L_5的疏密和可变电容器C_{12}、C_{13}、C_{15}的容量，使得输出信号幅度最大；然后接入晶体振荡信号，在小幅度下再做一次谐振频率调整。

在进入正常的谐振放大后，调整电路工作状态。调整电位器VR_2使得输入至放大器的信号幅度峰值控制在0.4V，改变电位器VR_4的旋转角度，留有一定的增大余地，再调整流器电位器VR_1，使得输出信号峰值幅度达到15～20V。用示波器的另外一踪置直流功能测量一下功率管Q_5栅极静态电位，即信号波形的中间电位值，应该小于功率管Q_5的导通电压，工作在正常的状态下。

以后若要改变输出信号幅度的大小，就调整电位器VR_4。VR_4作为最终的信号输出强度调整器件使用。

3. 调制电路工作效果

调制电路的工作电压为24V，额定负载为50Ω电阻性负载。能够达到的工作效果如图3-29所示，输出功率在2W以上，其实际工作效率大于50%。

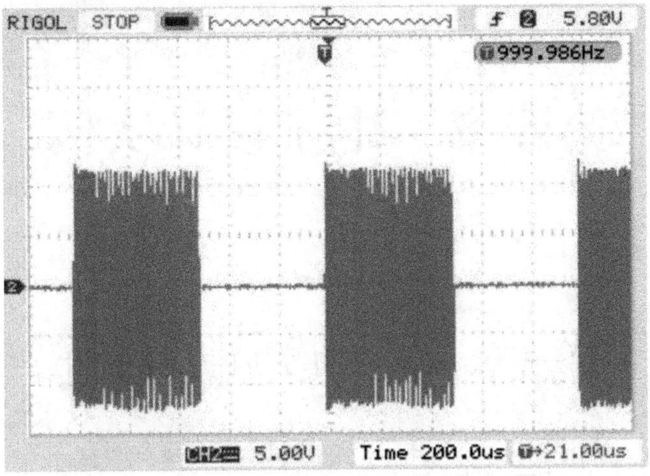

图 3-29 ASK 调制波形图

第四章 电子设计实例

第一节 D类功率放大器设计

一、D类功率放大器工作特点

问题的提出：在大功率放大器中，放大电路的效率是一个值得关注的参数。甲类（A类）功率放大器的效率最低，甲乙（AB类）类功率放大器的理想效率可达到78%，但实际电路不可能超过50%，效率还是不够高，因此，D类功率放大器就应运而生。

提高效率，就是要减少功率器件自身的功率损耗。器件的功率损耗为 $P_T=UI$。如果加电压 U 时把电流 I 减至最小，或者通电流 I 时将电压 U 降至最低，则 P_T 就可以降低。

所谓D类功率放大器，就是将音频信号转成脉宽变化的形式，再由脉冲放大器放大输出，然后通过低通滤波电路还原成音频信号。由于脉冲放大器工作在开关状态，电路本身的损耗只限于三极管（或场效应管）导通时饱和压降引起的损耗和元件开关损耗，适当选择元件，可以使得总损耗较小，因而电路工作效率较高。

这类方式的放大电路本身是工作在非线性状态。为了实现线性信号的传送，采用了PWM技术，即音频信号幅度的大小体现在脉冲信号的宽度中。脉冲宽度大代表音频信号幅度大；反之，脉冲宽度小则代表音频信号幅度低。对正弦信号进行调制载时，称为SPWM调制，调制后的脉冲宽度按正弦规律变化，如图4-1-1所示。

这类电路的损耗主要是开关器件的开关损耗和导通损耗。每一个开关管在每一个周期中都要开、关动作一次，损耗量的大小受器件性能制约。在器件性能确定后，为了进一步减少损耗，可以采用SSPWM型调制方式。所谓SSPWM调制，是指对正弦信号进行单边调制，其理想的工作波形图如图4-1-2所示。在正弦信号的一个周期内，只有一半的开关元件处于开关工作状态，理论上可以使原功率电路的开关损耗减小一半。

D类功率放大器的输出以全桥驱动为宜，这样在有限的工作电源电压下，可以获得最大的输出功率。在输出电路中，还需要连接 LC 低通滤波电路，以滤除高频脉冲信号，保留原来的音频信号输出，防止开关脉冲影响声音质量。低通滤波电路的阶数越高，滤波效果越好，一般都采用二阶以上的滤电路。目前，只有在开关频率特别高的小功率D类功率放大器中，省略了后续的滤波电路。

作为一种新型的高效率放大器，目前已有多种型号的专用D类功率放大集成电路推出。如TDA7480、TDA7481、TDA7482、MAX9714、MAX9712（配耳机用）等。此类电路将脉宽调制电路（PWM）和功率放大电路集成在一起，只需外接低通滤波电路即可。这类电路

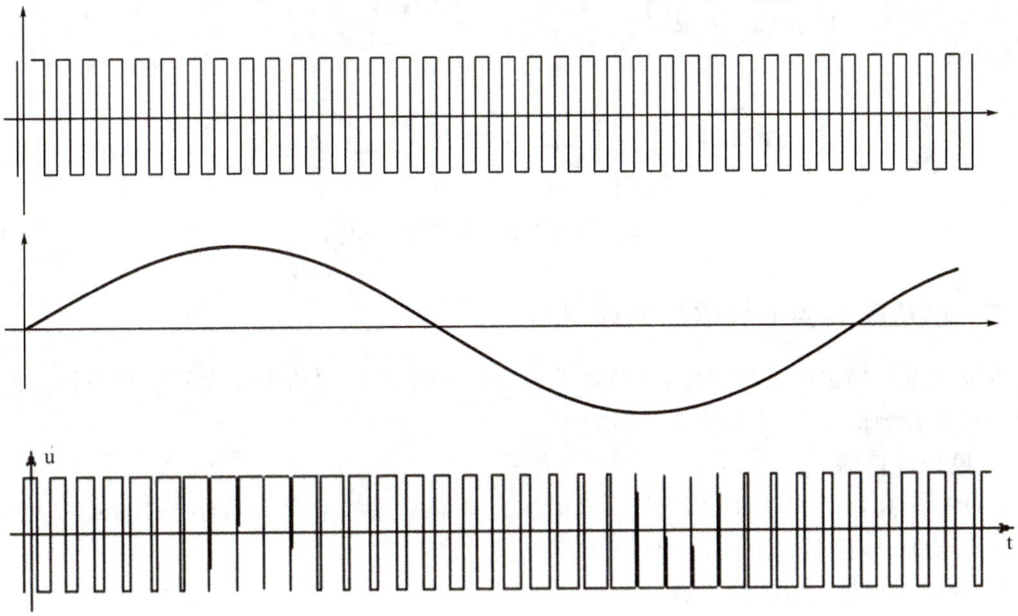

图 4-1-1　SPWM 波形图

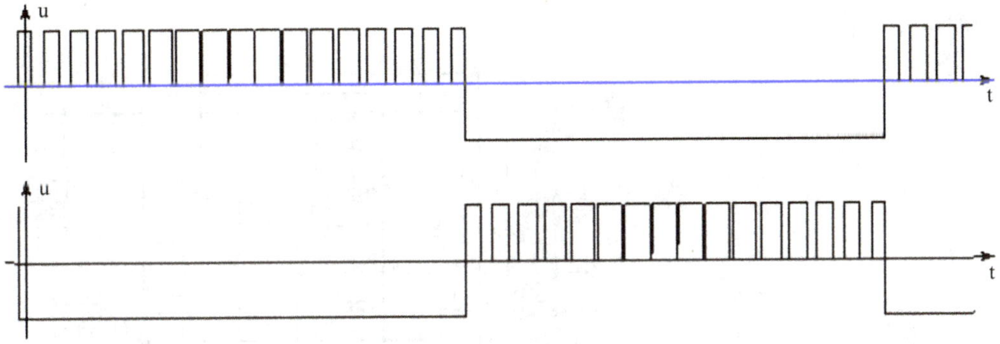

图 4-1-2　SPWM 波形图

具有输出功率大，电路简单等，特别适合于大屏幕彩电的输出、车载立体声系统、多媒体电脑功放、音响系统中的重低音输出等。

除了采用集成 D 类功率放大器外，也可以采用全分立器件组合而成，电路由锯齿波发生器、脉宽调制电路，脉冲功率放大电路、低通滤波电路四部分组成，可以输出更大功率，如图 4-1-3 所示。此类电路制作复杂，调试困难，失真大，但作为对各类电路工作原理的学习有一定价值。

D 类功率放大器的两个关键电路是脉冲功率放大电路和 PWM 调制电路。脉冲功率放大电路一般采用桥式结构。

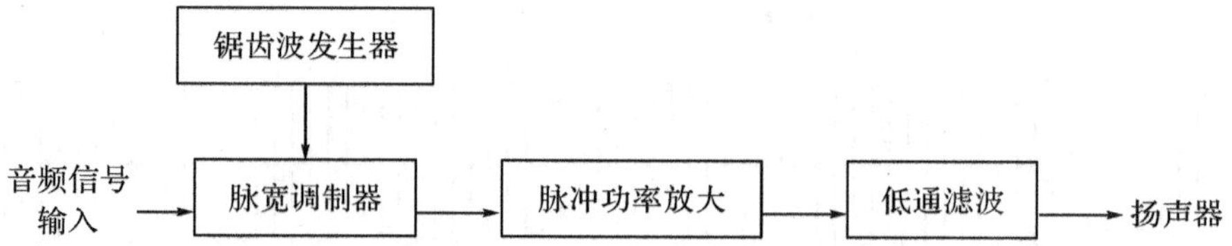

图 4-1-3　D类功率放大器组成框图

二、小功率 D 类放大器的设计

本节依据所提出的设计目标,从原理上入手分模块对 D 类功率放大器进行设计。既达到线性传输音频信号,又有较高效率的目的。

1. 设计计目标

设计一个高效 D 类功率放大器,供电电压为单 18V,输入信号幅度小于 100mV,上限截止频率 10kHz,输出负载阻抗 8～4Ω。

2. 脉冲功率放大电路的设计

脉冲功率放大电路是 D 类功放的主要电路。为了能够充分利用供电电源的电压值,一般采用对称桥式输出电路,以便充分利用电源电压值达到最大幅度输出,详细参见第二章第五节内容。这里的工作电压较低,小于场效应管的栅极耐压,可采用电路比较多。

功率电路结构

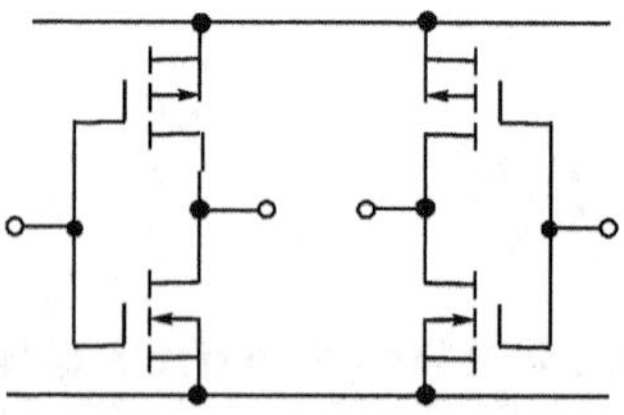

图 4-1-4　互补桥电路基本模型

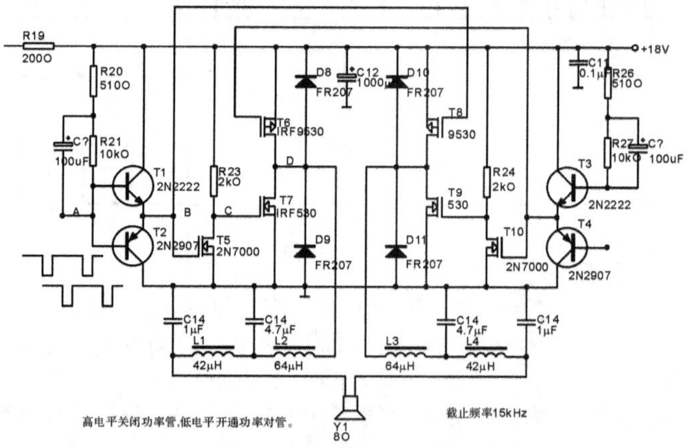

图 4-1-5　互补桥式功率电路

在设计桥式功率电路驱动时,还有一个重要的问题需要考虑,就是如何留出死区时间?这一点需要在 PWM 波形成时加以处理。

3. 功率输出滤波电路

功率输出滤波电路往往工作在大电流状态下,要求其自身损耗小,频率分界尽量显著。因此,只能采用高阶无源 *LC* 滤波器。对于输出正弦信号时,还要考虑减小其谐波失真。音箱中分频器就是一种低损耗滤波器。

(1)采用二阶 *LC* 低通滤波器,如图 4-1-6 所示。

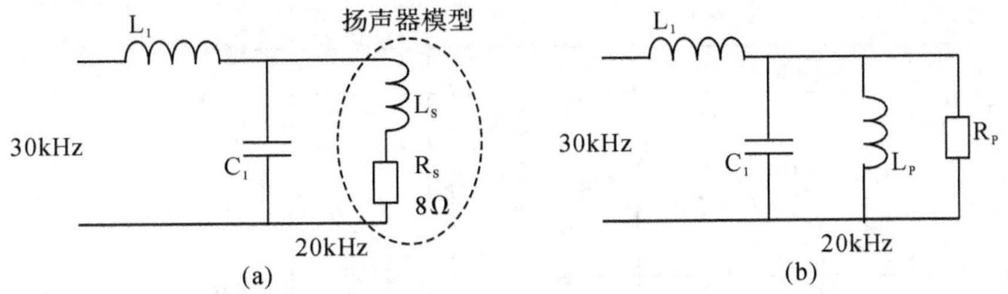

图 4-1-6　LC 低通滤波器

该滤波器起码有二个谐振频率：C_1、L_S、R_S 组成的并联谐振频率 f_1，总体的一个串联谐振频率 f_2。要使 f_2 存在，必须使 C_1、L_S、R_S 组成的电路阻抗特性呈现容性。一般将图 4-1-6(a)等效成图 4-1-6(b)结构进行计算。其中并联谐振网络的谐振频率应该远低于输入信号频率，如输入频率为 30kHz 时，并联网络的谐振频率取为 20kHz。

(2)采用四阶巴特沃斯 LC 滤波器，如图 4-1-7 所示。

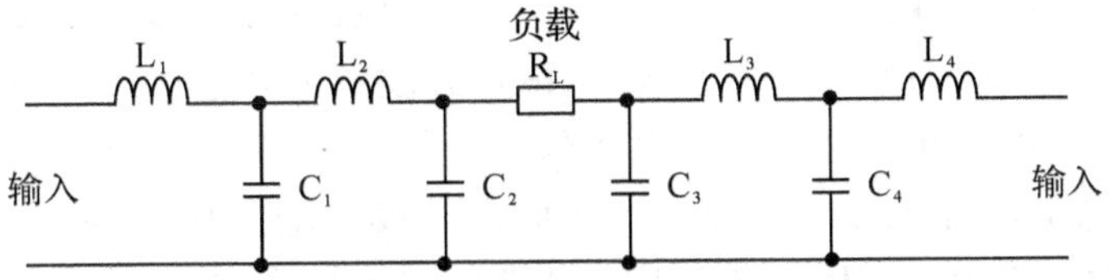

图 4-1-7　四阶巴特沃斯滤波器

四阶巴特沃斯 LC 滤波器如图 4-1-7 所示，配合对称输出电路分为左右两组。

其中 $L_1=L_4=0.71\times\dfrac{R_L}{\omega_0}$，$L_2=L_3=0.54\times\dfrac{R_L}{\omega_0}$，$C_1=C_4=\dfrac{3.15}{R_L\omega_0}$，$C_2=C_3=\dfrac{0.76}{R_L\omega_0}$。

对于截止频率为 20kHz 设计。负载阻抗设为 8Ω，$L_1=L_4=45\mu\text{H}$，$L_2=L_3=34\mu\text{H}$，$C_1=C_4=3.1\mu\text{F}$，$C_2=C_3=0.8\mu\text{F}$。其中 L_1 与 L_4 在 $\varphi 27$ 黄白色铁粉芯磁环上绕 19 匝，实测 $34\mu H$；L_2 与 L_3 在同样的铁粉芯磁环上绕 16 匝，实测 $23\mu\text{H}$。

表 4-1　四阶巴特沃斯 LC 滤波器归一化参数组合

截止频率 kHz	负载阻抗	L_1/L_4 (μH)	L_2/L_3 (μH)	C_1/C_4 (μF)	C_2/C_3 (μF)	
20	8Ω	45	34	3.1	0.8	
15	8Ω	63	43	4.7	1.0	
10	8Ω	90	69	6.2	1.5	

4．PWM 电路

(1)三角波产生电路

PWM 波是采用电压比较方式实现。为了达到脉冲宽度的线性调制目的，要求线性的三角波参与电压比较。至于三角波是否对称，对脉冲宽度调制的线性度并无影响。本方案中三角波产生电路由二个运算放大器构建而成，如图 4-1-8 所示。为了适合单电源工作，用电阻 R_1、R_2 和 C_1 给运算放大器输入端设置了中间值电位。

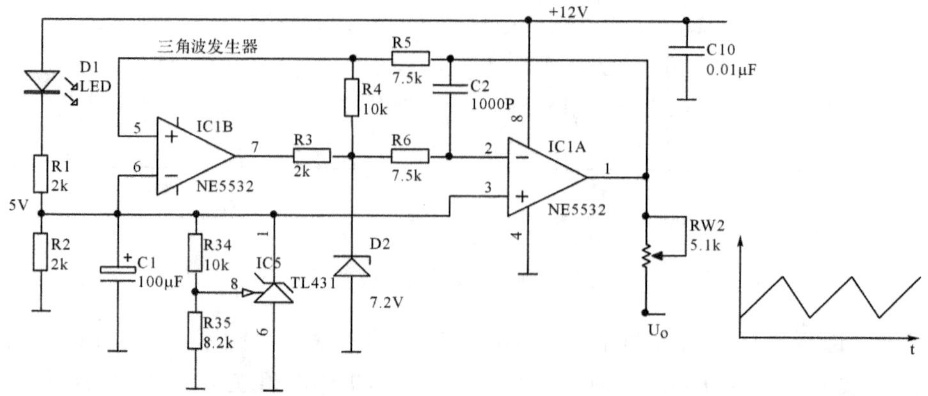

图 4-1-8 方波—三角波产生电路

IC_{1A}输出三角波，三角波信号输出的幅度受 R_4、R_5 控制，即 R_4、R_5 决定三角波的二个峰值电位高低。IC_{1B}输出方波，其幅值不能由运算放大器自身精确控制，特别是最高电位会受电源电压影响，因此加入稳压二极管 D_2，以恒定方波的最高电位，从而使振荡器的振荡频率不受电源电压波动的影响。考虑工作电压的大小和二极管本身的温度稳定性，选用 7.5V 稳压管(6.2 管更稳定，但稳压值不够高)。考虑运算放大器工作条件，由 D_1、R_1、R_2、C_1 组成的电路设置基准电压 U_{REF}，为运算放大器提供中间值的参考电位，这里设为 5.0V。R_6、C_2 间属于恒流充、放电方式。

三角波的电压幅度决定了被调制音频信号的最大幅度，是一个重要的设计参数。三角波的峰值计算如下：

运算放大器 NE5532 的第 5 脚、第 2 脚和第 3 脚电位被控制在 5.0V。当 IC_{1B}输出高电位时，通过 R_6 向电容 C_2 充电，IC_{1A} 输出端电位下降，形成三角波的下降段。直到最低值 U_L，此时必定有：

$$\frac{R_5}{R_4+R_5}(7.5V-U_L)+U_L=5.0\text{V}$$

$$U_L=\frac{5.0(R_4+R_5)-7.5R_5}{R_4} \tag{4-1}$$

若取 $R_4=R_5=10k$，IC_{1A}输出端最低电位 U_L 为 2.8V。此电位值在运算放大器输出最低电位 1.3V 以上，属于运算放大器的线性范围之内。

此后情况发生逆转，IC_{1B}输出低电位，通过 R_6 向电容 C_2 反充电，IC_{1A}输出端电位上升，形成三角波的上升段。直到最高值 U_H，此时必定有(设运算放大器输出低电位 U_- 为 1.3V)：

$$\frac{R_3+R_4}{R_3+R_4+R_5}(U_H-1.3)+1.3=5.0\text{V}$$

$$U_H=3.7\times\frac{R_3+R_4+R_5}{R_3+R_4}+1.3 \tag{4-2}$$

以上计算忽略了电容 C_2 充电电流影响。若取 $R_3=2k$，IC_{1A} 输出端最高电位 U_H 为 8.1V。此电位值在运算放大器输出最高电位以下，也属于运算放大器的线性范围之内。

三角波的峰一峰值为 8.1V－2.8V＝5.3V。实际测量 IC_{1B} 输出三角波的动态范围为 2.0V－8.0V。

三角波的频率计算如下：

向右的充电电流为 $(U_D-U_{REF})/R_6$，电容的充电电压值为 (U_H-U_L)。根据关系式 $Q=C_2U$ 可以导出充电时间为

$$t_1=\frac{(U_H-U_L)C_2}{(U_D-U_{\mathrm{REF}})/R_6}=\frac{\left((U_{\mathrm{REF}}-1.3)\dfrac{R_3+R_4+R_5}{R_3+R_4}+1.3-U_{\mathrm{REF}}\dfrac{R_4+R_5}{R_4}+U_D\dfrac{R_5}{R_4}\right)C_2}{(U_D-U_{\mathrm{REF}})/R_6}$$

$$t_1=\frac{\left((U_{\mathrm{REF}}-1.3)\dfrac{R_3+R_4+R_5}{R_3+R_4}+1.3-2U_{\mathrm{REF}}+U_D\right)C_2}{(U_D-U_{\mathrm{REF}})/R_6}=2.4R_6C_2 \tag{4-3}$$

向左的充电电流约为 $U_{REF}/(R_3+R_6)$，反充电时间约为：

$$t_2=\frac{(U_H-U_L)C_2}{U_{\mathrm{REF}}/(R_3+R_6)}=\frac{\left((U_{\mathrm{REF}}-1.3)\dfrac{R_3+R_4+R_5}{R_3+R_4}+1.3-2U_{\mathrm{REF}}+U_D\right)C_2}{U_{\mathrm{REF}}/(R_3+R_6)}$$
$$=1.06(R_3+R_6)C_2 \tag{4-4}$$

三角波周期为 $T=t_1+t_2=3.46R_6C_2+1.06R_3C_2$。若要使三角波频率达到 30kHz，取 $R_3=2\text{k}\Omega$，$C_2=1000\text{P}$，则 $R_6=9\text{k}\Omega$。实际 R_6 也可以取为 10kΩ。实际频率值远比理论值低，除了以上是采用近似计算之外，还存在运算放大器 NE5532 电压翻转的滞后效应造成振荡周期变大。每半周期滞后 2μs。三角波的顶角呈现弧形是方波输出中的电压变化率不够快所至。

以上可见，这一电路的元件参数确定方法是：①根据稳压管供电电流的需要，确定 R_3 参数；②根据三角波输出幅值的需要确定 R_4、R_5 参数；③根据三角波频率确定 R_6、C_5 参数。

(2)SPWM 调制电路

SPWM 电路是针对于正弦信号的 PWM 调制，即调制信号是正弦波，只要用一个电压比较器就可以方更地实现，如图 4-1-9 所示。当电压比较器同相端输入三角波电压信号，反相端正弦电压信号，电压比较器的输出就是脉冲宽度随正弦信号电压幅度变化而改变的脉冲调制信号。若反相端输入三角波电压信号，同相端正弦电压信号也一样可以 SPWM 调制，只是形成负极性脉冲。调制的线性指标主要取决于三角波的线性度，其次也于脉冲信号传输通道的延迟时间相关。

(3)SSPWM 调制电路

SSPWM 指调制信号正负半周分别进行独立的正弦脉冲调制，其提出的思想基础是减少开关管的开关次数。调制时，必须有二个脉宽调制器分时工作，调制信号可以共用一路分别输入两个电压比较器的同相端和反相端，三角波信号分作二路分别输入两个比较器的另两个同相端和反相端，其中一路的三角波平均电压在基准电压以上，另一路的三角波平均电压在基准电压以下。最终输出两组单极性宽度可变的脉冲信号。

正极性调制方案

正极性调制方案是指调制信号(正弦波)的电压幅值增大时，高电平宽度也随之增大，即占空比增大。理想情况下调制特点如图 4-1-10 曲线所示。是将输入至比较器同相端的三角波的上峰电位置于正弦波的平均电位上，三角波电平高于调制信号电平时，输出高电平；

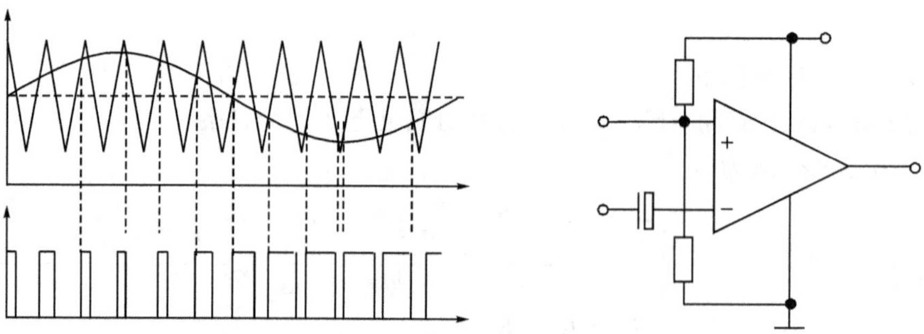

图 4-1-9　SPWM 调制电路

反之，输出低电平，调制信号的正半周一直输出低电平；而将输入至比较器反相端的三角波下峰电位置于正弦波平均电位上。三角波电平低于调制信号电平时，输出高电平，反之，输出低电平，调制信号的负半周一直输出低电平。

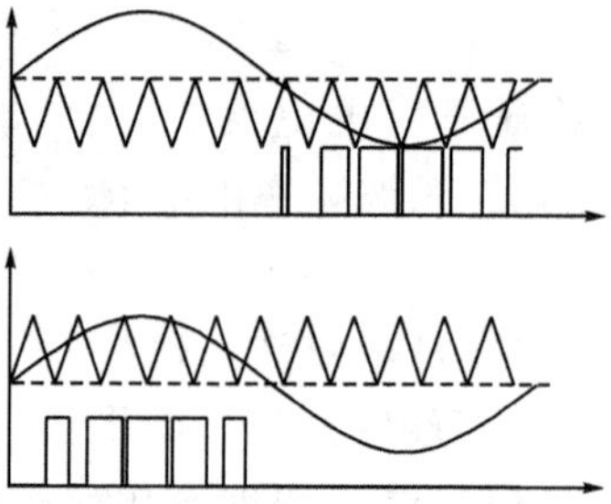

图 4-1-10　正极性 SSPWM 曲线

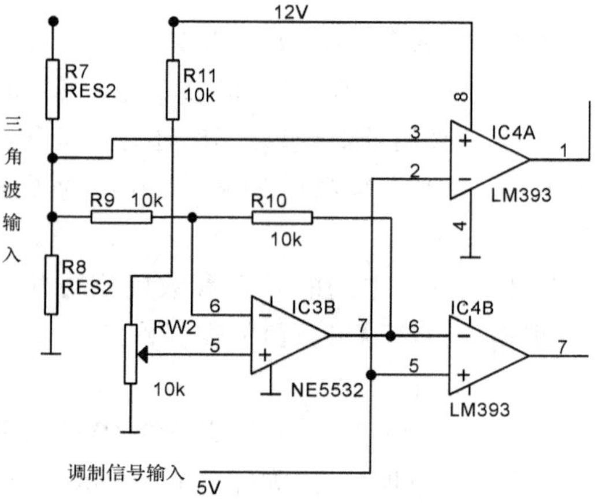

图 4-1-11　正极性 SSPWM 电路

负极性调制方案

正极性调制方案是指调制信号(正弦波)的电压幅值增大时，高电平宽度也随之减小，即占空比减小。这种设计方案就求将输入至比较器反相端的三角波平均电位置于基准电位以下，而将输入至比较器同相端的三角波平均电位置于基准电位以上。造成调制信号(正弦波)的电压增大时，低电平宽度也随之增大。理想情况下调制特点如图 4-1-12 曲线所示。

这种设计方案同样可以输出调制信号，只是输出脉冲极性反相而已。

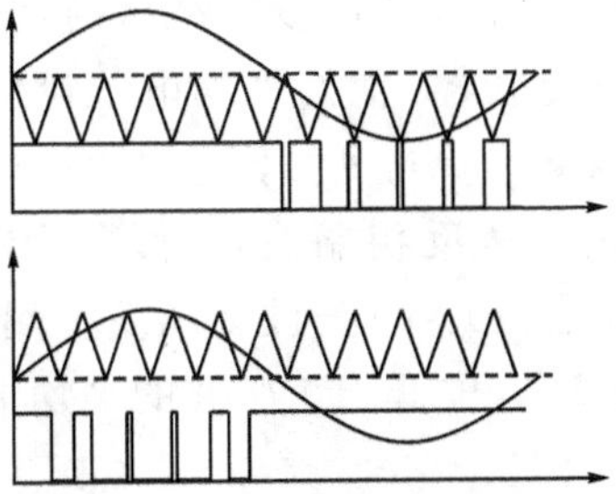

图 4-1-12　极性 SSPWM 曲线

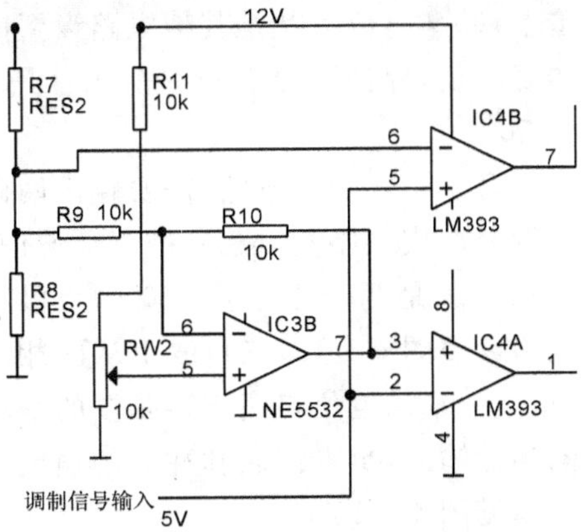

图 4-1-13　极性 SSPWM 电路

交越失真问题

由于调制信号的正负半周分别进行调制，就有可能存在正负半周交越期间没有得到正常调制的情况。以上 SSPWM 方案是要求三角波的峰点电位与基准电位正好相等情况的理想，但实际上三角波的峰点电位与基准电位完全一致几乎是不可能的。当各路基准电压设置不一致时，会出现二种情况：相重叠，如图 4-1-14(a)所示；相分离，如图 4-1-14(b)所示。

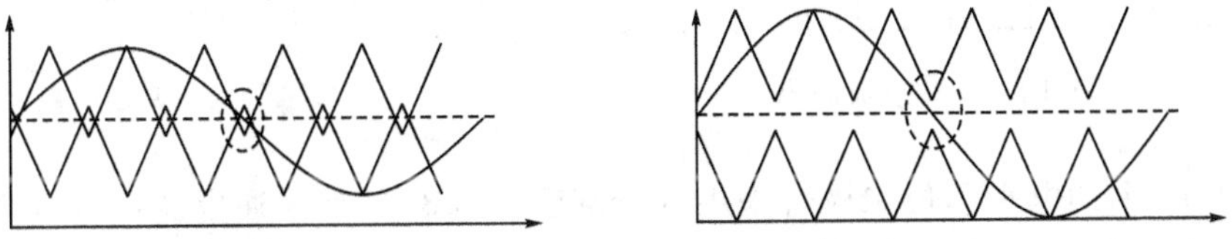

(a) 相重叠无交越失真　(b) 相分离有交越失真

图 4-1-14　调制电位对交越失真的影响

图 4-1-14(a)情况下会在调制信号过零点附近两路调制脉冲均有输出，只是脉冲宽度随调制信号的幅度而变化，不影响输出声音效果，体现为无交越失真；图 4-1-14(b)情况下会在调制信号过零点附近均无脉冲输出，此时刻在负载上送不出信号电压，表现为交越失真，重放音乐时听不到弱信号的声音。为了不失真，各路基准电压设置时宁可相重叠调制，不可相分离。

SSPWM 的其他问题

排除理想的 SSPWM 方式，实际只能工作在重叠方式上。假设每一个半周的调制是线性关系，在单半周调制时脉冲宽度与调制电压成比例，当进入重叠区域时，要原比例关系上加入另一个半周的脉冲，起到输出能量的抵消作用，会破坏原有的比例关系，仍然会造成非线性的结果，即重叠区域与非重叠区域的比例关系不等，最终造信号成失真。由此可见，虽然 SSPWM 能够减少开关损耗，但信号失真比较严重。对非线性失真指标有要求的对象，不是一个合适的调制方法。

(4)SPWM 方案的实现

实现负极性(低电平脉冲)调制的电平关系和电路结构。

为了提高信号传输线性度，采用 SPWM 方式，将三角波和调制信号(正弦波)均叠加在基准电位上,基准电位值就是其他电路设置的参考电压值(5V)。三角波的峰峰值略大于调制信号的峰峰值,保证脉冲信号占空比总是小于100%。当时正弦信号过零点时调制脉冲占空比为50%。

为了配合全桥式功率电路,需要输出两路调制脉冲。同时,考虑设置死区时间的需要,采用二极管分离成二路相对独立的三角波信号输入电压比较器,他们平均电位设置得略有差异。驱动要求是两个相位差180°的负极性脉冲,可以同为高电平,不可同为低电平。脉冲形成电路参照图4-1-16,三角波1从同相端输入,正弦波从反相端输入,负责调制脉冲1输出;三角波的平均电位略高于正弦波的平均电位(基准电位)。三角波2从反相端输入,正弦波从同相端输入,负责调制脉冲2的输出;三角波的平均电位低于正弦波的平均电位。电位比较关系见图4-1-15。

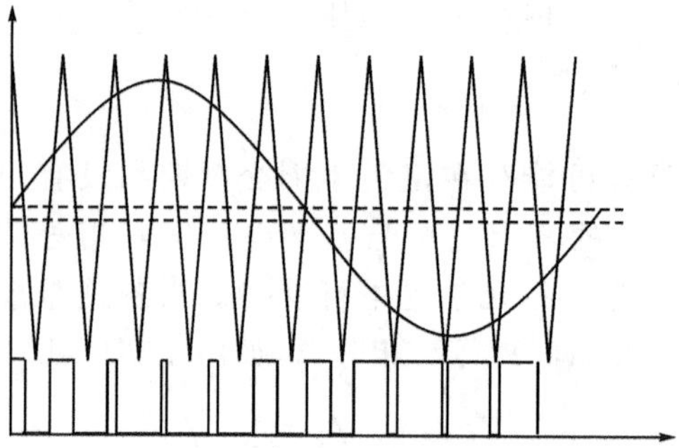

图4-1-15 脉冲形成原理

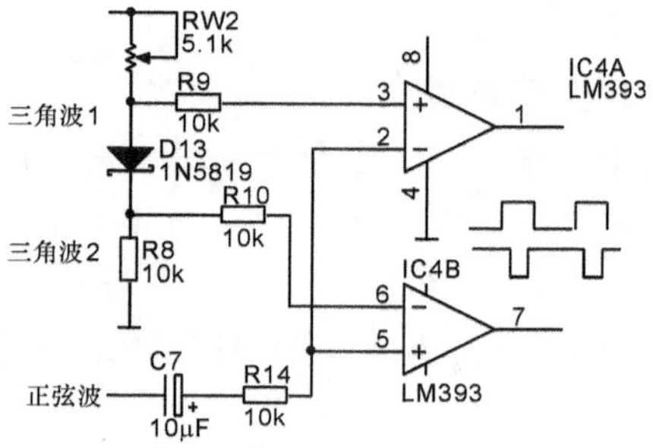

图4-1-16 脉冲调制电路

图4-11-16中的电平移位二极管采用肖特基管1N5819,其导通电压约为0.15V。若三角波的峰峰值取为3V,则死区时间为脉冲半周期的确1/20,对于33kHz的调制脉冲,死区时间约为0.75μs,开关管足够安全。若调制脉冲频率增大,电平移位二极管应该选用导通电压更大一些的器件,或者改变三角波幅度以达到足够的死区时间。

设置中固定正弦波的平均电位,微调三角波的平均电位,由电位器R_{W2}调整。至于信号幅值要在静态电位处理得当之后,改变正弦波放大器的增益进行配合。

图4-1-17是脉宽调制电路输出的两个负向脉冲相位关系。

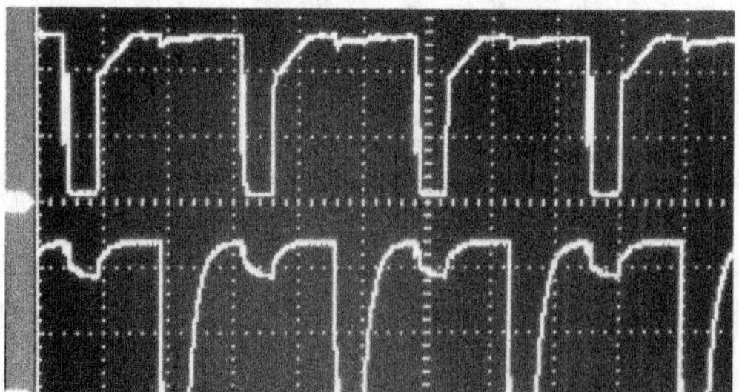

图4-1-17 PWM调制后的实测波形图

5. 音频前置放大电路

当输入音频信号幅度较小时，需要先进行放大。实现这一功能的电路称为前置放大电路。配合 3.0V 峰峰值的三角波，前置放大器输出的最大音频信号峰值不得超过 1.5V，否则会出现峰值切割失真。正常情况下，音频信号的峰值为 0.15V。因此，放大器的增益不必过高。以 MIC 作为声源输入，电压增益可以设为 30 倍；以线路输入为标准，电压增益可以设为 2 倍。当然，对于音量起伏较大的音乐，如交响乐等，需留出更大的动态变化裕量，还应该降低前置放大电路的电压增益。

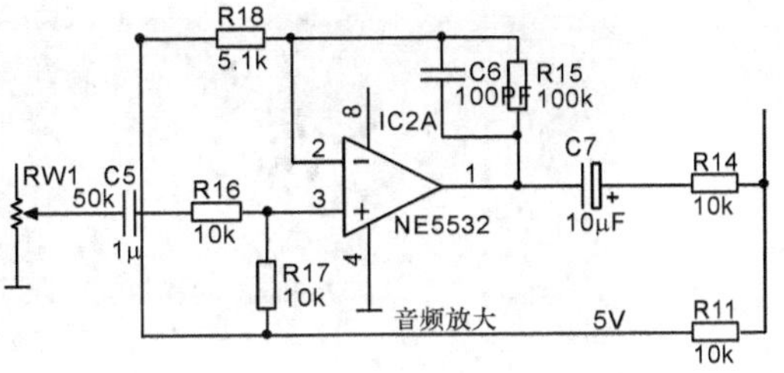

图 4-1-18 前置放大电路

6. 小功率 D 类放大器总电原理图

图 4-1-19 是一款完整的小功率 D 类放大电路总原理图，包含音频信号前置放大电路、三角波形成电路、脉冲调制电路、脉冲驱动电路、桥式功率电路等。

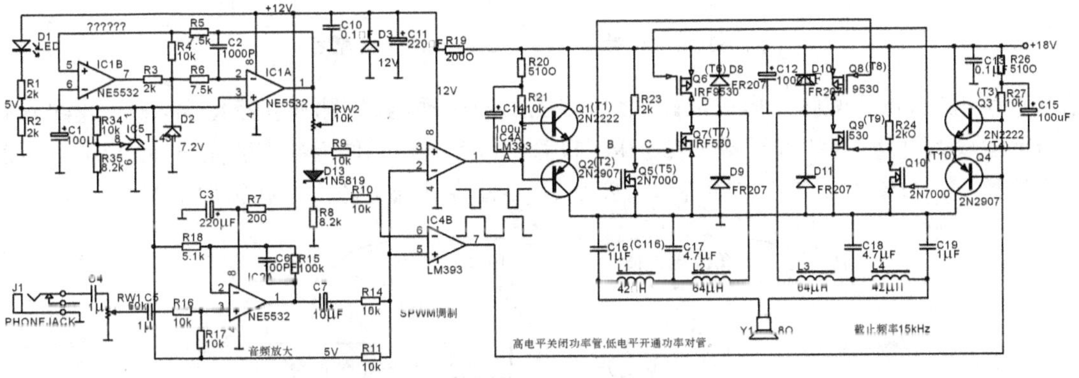

图 4-1-19 小功率 D 类放大电路总原理图

在连接各单元电路时，电源供电采用了二级 RC 滤波，分作三部分：脉冲功率电路为供电电压最高，预定为 20V；PWM 电路的电压由稳压二极管限制在 12V；前置放大电路的电压通过 RC 电路降至最低，具体电压值没有严格要求。在前置放大之后，接入了音量电位器。

三、小功率 D 类放大器的制作与测试

1. 电路装配与调整

在完全理解 D 类功率放大电路的工作原理之后，可以对照原理图在成品线路板上逐个安装元器件。输出滤波电路不在这一电路板上，击破要另外加装。安装过程只有两个要求：一是不能用错元件，如元器件放错位置等；二是焊接点整洁、可靠。否则检查故障的工作将会很大。

各单元电路间的参数有一定依赖关系，电路的装配需要一个合适的流程。比如在明确三角波输出电压变化范围后，才能确定脉冲形成电路的元件参数。因此，一般先装配三角波

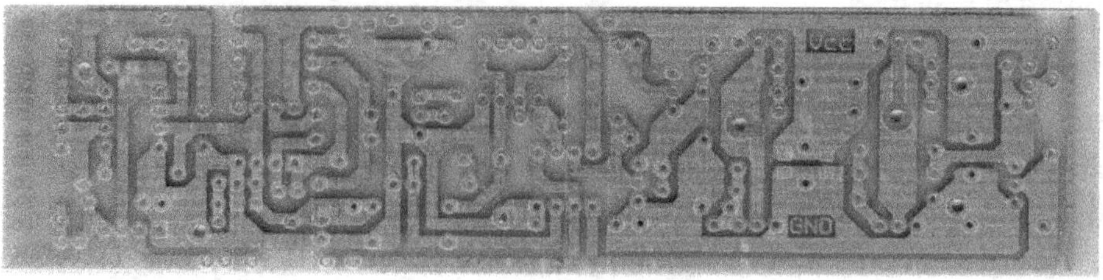

图 4-1-20 D类功率放大线路板之一

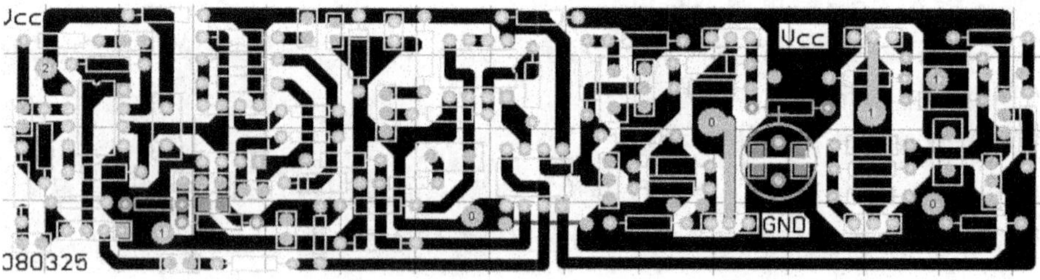

图 4-1-21 D类功率放大线路板元件位置图

信号产生电路，再装配脉冲形成电路，然后装配脉冲驱动电路、脉冲功率电路，最后装配音频信号前置放大电路。期间，不要安装稳压二极管 D_3，等电路元件全部安装完毕，通 18V 电压前再安装稳压二极管 D_3。稳压二极管 D_3 安装后，不能在前端电路上单独施加 12V 电压了。

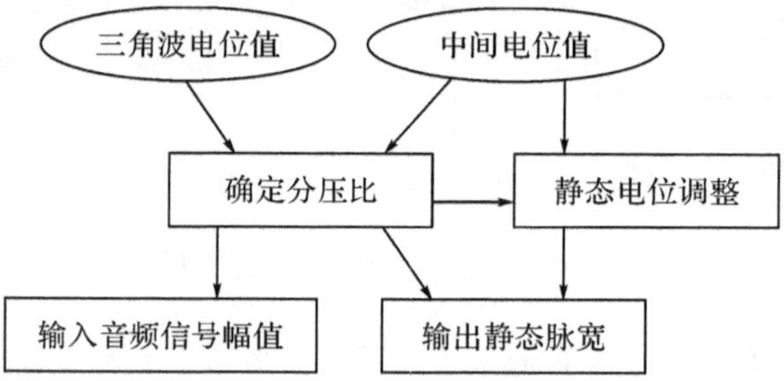

图 4-1-22 各功能电路制约关系

当三角波振荡器输出电压变化范围确定后，调整 R_7 与 R_8 比值，使得分压后最高电位处于 5V。接着安装反相电路和电压比较电路，并连接电压比较器输出端的上拉电阻 R_{20}、R_{21} 和 R_{26}、R_{27}，用示波器观察电压比较器第 1 脚的波形，应该看到较窄的负向脉冲。若没有负向脉冲，减小 R_8 阻值(或者增大 R_7 阻值)；若负向脉冲过宽，减小 R_7 阻值(或者增大 R_8 阻值)。

接着调整反相器的输出电压波动范围，目标是控制反相器输出三角波的下峰值为 5V。最后用示波器观察电压比较器第 7 脚的波形，应该看到较窄的负向脉冲。若没有负向脉冲或者负向脉冲过宽，均转动电位器 RW_2，使窄脉冲宽度尽量小。

PWM 形成电路是整个电路装配的关键点。前置音频放大电路电压增益确定的基本原则，是送至电压比较器的音频电压峰值不超过送至电压比较器的三角波的峰峰值。

2. 电路总测试

焊接完成后进行如下几个项目测试：

1）由稳压电源提供 18V 直流电压，测试功率电路、PWM 电路、前置放大电路的电源电位值是否正常。若有异常情况，检查原因修复故障，直至正常后进行下一步测试。

2）测试电压比较器的直流电位设置值，并做记录。

3）用示波器观察桥式电路输出端、桥式电路输入端、电压互感器比较器的两个三角波输入端、三角波发生器输出端的波形图，并做记录。图 4-1-23 是两者间典型的波形关系，其中运算放大器用作电压比较时存在明显的延迟效应，是实际频率与计算频率不相等的主要原因。

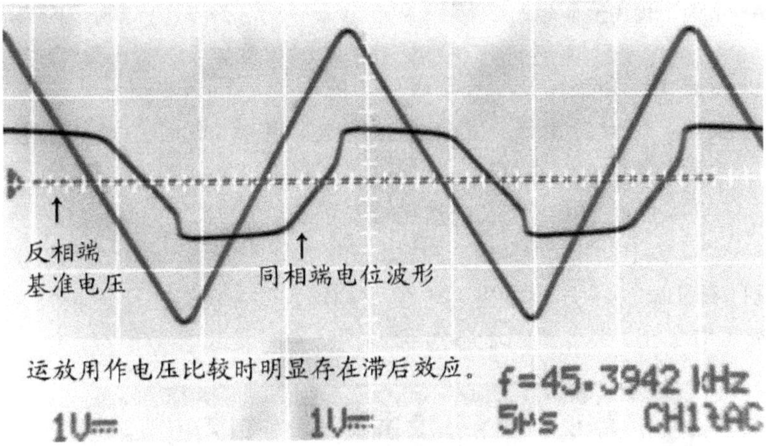

图 4-1-23 三角波振荡曲线

4）在不连接音量电位器的情况下，独立测试前置放大器的放大情况。

5）将 D 类功放电路连接完整，接上负载，用信号源输入 500～1000Hz 的音频信号，测试整机工作效果。

三角波振荡电路测试到的波形曲线应当与图 4-1-23 所示曲线相似。

3. 常见故障现象与分析

1）现象：脉宽调制电路芯片端口 7 脚无脉冲波输出。

原因 1：电压比较器第 5 脚三角波下峰点电位高于中间电位。或者是电位调整错误。

原因 2：电压比较器输出端没有接上拉电阻。

2）现象：连接脉宽调制电路后，原先正常的三角波降压值再度下降。

原因：直流电位基本不会下降。但针对于三角波成分，R_{10}、R_{12} 也在起分压作用，降低了三角波的峰峰值，使得上峰点电位降低。

修正：将电阻 R_7 的阻值再减小一些。

3）现象：三角波不对称，变成了锯齿波。

原因：定时电容充、放电时间不一致。7.5V 稳压管用错，或者是 5V 中间电位设置错误。

4）现象：电源指示灯不亮。

原因：指示灯支路相对独立，检查原因简单。主要有发光二极管损坏；发光二极管管短路；发光二极管反接；指示灯限流电阻（兼 5V 中间电位分压电阻）未连接完整等。

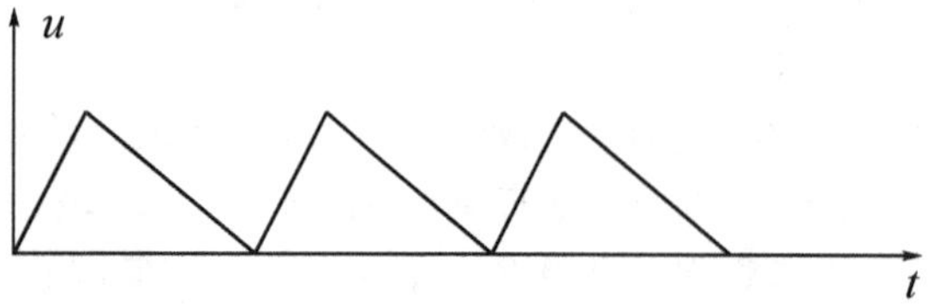

图 4-1-24 锯齿波曲线

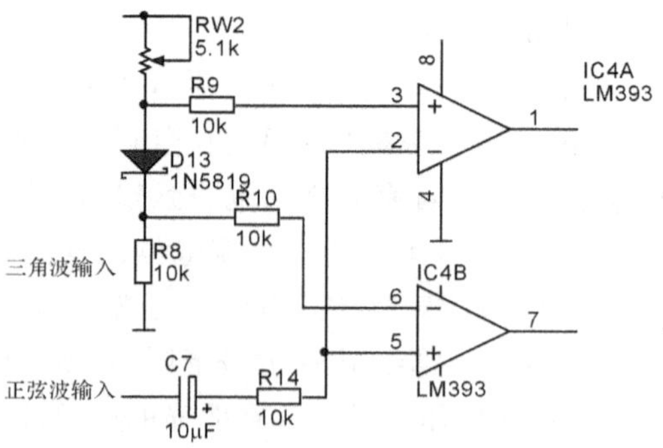

图 4-1-25 调制电路

5）现象：振荡器无三角波输出。

原因 1：5V 中间电位设置错误。可能是分压电阻用错，或者是安装了悬空的前置放大集成芯片。

原因 2：7.5V 稳压管极性接反，或者错用成 2.0V 稳压管。

检查步骤：测量 5V 中间电位是否正确；测量振荡器三角波输出端电位，与其输入端电位进行比较判别；测量振荡器方波输出端电位，与其输入端电位进行比较判别。

6）现象：音频信号正、负半周调制不对称。

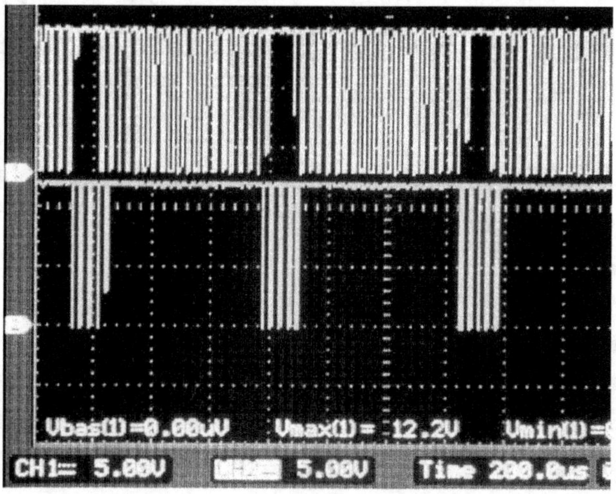

图 4-1-26 调制脉冲

原因：三角波的中心电位与正弦波的中心电位不一致。三角波的中心电位调整错误。

修正：正弦波的中心电位不可动，调整两个三角波的直流电位。先改变 R_7、R_8 电阻比，调整直送三角波的直流电位，使其上顶峰电平与正弦波中心电位一基本一致；再调整电位器 R_{W2}，使跟随器输出的三角波下顶峰电平与正弦波中心电位基本一致；最后改变正弦波的峰值，使其不超过三角波的峰峰值。

7）现象：通电时稳压电源保护（发出啪啪响声）。

原因：电路中有短路现象，如场效应管反向连接等。

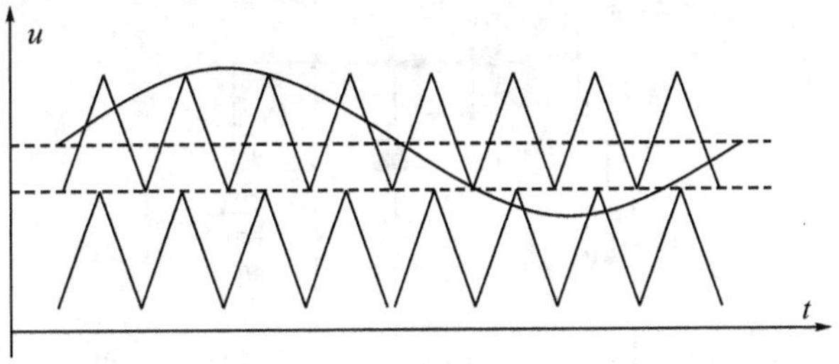

图 4-1-27　调制幅度关系

四、大功率 D 类功率放大器设计

设计目标：输出功率大于 100W，供电电压为单 80V，输入信号幅度小于 100mV，上限截止频率 5kHz，输出负载阻抗 8Ω～4Ω。

1. 低讯扰全桥式功率电路结构

若要增大放大器的输出功率，必须要提高功率电路的电压利用率，功率电路应该采用全桥式结构，如图 4-1-28 所示。增大功率后，其电磁干扰问题变得突出，需要加以解决。该电路中设置了 LC、RC 缓冲电路，具有降低开关噪声的作用，因此称为低讯扰全桥功率电路。

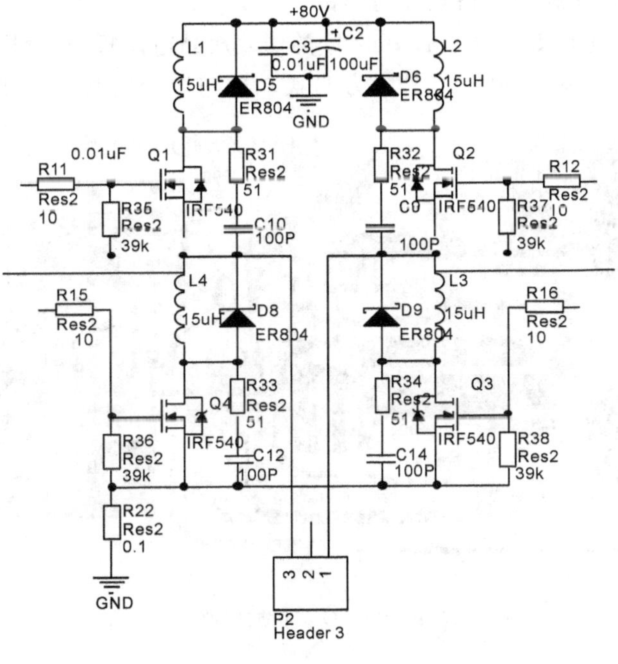

图 4-1-28　低讯扰全桥功率电路

2. 独立驱动电路结构

这是针对 IR2110 或 IR2111 芯片设置的供电电源电路。这类芯片除了正常的一路电源之外，还需要有一路为高输出脉冲供电的浮动电源，为了简化电路结构，这一路电源可以从基本电源中采用图 4-1-29 所示结构获取。当然，这一电路需要与桥式功率电路相配合。

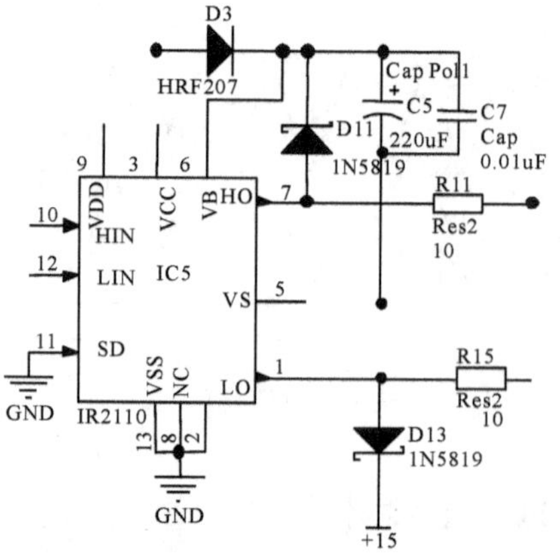

图 4-1-29 独立驱动电路

3. PWM 调制方式

这里的 PWM 调制方式无独立电路，而是采用大反馈延时自激励形式，直接输出利用低通滤波电路进行延时。这种结构的好处是简化电路的同时，对输出电压的幅值进行了校正，使得输出信号失真较小。

4. 大功率 **D** 类功率放大电路装配与调试

图 4-1-30 所示的电路是已经设计好的 D 类功放成品电路板，配合图 4-1-30 所示的电原理图。这里采用了逆变电路的图纸，是因为 D 类功放与逆变电路在工件原理上是相通的。

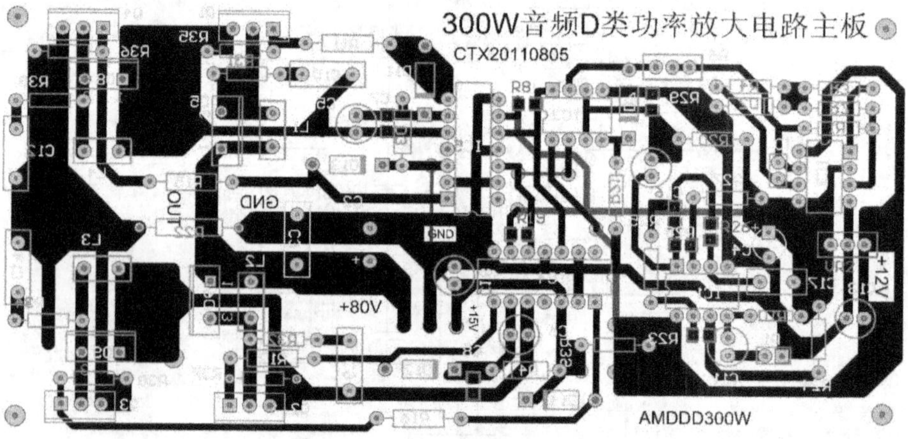

图 4-1-30 D 类功放电路板

4. 思考题

1）D 类功放中脉冲功率电路的死区时间是怎么形成的？

2）D 类功放中音频放大的线性问题是如何保证的？

3）D 类音频功率放大器的音频信号增益决定于什么电路？

4）D 类音频功率放大器的最大输出功率决定于什么？

5）调制信号的最大输入值决定于什么？

6）D类音频功率放大器与数字功放有关系怎样？

7）若20V电源输入正常，而PWM调制电路的电源电压只有2V左右，首要考滤的原因是什么？

8）桥式功率电路的驱动方式有哪几种？

9）如何消除SSPWM的交越失真？

10）两个比较器输出波形同相是何原因？

11）为何电压跟随器第2、3脚的电压10V？

12）为何无三角波输出，稳定在10V？

13）三角波输出波形下部切平是什么原因？

14）为什么三角波的输出频率只有4.3kHz？

15）比较器的第7脚是三角波，而第6脚无三角波？

16）指示灯不会亮的原因有几个？

第二节　正弦交流电源变换器设计

本设计项目是以PWM为核心一类设计，重点在于模拟信号的线性传输和对脉冲信号的处理，以达到较高的工作效率。

一、正弦交流电源变换器的设计目标

生活中电能的基本来源是交流电网，许多用电器的电能是从交流电网中转换获得，如充电器、音响功放、直流稳压电源等。而逆变电源则相反，是将低压直流转换成高电压交流的一个装置。简单的逆变电源为脉冲交流输出形式，正规的逆变电源是正弦交流输出形式。

1. 设计任务

设计一个能够输出100V/60Hz的正弦交流电源变换器，其输入电源标准为220V/50Hz。该电源变换器的输出功率要求在500W以上，总谐波失真小于10%，输出电压中基本无直流成分。在输入电源电压波动10%以内的条件下，输出电压波动也要小于10%。

2. 对设计任务的分析

设计任务中要求输出60Hz频率，就是避免使用变压器完成任务，只能采用逆变的方法实现。这一设计要求实际是一个逆变电源的设计。作为逆变电源的一般设计规律，先是将220V/50Hz交流电转换成所需的直流电压，再通过PWM调制的方式，输出正弦交流电压，如图4-2-1所示。而在调制、转换过程中或多或少地会存在一些非线性失真，因而，往往需要采用反馈技术对非线性失真进行纠正。至于逆变器的输出频率，完全由输入到PWM电路的正弦信号的频率决定，对于逆变电路而言，50Hz与60Hz没有区别。

这里的PWM调制应当采用SPWM调制，其最高输出电压略低于供电电压。也就是图4-2-1中DC-DC变换之后的电压应当略高于输出正弦交流是的峰值电压。对于降压变换，采用全桥输出电路，可以控制输出正弦交流电的峰值接近于输入的直流电压，电压利用率高，但驱动电路结构复杂。采用半桥电路输出，可以控制输出正弦交流电的峰值在输入直流电压值一半以下，电压利用率低，但驱动方式比较简单。100V正弦交流电的峰值电压为

图 4-2-1 逆变电源的构成框图

141V，而 220V 正弦交流电的从 220V 峰值电压为 311V，普通整流输出的直流电压约为 300V，已经是 141V 的两倍以上了。因此，采用半桥电路输出就可以完成逆变要求。从 220V 变换至 110V 时，可以省去 DC-DC 变换环节，这样可简化电路结构。根据这一思想，将本设计的构成确定为如图 4-2-2 所示的框架。

因为半桥型电路结构简单，采用半桥型逆变电路的产品也比较多。

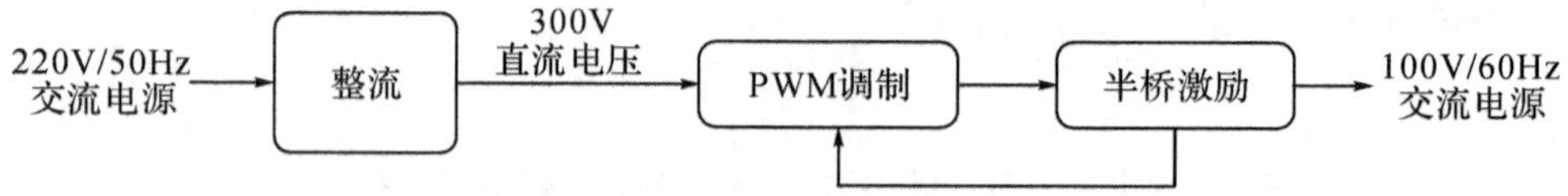

图 4-2-2 电源变换器的构成框图

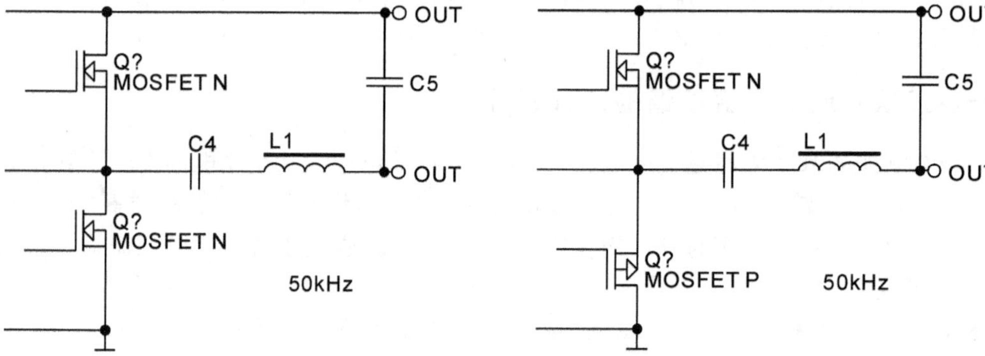

(a) 半桥式激励电路 (b) 互补式激励电路

图 4-2-3 逆变器激励电路比较

为了有足够大的电流输出能力，功率管采用增强型场效应管。功率电路有两类：一类是用同型号管子组成半桥式结构，如图 4-2-3(a)所示；另一类是用异型管组成互补式结构，如图 4-2-3(b)所示，需要正负电源供电，不符合设计目标。因此，采用全桥式结构，配合 IR2111 芯片等驱动。PWM 信号中既有高频分量，又有低频分量。为了有效传送低频分量，脉冲信号不能使用变压器耦合。

在半桥式逆变电路中，输出电压的利用率只能接近 50%。因而每一个相应的 PWM 波的占空比调整应该达到 1%～99%。这里不再采用 D 类功放电路的那种独立器件构成 PWM 电路，而改用集成电源器件，以简化电路结构。

集成脉宽调制器种类较多，有些在此不能适用，如采用 SG3525A 调制，其 PWM 波的占空比只能达 1%～49%。供电电压的利用率在 50%以下，即 300V 供电时，输出的峰值电压在 150V 以下，需要采用全桥驱动方式，才能输出所需要的 100V 电压值。另外，脉冲宽度调

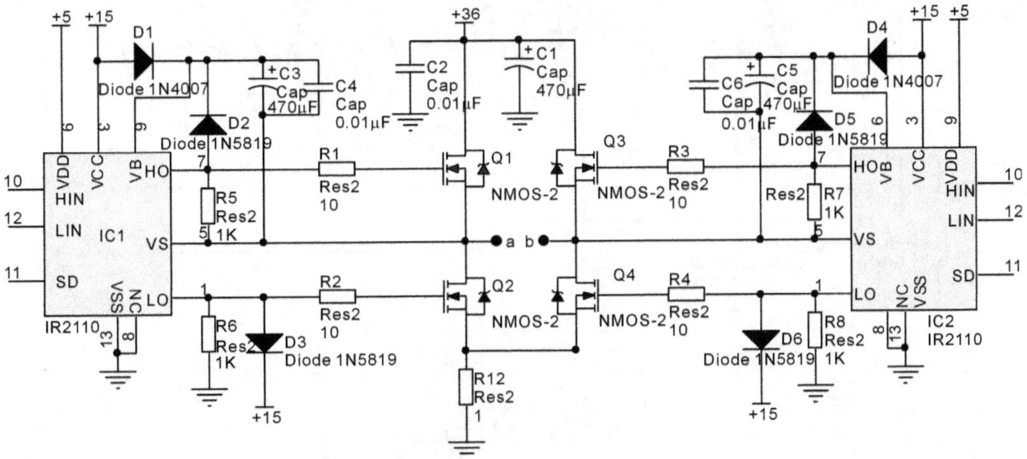

图 4-2-4　采用 IR2111 芯片的逆变电路

制中三角波或者锯齿波的线性度对输出失真度有较大影响，线性传递关系需要线性的锯齿波。SG3525A 中振荡产生的是非线性的三角波，用 SG3525A 进行 SPWM 调制的线性度也不理想。TL494 芯片的脉冲占空比调节范围为 0%～100%，内部锯齿波基本为线性波形，因此，可以用于 SPWM 调制。

二、开环式正弦交流电源变换器的基本组成

1. SPWM 电路

SPWM 电路是指正弦调制的电路。选用 TL494，是因为他的振荡器能产生线度较好的锯齿波，SPWM 调制就利用脉宽调制器 TL494 完成。

1)调制信号的正、负半周分别调制

TL494 的调制特征是：第 3 端口电平越高，输出脉冲宽度越窄。所谓 TL494 送出脉冲是指其内部的输出管导通。采用射极输出时，就是正脉冲。芯片内部有 5V 基准电压输出。

TL494 的内部 PWM 比较用的锯齿波电压峰值为 3.5V，对于正弦调制信号的全周期进行调制，只要将误差放大电路的入口静态电位设置到 1.75V，并且，送到第 3 端的正弦波电压峰值不要超过 1.7V 即可。

2)反馈电平对脉冲宽度的调整

逆变器的输出已经经过电容隔直流，无直流成分，需要自动控制的是交流分量的幅度。60Hz 正弦振荡电路采用模拟式实现，其幅度难以实时调整。以上的处理方式中有一个特征可以利用，就是送入脉冲比较器的正弦信号均叠加在 3.5V 直流电位上，而且调制规律是统一的，都是幅度往峰值变化，脉冲宽度增大。因此，可以将这二个直流电位设置电路合二为一，对逆变器输出的交流信号幅度取样后转成直流量，反馈至这一直流电位上，微调其直流电位值，改变 SPWM 信号的占空比，从而实现输出电压的自动调整。

3)消除最大占空比的限制

增加 PWM 调制电路输出的最大占空比，提高供电电压的利用率。

TL494 内部设置了一个占空比限制电压，使得其最大脉冲宽度只能达到 0.14T，即最

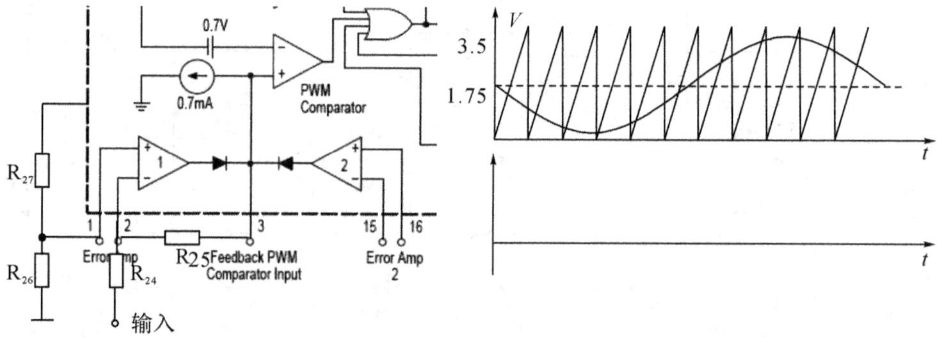

(a)　　　　(b)

图 4-2-5　全周期调制

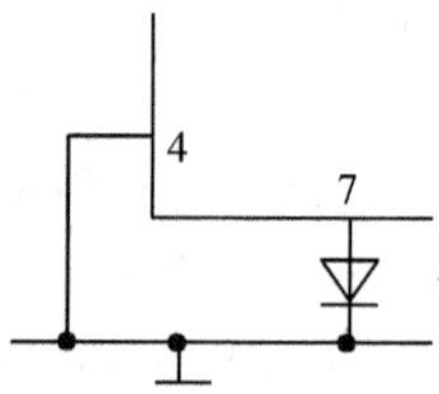

图 4-2-6　降低 4 端电位

大占空比只达到 86%。若将第 4 端口电位降低至-0.2V,则占空比最大值就可以增大至 100%,实际占空比由调制信号幅度决定。在此,考虑将 TL494 的负极通过肖特基二极管连接到电源负极,TL494 的负极电平通过肖特基二极管的导通电压台升至 0.2V,而其第 4 端口连接至 0V 地线上,这样就可以实现第 4 端口电位是器件参考电位的－0.2V。这样处理不会影响到 TL494 输出脉冲的电平。

2. 60Hz 正弦振荡电路

60Hz 正弦振荡器采用 RC 文氏振荡电路结构,如图 4-2-7所示。其中的 R_W 用作频率微调,振荡信号输出的峰峰值控制在 5.0V。

电路中元件的取值计算如下:

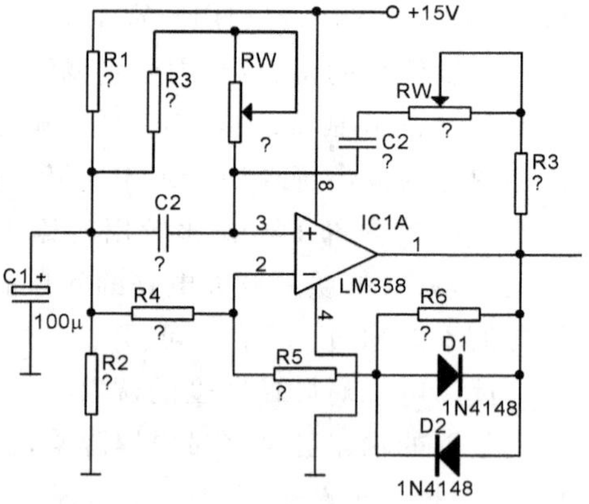

图 4-2-7　RC 文氏振荡电路

振荡频率 $f=\dfrac{1}{2\pi(R_3+R_W)C_2}=60\text{Hz}$。

$$(R_3+R_W)C_2=\frac{1}{2\pi f}=\frac{1}{120\pi}=2.65\times10^{-3}$$

若 C_2 取为 0.1μF,R_3 可取为 24kΩ,R_W 可取为 4.7kΩ。

根据关系式 $v_{oPP}=\dfrac{R_4+R_5+R_6}{R_6}V_D$ 以及 $R_5+R_6=2R_4$ 计算,可以得到 $R_6=\dfrac{3V_D}{2v_{oPP}-3V_D}R_5$。当 $v_{oPP}=5.0V$ 时,$R_6=0.22R_5$,$R_4=0.61R_5$。

3. 输出滤波电路

一般逆变器的输出频率与调制用脉冲频率相比,相差较大,可以采用结构比较简单的二阶 *LC* 滤波电路,如图 4-2-8 所示。

脉冲频率 f_s 计划为 20kHz 以上,用 60Hz 正弦进行调制。因此,在输出脉冲信号中包含了 60Hz 和 nf_s(n 为自然数)频率成分。当正弦调制波略有失真时,会含有 120、180、240Hz 等 60Hz 的低次谐波。若将截止频率确定为 1k～2kHz,可以避免出现谐振现象,有

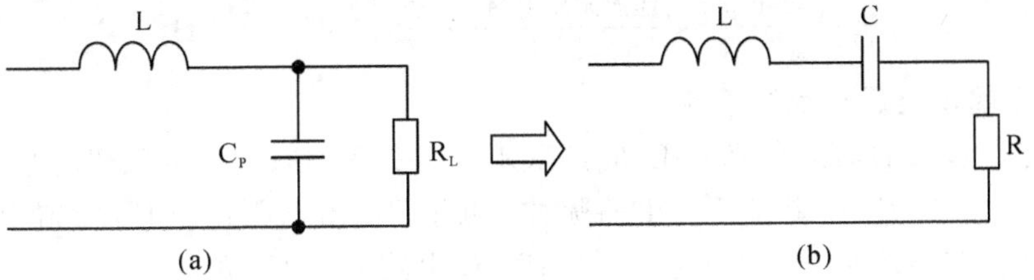

图 4-2-8 逆变器输出滤波电路

效分离调制频率和载波频率。

滤波频率并无严格要求，对应 L、C 参数也可以有一个比较宽的变化范围。图 4-2-8 中电感 L 和电容 C_P 组成最简单的低通滤波电路，按谐振于 1kHz 附近计算，在额定负载($R_L=25\Omega$)下 Q 值约取为 2.0。

其中 $\omega=2\pi f=6280\text{rad/s}$。图 4-2-8(b)中电阻电容参数的等效关系为：

$$R=\frac{X_P^2}{R_P^2+X_P^2}R_P=\frac{R_L}{(\omega R_L C_P)^2+1} \tag{4-5}$$

$$C=\frac{1}{\omega X_C}=\frac{R_P^2+X_P^2}{\omega X_P R_P^2}=C_P+\frac{C_P}{(\omega R_L C_P)^2} \tag{4-6}$$

对于纯串联电路，$Q=\frac{1}{\omega RC}$，$\omega=\frac{1}{\sqrt{LC}}$。由此可计算得到：$L=1.6\text{mH}$，$C_P=12.7\mu\text{F}$。

计算过程：

$$Q=\frac{1}{\omega RC}=\frac{1}{\omega\frac{R_L}{(\omega R_L C_P)^2+1}\left[C_P+\frac{C_P}{(\omega R_L C_P)^2}\right]}=\omega R_L C_P \tag{4-7}$$

$$C_P=\frac{Q}{\omega R_L}=\frac{2.0}{6280\times 25}=12.7\times 10^{-6}\text{F}$$

$$L=\frac{1}{\omega^2 C}=\frac{1}{\omega^2 C_P\left[1+\frac{1}{(\omega R_L C_P)^2}\right]}=\frac{R_L^2 C_P}{Q^2+1}=\frac{25^2\times 12.7\times 10^{-6}}{2^2+1}\approx 1.6\times 10^{-3}\text{H}$$

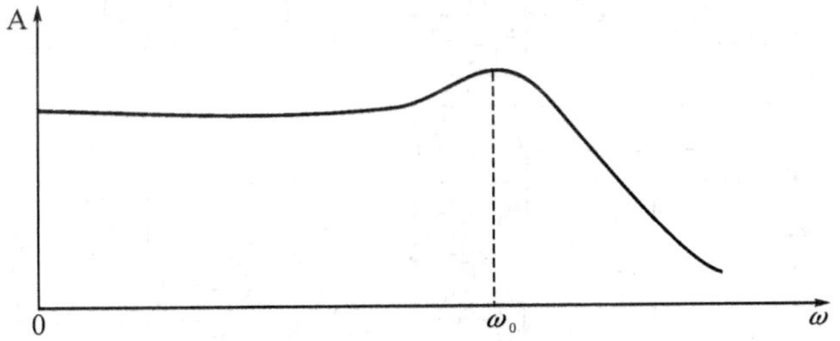

图 4-2-9 逆变器输出滤波器器特性曲线

显然，当负载减轻，即 R_L 增大时，Q 值会有所增加。当有害谐波能量不大时，无大碍。当有害谐波能量不能忽略时，要采取必要措施加以限制。

当 $R_L=100\Omega$ 时， $C_P=\frac{Q}{\omega R_L}=\frac{2.0}{6280\times 100}\approx 3.2\times 10^{-6}\text{F}$，

$$L=\frac{R_L^2C_P}{Q^2+1}=\frac{100^2\times3.2\times10^{-6}}{2^2+1}=6.4\times10^{-3}\ \mathrm{H}$$

4. 逆变器输出电压负反馈系统

为了稳定逆变器的输出交流电压，应该采用电压负反馈系统。负反馈的基本原则是：当输出电压过大时，均匀减小 PWM 输出的脉冲宽度；当输出电压过小时，均匀增大 PWM 输出的脉冲宽度。在本调制方法中，送入两个 PWM 电路的 60Hz 正弦波中心电位都是3.5V，鉴于相同中心电位的特点，这里可以改变这一正弦波中心电位值的方法来改变脉冲宽度。将输出的交流电整流后取样，施加于光电耦合器。通过光电耦合器改变基准电位设定的分压值。这种平均电压反馈存在一个缺陷：无法弥补正弦波形的非线性失真。这一问题就导出了另一种闭环自激振荡的 PWM 调制方式。

5. 辅助供电电源

逆变器的控制电路需要用到两路独立的＋15V 直流电源。在本项设计过程中，该直流电源由实验室的稳压电源提供。在实际应用中，可以从 220V 交流电源取电，用变压器降压、整流，再经过 LM7815 三端稳压器稳压后输出给控制电路。

上部功率管对应的驱动电路所需的 15V 电源可以通过二极管从下部 15V 电源取电，形立独立供电的电源电压。下部功率管导通时，输出中点电位接近零伏，电源 15V 的正极会通过填表极管向另一个电源供电。当下部功率管截止时，输出中点电位台升至高电位，供电二极管截止，与基本的 15V 电源脱离关系。当然，这样处理的上部电源电压值会低于 15V。

6. 逆变器电路的集成

根据以上各单元电路的设计，组合成完整无缺的逆变电路时，应该严格考虑各连接处的电平与相位关系。主调制器直接驱动激励电路，所有会造成延迟的电路都加入至从调制器电路中，通过光电耦合至上激励管，便于增大延迟量，留出足够的死区时间。

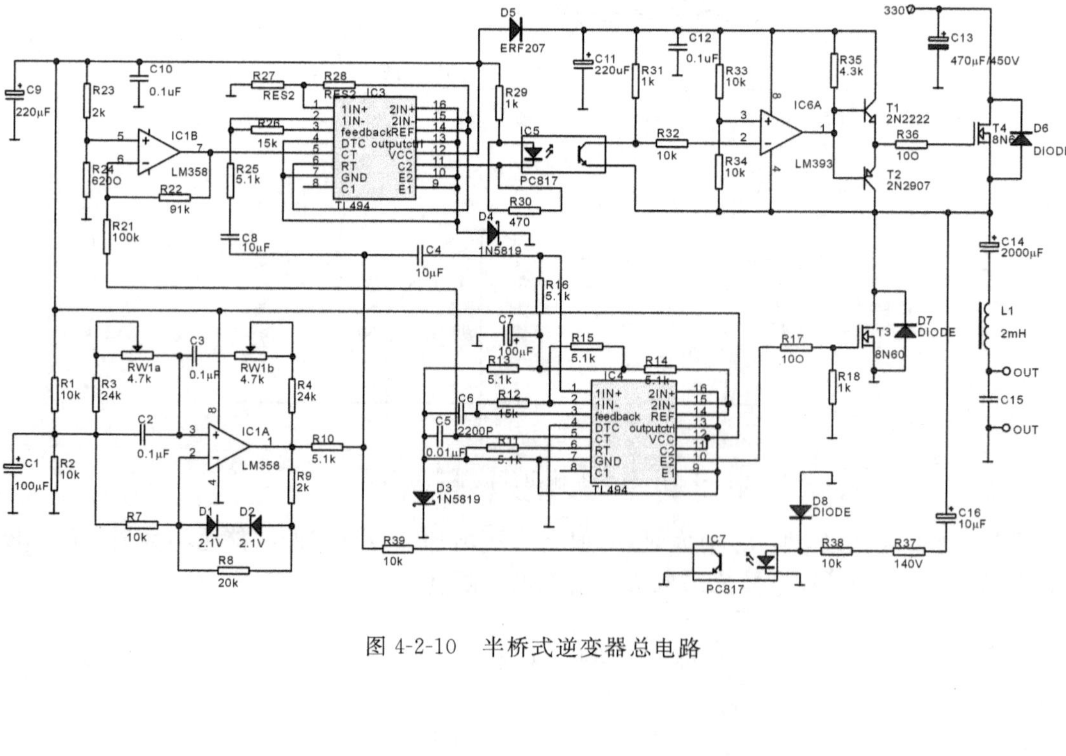

图 4-2-10　半桥式逆变器总电路

实际上在各单元电路设计过程中，已经对电路的综合关系有所考虑，只是在最后还需要进行进一步审核。

7. 开环逆变电路装配与调整

安装时将电路板分别对照各自的原理图，分部分逐个安装元件。注意二极管、场效应管、集成电路、电解电容等都有极性，留意不能错装。

开环控制的逆变电路控制关系具有单向性，电路各参数的依赖关系如图 4-2-11 所示。

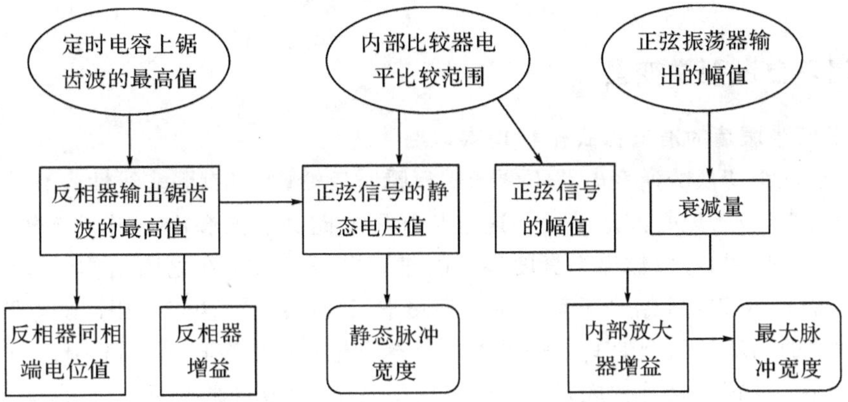

图 4-2-11　开环式逆变电路控制关系

(1) 装配 IC_4 为核心的 **PWM** 电路

IC_4 中的锯齿波产生电路作为主振荡器，其他电路以他为依据设定元件参数。安装后，用示波器测量其出锯齿波电压波动范围(TL494 第 5 端口定时电容的波形，约 0.3～3.2V)。

清除正弦波的输入(拆除 R_{10} 电阻)，调整 R_{14} 与 R_{13} 的分压比，在 R_{13} 上得到 3.8V 电压。接上电阻 R_{16}，用示波器观察 TL494 第 10 脚的脉冲波形，脉冲宽度应该比较窄。若脉冲宽度过宽，可以减小 R_{14} 的阻值；若没有脉冲，可以增大 R_{14} 的阻值。

调整锯齿波反相器电路参数。输入电阻取为 62kΩ，反馈电阻取为 51kΩ。通过调整 R_{23} 与 R_{24} 的分压比，使反相器输出的上顶峰值略小于主调制器的锯齿波上顶峰值，约为 3.0V。V_A 设定值 V_B，即 $V_B=V_A$。

(2) 装配 PWM 信号驱动电路和功率电路

脉冲信号经过光电耦合器、电压比较电路、驱动电路后，会存在一定延时现象。因而需要对电路进行调整，特别是通过对光电耦合器工作电流的调整，使其输出也呈现出较陡的电平变化，减少延迟时间，减小脉冲宽度的变化。

(3) 正弦振荡电路装配与调整

60Hz 正弦振荡电路相对独立，可以最后装配。在 60Hz 正弦振荡电路装配中，主要控制其输出波形的幅度和失真度。根据目标值计算出负反馈支路的电阻值配比。安装后，在检查元件全部正确的情况下，若无振荡波形，可以增加 R_9+R_8 与 R_7 的比值；若振荡波形失真严重，可以减小 R_9+R_8 与 R_7 的比值。若振荡波形幅度过小，可以增加 R_9 与 R_8 的比值；若振荡波形幅度过大，可以减小 R_9 与 R_8 的比值。

(4) 电路总测试

先用+15V直流电压加入控制电路中，再次进行局部检验，排除局部问题，确保控制电路完全正常的情况下，再通入高电压进行全面测试。

1. 关闭正弦振荡器的输出信号，在静态下用双踪示波器测量TL494输出的PWM波形，均应该呈现出方波(50%占空比)。

2. 在静态下测试驱动输出端口的PWM脉冲波形，应该有一定的相位差。

3. 接通60Hz正弦振荡信号，用双踪示波器分别比较SPWM脉冲与正弦调制信号的相位关系。

三、闭环自激型逆变器

1. 基于迟滞振荡的准谐振式全桥功率电路

由于上述逐级变换的逆变电路不便于进行瞬时反馈，难以克服非线性失真缺陷，造成有严重的谐波失真，或者说是波形畸变。这也是开环电路共有的弊端。闭环自激型逆变电路由于闭环反馈的作用，可以输出失真度很小的正弦电压。只是在电路结构上并没有独立的PWM电路，而是将PWM熔合于整个闭合环路中，又称迟滞振荡式单相逆变电路。

本节所述的闭环自激型逆变电路组成的基本思想是由脉宽比较电路、脉冲分离电路、输出激励电路、RC反馈电路等构成RC延迟式振荡电路，形成自激振荡，并根据输出电压大小和输入调制电压进行比较，直接控制脉冲宽度。其原理结构如图4-2-15所示。由于无独立PWM电路，电路结构显得更简单，但影响振荡频率的因素较，多调过程整复杂。

对于半桥式逆变电源，其输出电压大小调整可以由上、下管开通的时间比控制，并不一定需要通过改变频率来实现。设半桥电路的供电电压为V_{DD}，上管导通时间为t_a，下管导通时间为t_b，死区时间为$t_{d(off)}$，其中$t_a+t_b=T-t_{d(off)}$。输出电压V_o为：

$$V_o=\frac{\frac{V_{DD}}{2}t_a-\frac{V_{DD}}{2}t_b}{T}=\frac{t_a-t_b}{2T}V_{DD}$$

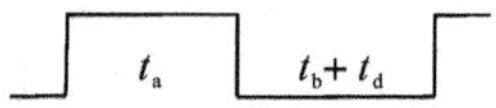

如果从固定死区时间的特点考虑，由IR2111参与的迟滞振荡电路也完全能够进入这一工作状态。IR2111是一块专门配合半桥电路，将脉冲一分为二的具有电位搬移功能的芯片，他的两个输出脉冲间存在一个固定的650ns死区时间，而脉冲宽度由前端电路决定，自身不受限制。

对于常规的准谐振工作方式而言，0.65μs死区时间显得有些短，如果选用L6384驱动芯片可以灵活调整死区时间，更加适合电路调整。采用了IR2111后，前端只需要一路调制脉冲，用一块电压比较器就能够实现迟滞式振荡式PWM电路，如图3-1-9所示。振荡环路是$IC_{3A}\rightarrow IC_4\rightarrow$半桥电路$\rightarrow LC$谐振网络$\rightarrow R_1$、$R_2$、$C_{15}$积分延迟电路$\rightarrow IC_{3A}$，振荡所需的延迟时间除了来自芯片传输延迟外，主要来自于LC谐振网络和$R_1R_2C_{15}$积分延迟电路，并且以LC谐振网络的延迟为主，R_1、R_2、C_{15}积分网络延迟为辅。电压比较器IC_{3A}连接成滞回比较结构，振荡频率除了与延迟量相关外，还与电压滞回区间大小相关。

电路图中IC_{3B}用作反相器，为另一侧的IR2111提供移相180度的脉冲。R_{22}、R_{23}、R_{24}、C_1组成静态电位调节；R_8、R_{19}是脉冲电压上拉电阻；D_3、C_5、C_7组成悬浮电源自举电压电路，当逆变电路开始工作后从15V主工作电源中获取悬浮电位脉冲电路所需要的工作电压；D_{10}是保护二极管，防止谐振电压过高通过 Q_{1B}内置二极管续流所形成的负电压输入至电压比较器 IC_{3A}反相端，破坏电压比较器的内部电路工作状态，此二极管选用肖特基二极管；二极管 D_9 为反馈比较点设置一个静态电压，使得用作电压比较的正弦调制信号动态幅度可以减小，同时兼作指示灯；C_{17}、C_{18}是 15V 电源滤波电容，R_{40}是功率电路输出电流取样电阻，IC_{1A}原本是用作过流保护，在这里实际没有启用。C_4 是调制信号耦合电容，正弦调制信号从 Vin 端输入。

电路中功率开关管驱动的处理方法有些特别，采用电阻与二极管并联结构，如 R_{11}并联 D_5，并且 R_{11}取值较大，通常取为 10Ω 以下，这里取为 51Ω。目的是 R_{11}与开关管栅极电容构成积分电路，延迟开通，增加死区时间；而关闭时栅极通过二极管 D_5 连接至脉冲驱动端 7，得以快速放电，加快关闭速度。若栅极电容是 6000pF，通过 R_{11} 的充电时间常数为 300ns，开通延迟时间约为 100ns。这一延迟时间也不能太长，否则会限制开关管开通瞬间的电流上升率，反而造成开通损耗过大。

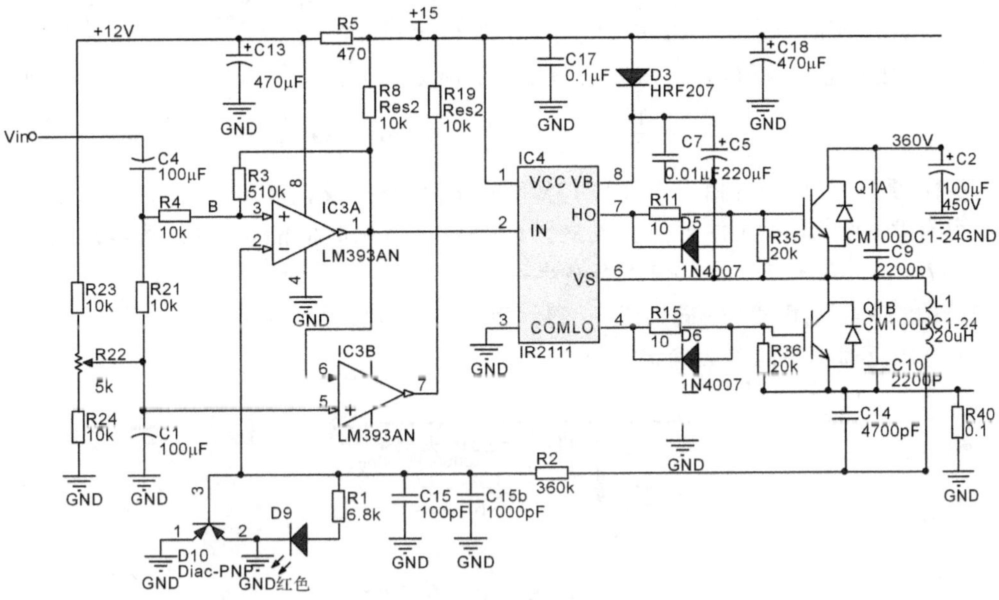

图 4-2-13　迟滞振荡环路

图 3-13 迟滞环路在建立振荡的同时，将 PWM 调制、输出电压反馈等结合在同一环路中，作为调制的正弦基准信号直接输入环路，通过反馈比较，最大限度地避免了非线性失真，使得输出正弦交流电压失真度较小。本设计选择这一电路结构进行逆变。

完整的迟滞振荡准谐振单相逆变电路见附件六，只要加入高、低压电源和输入正弦调制信号，就可以输出低频正弦交流电，完成逆变任务。电路图中补充了另一个半桥功率电路 Q_{2A}、Q_{2B}等及其脉冲驱动电路 IC_5，增加桥电路的输出滤波网络 L_5、L_6、C_{19}、C_{20}。这一逆变电路对应的 PCB 布局中，四只功率开关管布置在两侧，便于安装散热器。

2. 单相迟滞振荡准谐振逆变电路元件参数确定

(1) 准谐振网络的参数确定

确定准谐振网络参数的基本依据有二点：一是谐振周期等于二倍的死区时间，二是中小输出功率时谐振电感和谐振电容所储存的能量能够使电压反转。参考图 3-13 电路。

对于约束条件二比较容易实现，只要谐振电路构成有效谐振，仅凭谐振电容所储存的能量也能够使得电容电压发生翻转。关键是谐振电感 L_1 的品质因数不能过低，能够有效转移能量，L_1 的电感量可以取为 10μH。

IR2111 的死区时间是 0.65μs，对于约束条件一而言，要求谐振周期不大于 1.3μs。由于死区时间过短，这一谐振频率显得过高。对于左侧半桥，谐振电感是 L_1，谐振电容是 C_9、C_{10}、C_{14}，且取 $C_{14}=2C_9=2C_{10}$。就谐振回路而言，电容 C_9、C_{10} 两者是并联关系，与 C_{14} 成串联关系。

$$T_0=2\pi\sqrt{L_1\frac{(C_9+C_{10})C_{14}}{(C_9+C_{10}+C_{14})}}=2\pi\sqrt{L_1C_9}$$

$$L_1C_9=\left(\frac{1.3\times10^{-6}}{2\pi}\right)^2=0.043\times10^{-12}\text{ s}$$

当 $L_1=10\mu\text{H}$ 时，$C_9=4300\text{pF}$。实际 C_9 取为 4700pF，C_{14} 取为 0.01μF。按照这一取值，第一谐振周期交换的能量约为：

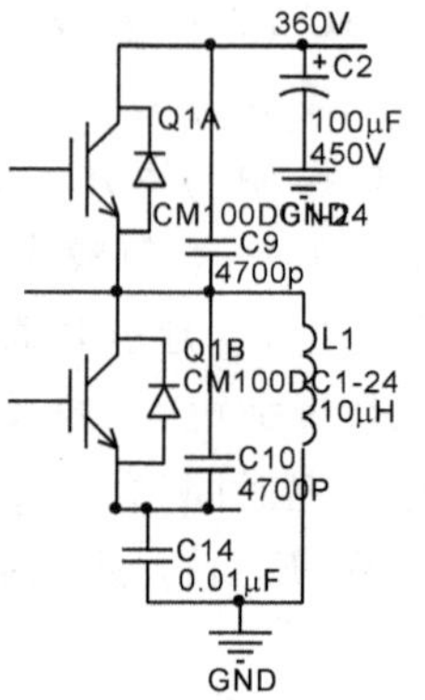

图 4-2-14　谐振回路

$$w=\frac{1}{2}CU^2=\frac{1}{2}\times4700\times10^{-12}\times360^2=304\times10^{-6}\text{ J}$$

若振荡频率为 50kHz，相当于平均 15VA 的交换功率，或者是 304VA 的瞬时交换功率，数值显得有些过大，谐振元件可能会发烫。若要减小谐振时的能量交换，可以取为 20μH、2200pF、4700pF 组合，功率交换值将会减小一半。

20μH 电感器采用 ϕ23 铁硅铝磁环绕制，用 ϕ1.0 漆包线绕 16 匝。

(2) 电压反馈网络的参数确定

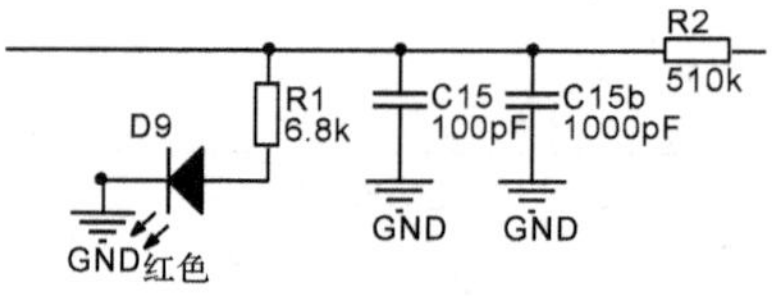

图 4-2-15　反馈电压衰减电路

为了稳定逆变器输出的交流电压，必须采用电压负反馈系统。负反馈的基本原则是：当输出电压过大时，均匀减小 PWM 输出的脉冲宽度；当输出电压过小时，均匀增大 PWM 输出的脉冲宽度。在本调制方法中，送入 PWM 电压比较器的 50Hz 正弦波中心电位约为 5V，即 5.0V 对应逆变半桥电路中点电位为 180V，电压衰减比为 36。电压反馈衰减网络如图 3-17 所示。

$$\frac{R_1}{R_1+R_2}V_o+V_{DE}=V_B$$

$$R_2=\left(\frac{V_o}{V_B-V_{DE}}-1\right)R_1 \tag{4-8}$$

其中 V_{DE} 是发光二极管的正向电压降。静态下电压比较器的中心电位 $V_B=5.0\text{V}$，R_2 上的电压是 175V，若 D_9 选取用红色发光二极管，压降为 1.7V，则 R_1 上的电压是 3.3V，则 $R_2/R_1=53$。当 R 取为 6.8kΩ，R_2 应该取为 360kΩ；若 D_9 选取用白色发光二极管，压降约为 2.6V，则 R_1 上的电压是 2.4V，则 $R_2/R_1=73$。当 R 取为 6.8kΩ，R_2 应该取为 495kΩ。实际使用中允许存在一定误差。

（3）功率器件与集成器件选择

功率开关器件是逆变电源的最重要器件之一。选择功率开关器件的主要指标是载流能力、耐压值、开关速度，选择的原则是：为了尽量降低导通损耗，器件的载流能力尽量大，耐压值尽量低；但耐压值必须满足电路工作要求；为了尽量降低开关损耗，器件的开关速度尽量快，即器件的 C_{ies}、$t_{d(\mathrm{off})}$ 值尽量小。

对于耐压指标，230V 正弦交流电的峰值为 325V，功率桥电路的供电电压取为 360V，原则上大于 400V 耐压即可，因而可以选择 500V 以上耐压的器件。

对于载流能力问题，230V/2kVA 的输出功率，最大输出电流约为 13A，加上开关过程引起的脉动电流近 1A，一般不超过 14A。

若滤波器电感量取为 300μH，加在滤波电感上的电压是输出电压与激励电压之差，最大值为 325V，平均值为 180V，压差大时导通时间短，大电流增量出现在平均压差上，根据电感器的伏安关系式，开关频率 50kHz 时约为 6A。

$$U=L\frac{\mathrm{d}i}{\mathrm{d}t} \tag{4-9}$$

$$\Delta I_m=\frac{U}{L}\Delta t=\frac{180}{300\times10^{-6}}\times10\times10^{-6}=6\mathrm{A}$$

大电流高耐压要求时一般选用 IGBT 器件，这一级的电流和耐压既可选场效应管，也可选择 IGBT，如 G40N60 器件。若选择 IRFP460，导通内阻偏大，导通损耗也偏大，但试验电路脉冲驱动芯片已经确定为 IR2111，其驱动能力较小，难以适应 IGBT 器件的要求。因此，权衡之下还是选择 IRFP460 比较合适。

产生脉冲电压的电压比较器采用通用型的 LM393，他的电压转换速度较高，完全能够满足逆变电路的开关工作速度。

提供自举电压的二极管采用超快恢复二极管 ERF207，使得能够适应高电压高速开关的环境。

3. 正弦振荡电路

逆变器是依据输入信号的函数关系进行逆变的，对于正弦逆变器输入的参考信号必须是正弦信号。正弦信号可以采用单片微机电路或者 DS 电路产生，经过 IC_{1B} 隔离放大后，送入 PWM 调制电路，适合于变频率型的逆变器。也可以是硬件电路产生，结构简单，适合于固定频率的逆变器。

为了简化电路结构，这里 50Hz 正弦振荡器采用 RC 文氏振荡电路结构，如图 4-2-16 所示。其中的 R_{26}、R_{28} 用作频率微调；电位器用于控制振荡电路输出端的静态电位，他影响着逆变器输出的直流分量大小；电位器 R_{29} 用于调节正弦波幅度，他影响着逆变器输出正弦波的幅度，振荡信号输出的峰峰值控制在 7.0V 以内。

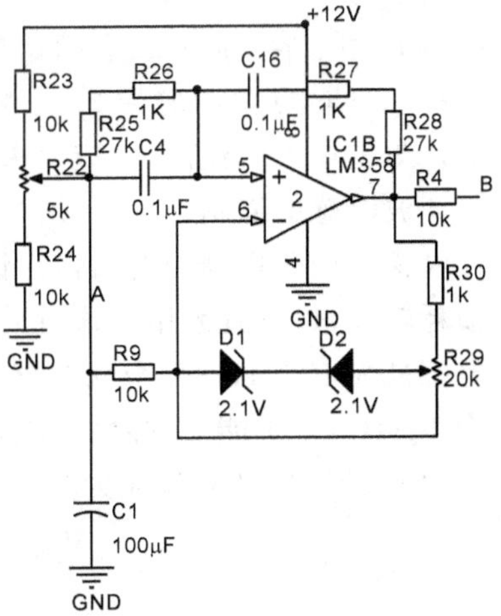

图 4-2-16　RC 文氏振荡电路

电路中 R_9、R_{29}、R_{30} 的阻值分配关系计算如下：

振荡频率 $f=\dfrac{1}{2\pi(R_{25}+R_{26})C_4}=50\text{Hz}$

$(R_{25}+R_{26})C_4=\dfrac{1}{2\pi f}=\dfrac{1}{314}=3.18\times10^{-3}$

若 C_2 取为 0.1μF，R_{25} 可取为 27kΩ，$R26$ 可取为 1kΩ。

根据关系 $v_{oPP}=\dfrac{R_{30}+R_{29}+R_9}{R_{30}}V_D$ 式以及 $R_{29}+R_{30}=2R_9$ 计算，

可以得到 $R_{30}=\dfrac{3V_D}{2v_{oPP}-3V_D}R_{29}$。当 $v_{oPP}=8.0\text{V}$ 时，$R_{30}=0.65R_{29}$，$R_9=0.82R_{29}$。

如果要输出 50Hz 的正弦波，只要将此振荡电路频率必为 50Hz 即可。如果把此频率连续可调，就成为了一个变频电源。如果将振荡电路改为放大电路，从外界输入音频信号，就成为了一个 D 类功率放大器。可见，有些名称不同的电子装置的实际上核心技术是相同的。

由于 LM358 采用单电源供电，其输出的最低电位约为 1.5V，与 0V 相差甚远，因此，在输出电压反馈端也需要设置一个静态电位值，本方案中通过串联红色发光二极管 D_9 给定。红色发光二极管的正常导通电压约为 1.7V，这样，LM358 的输出端最低电位不必要低于 1.8V，总是在其正常工作范围之内。

4. 输出滤波电路

一般逆变器的输出频率与调制用脉冲频率相比，相差较大，可以采用结构比较简单的二阶 LC 滤波电路，如图 4-2-17所示。

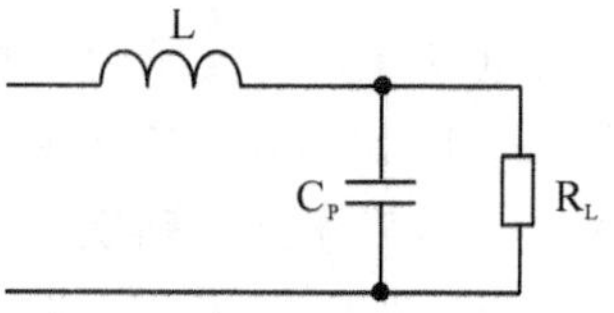

图 4-2-17　逆变器输出滤波电路

滤波器截止频率并无严格要求，对应 L、C 参数也可以有一个比较宽的变化范围。脉冲频率 f_s 计划为 20kHz 以上，用 60Hz 正弦进行调制。因此，在输出脉冲信号中包含了 60Hz 和 nf_s(n 为自然数)频率成分。当正弦调制波略有失真时，会含有 120、180、240Hz 等 60Hz 的低次谐波。若将截止频率确定为 1k～2kHz，可以避免出现谐振现象，有效分离调制频率和载波频率。图 4-49 中电感 L 和电容 C_P 组成最简单的低通滤波电路，按谐振于 1kHz 附近计算，在额定负载($R_L=25\Omega$)下 Q 值约取为 2.0。滤波元件参数计算参考第二节。滤波电容的耐压在 250V 以上。为了增大载流能力，应该采用多个电容器并联而成。

滤波电感的绕制：

经常采用磁环绕制电感器。铁氧体磁环容易出现磁饱和，不能被采用；铁粉芯磁环的高频损耗较大，也不宜采用。这里采用 0.7mm 漆包线在 φ40mm 的铁硅铝磁环上绕 41 匝，实测电感量为 126μH。配合 0.1μF 的电容，其谐振频率为 45kHz；配合 1μF 的电容，其谐振频率为 14kHz，基本能够滤除 50kHz 以上的开关频率成分。

41 匝的不饱和载流能力为

$$I_{\max}=\frac{B_{\max}A_eN_1}{L_1}=\frac{0.8\times55\times10^{-6}\times41}{126\times10^{-6}}=14\text{A}。$$

5. 电源变换器的制作与测试

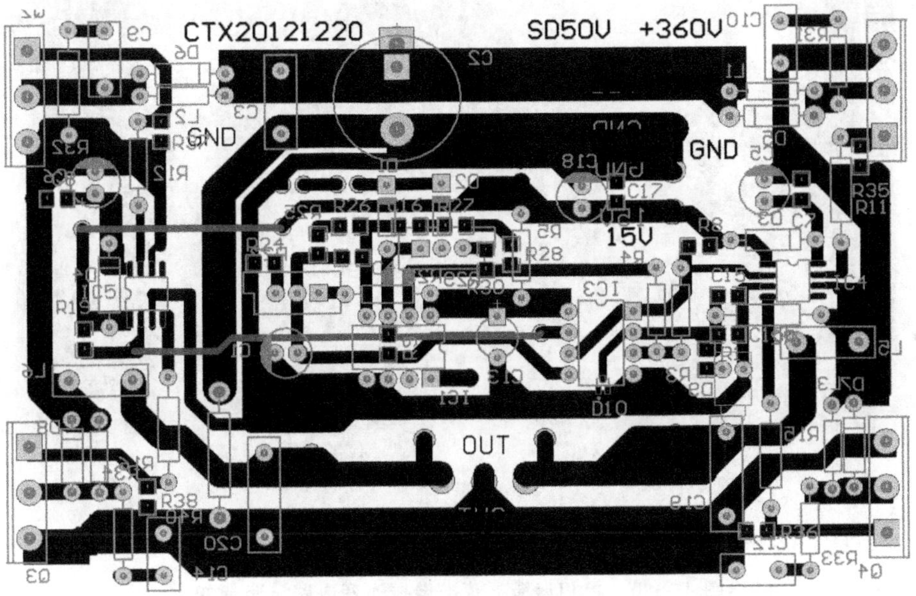

图 4-2-18　迟滞振荡准谐振单相逆变器线路

（1）电路装配流程

完整的正弦逆变电路的规模比较大，可以分为三块电路板安装，其中一块电路板是正弦逆变电路，另一块电路板是直流升压电路。这两块电路功能相对独立，自成系统。第三块电路板是低压供电电源电路，主要是提供+15V 直流电压，用于控制电路的供电。

各单元电路间的参数有一定依赖关系，电路的装配需要一个合适的流程。比如在主调制电路的相关电压变化范围确定后，才能确定电平的平设定值。因此，一般先装配 IC_4 为核心的主调制电路，再装配脉冲反相电路，然后 IC_3 为核心的 PWM 电路，设定相关直流电平。测试他们的脉冲输出正常后，装配脉冲驱动电路、脉冲功率电路等。

装配前首先对照原理图和线路图，弄清楚相互间关系，认清元件位置，最好是从小器件到大器件逐个安装。原理图见附件六。其中 RC 正弦波振荡电路中的正反馈器件暂缓装配，使电路能够工作在稳定电压状态，便于调整。完成装配后在输入端加入各路电压，用示波器测试电压比较器输出的电压波形，应该呈现出脉冲波形，读出其振荡频率。测试点可以选择在电阻 R_3 上。逆变模块装配完成后如图 4-2-20 所示。

逆变电路外接滤波器体积较大，需要单独安装连接于外部。低通滤波器中的电感采用 $\phi(40-24)\times15$mm 的铁硅铝磁粉芯，用 1.0mm 漆包线密绕 140 匝（104+36），其电感量为 1.92mH，配合 5.2μF 无极性电容，谐振频率约为 1.6kHz，介于开关频率与正弦输出频率之间。当加上 100Ω 负载时，品质因数为 5.2。

（2）单相迟滞振荡准谐振逆变电路测试

测试步骤：

第一步：检查闭环振荡工作情况。

①在正弦信号未输入时（拆除 R_{27} 或 R_{28}），用示波器直流功能测量电压比较器的输出端

图 4-2-20 单相迟滞振荡准谐振逆变电路试验模块

(1 端口)电位和半桥电路输出点的电位。

②两个半桥输出点的电位是否相等。调整电位器 R_{22} 至两个电位相等,约为供电电压的一半。

③用示波量测量电压比较器反相端 2 脚电位波形(积分电容的电位波形)

第二步:测量逆变情况。

①在闭环振荡正常之后,恢复正弦振荡,测量正弦振荡电路的输出波形。

②用双踪示波器三波形显示功能测量逆变器输出口的逆变波形。

③记录输入电压与输入电流,计算工作效率。

考虑安全起见,先在低电压状态下检查电路工作是否正常,确定电路工作状态正常后再进行高电压测试。图 4-2-21 是在低压状态下测试时的逆变效果。图中正弦曲线存在失真,是因为所输入的调制信号存在失真造成的。曲线反映出滤波后波形连续性较好,输出交流电压中高频脉冲成分过滤得比较干净。

同样,从所测量得到的波形曲线光滑程度上可见,高频电磁干扰分量也较小。将波形曲线展开后细查,示波器上显示出来的尖脉冲幅度小于 $2V_{PP}$,约为输出电压的 0.5%。在输出 100W 时的整机工作效率达到 89%。

逆变电路的供电电源可以参照第三章第一节中的直流升压电源进行设计。

6. 思考题

1) 本设计中逆变器的脉冲功率激励电路死区时间是怎么形成的?

2) SPWM 调制的线性问题如何保证?

3) 如何充分利用电源电压提供逆变输出?

4) 逆变器的最大输出功率决定于什么?

5) 逆变器的工作效率决定于什么?

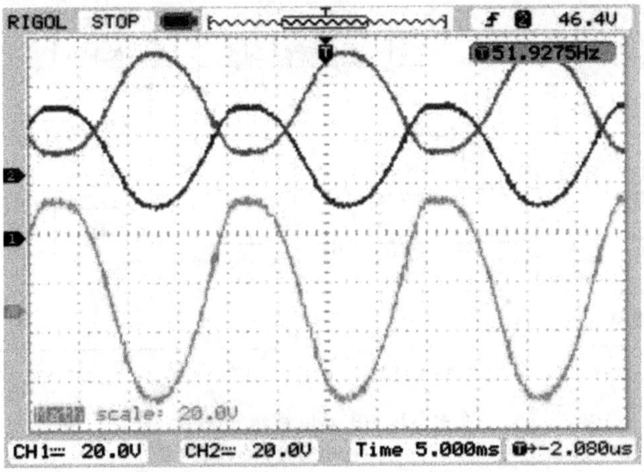

图 4-2-21　单相逆变电源输出波形

6）逆变器输出的交流电频率决定于什么？

7）若将 SPWM 调制转换成 SSPWM 调制，或者将 SSPWM 调制转换成 SPWM 调制，应该调整哪一些参数？

8）输出负载呈感性时，对输出滤波电路参数计算有什么影响？

9）逆变电路与音频 D 类功率放大器有什么关联？

第三节　直流电子负载设计

直流电子负载通常用于直流稳压电源加负载能力的测试，即负载调整率测试，也可用于电池放电特性等测试。直流稳压电源往往会因输入电压变化而引起输出电压的变化，同样也会因负载变化而引起输出电压的变化，这就是直流稳压电源中的源效应和负载效应。一般情况下，为了测试稳压电源的带负载特性，要在稳压电源的输出口连接大功率可变电阻，改变电阻值以获得变化的电流，测量出端口电压变化情况，从而得到负载调整率、等效内阻等特性参数。采用电子负载，可以不必使用机械结构复杂的大功率可变电阻，避免改变电阻时触点接触不良等问题，并且可以实现自动操作，会给测试带来许多方便。

设计目标：测试极限参数为 24V/3A 的直流稳压电源，具有尽量高的控制和测量精度，0.1～3.0A 之间电流调节精度不低于±1%，并显示端口电压、电流。当被测电源输出电压高过 30V 时切断测量回路，以保护电子负载。

一、设计方案选择

电子负载是为了给被测电源提供电流通路，实际是一个可控电流源，为一个测量装置，需要有一定的控制精度。电子负载本身是一个耗能器件，不必考虑其工作效率。为了使其电流调节精度足够高，电路采用线性闭环控制方式，主要由电流取样电路、线性放大电路、误差比较电路、电流调整电路、参考电压设置、过电压保护电路构成，其框图如图 4-3-1 所示。

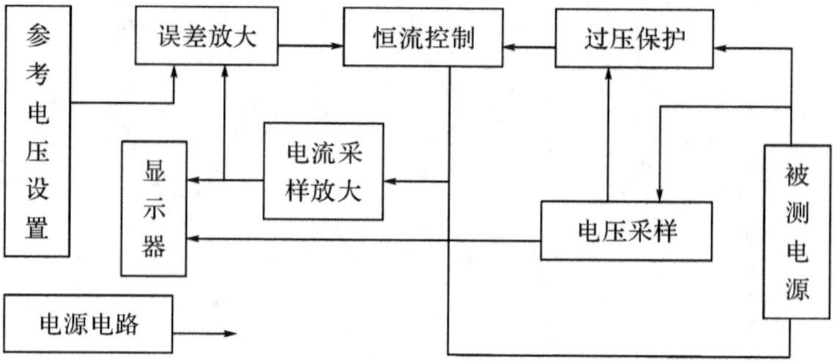

图 4-3-1 电子负载组成框图

其中参考电压可以由电位器设置，也可以由单片机进行设置，实现数控方式。这里的设置电路连同电流、电压值显示都统一由单片机电路进行处理，参考电压值以 3.0V 为限，即 3.0V 对应 3.0A 为标准，协调设置电路与控制电路的关系。

二、硬件电路的实现

根据上述方案，落实具体电路结构及元器件参数。

1. 电流控制环路

电流控制环路采用传统的放大加比较的线性控制方式，电路结构如图 4-3-2 所示。其中电流调整管采用 MOSFET 功率器件，有足够的电流、电压承受能力，并且加装大体积散热器，必要时用风扇进行强制散热。MOSFET 功率器件的可选型号很多，结合现有的资源，这里采用 IRF530，其最大工作电流为 17A，最大耐压值为 100V，满足电路工作要求。

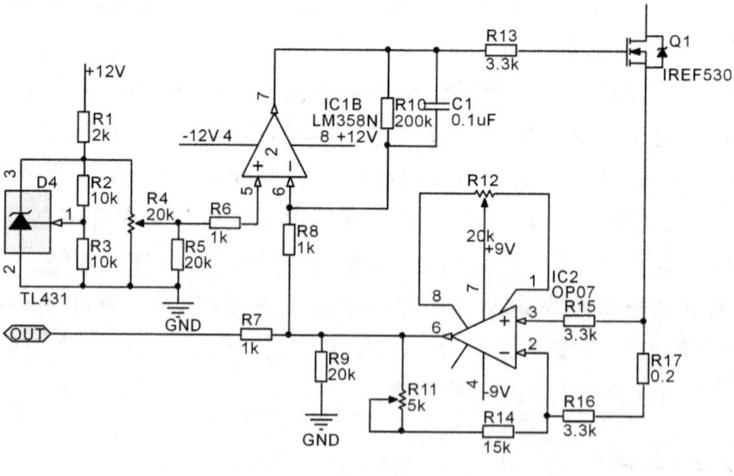

图 4-3-2 基本恒流电路

通常，为了尽量降低电流源自身的功耗，电流源的取样电阻值一般选得比较小，如选为 0.01Ω 等。但作为电子负载，就是需要消耗电能，这里的电流取样电阻的阻值可以取得大一些，有助于降低放大电路的电压增益，减小非线性指标。但要有较高的热稳定性，最适合的是锰铜丝。取一段长度为 450mm 的 φ1.2mm 锰铜丝，绕成螺旋状，其电阻值约为 0.2Ω。这样，电流控制的基准电压是 3.0V 对应 3.0A，线性放大电路的电压增益应该是 5 倍。

电流取样获得的是直流参数，其放大芯片最好采用直流放大专用芯片 OP07，温度漂移量小，只有 0.5μV/℃和 2μV/月的静态漂移，使其有较高的长期工作稳定性。这样，误差放大得采用其他芯片，还需要正、负双电源供电，电路结构会复杂一些。若为了赶时间，如应对竞赛等，需要简化电路，可以将电压放大和误差放大合二为一，选用 LM358 芯片，而且只要单电源供电即可。图所示电路是作为一般性设计，采用了 OP07 芯片放大采样电压。对于误差放大电路，主要要求电压增益高一些，可以选用 OP07 芯片，也可以选用 LM358 芯片。这里考虑电源供电中还需要用到运算放大器，选用了 LM358 芯片作误差放大。

电路由参考电压 V_i 控制着输出电流 I_o，有必要了解恒流环路的输出电流 I_o 与参考电压 V_i 的关系。设取样放大电路的增益为 A1，误差放大电路的增益为 A2，场效应管的跨导为 g_m，g_m 是一个变化量，运算放大器还是作为理想运放处理。恒流状态时栅极电压为 $V_{GS0}+I_o/g_m$。

$$(R_{17}I_oA_1-V_i)A_2+V_i=V_{GSO}+I_o/g_m$$

$$R_{17}I_oA_1A_2g_m-I_o=V_{GSO}g_m+V_iA_2g_m-V_ig_m$$

$$I_o=\frac{V_{GSO}g_m}{R_{17}A_1A_2g_m-1}+\frac{A_2-1}{R_{17}A_1A_2g_m-1}g_mV_i \tag{4-10}$$

如果能够排除 V_{GS0} 的影响，I_o 与 V_i 的关系会变得简单。这就要求无论负载电流有否存在，场效应管应该一直工作在导通状态，即静态下场效应管已经导通，电路需要为场效应管引入静态导通电流。当控制电流的参考电压输入 0V 时，对应取样电流值也为零值，IC_1 的反相端需要负电压拉动，使其输出端电位升高至 V_{GS0} 值。如果 A_2 按 100 计算，需要 −0.04V 的电压。为此，在基本恒流电路中增加电阻 R_{26}、R_{27}，引入负电压。同时将 R_8 阻值改为 2kΩ，将 IC_2 的增益也改为 10 倍。更改后的电路如图 4-3-3 所示。其中 R_{37} 的阻值要视情况而定，设置标准是：输入 0V 电流参考电压，且 IC_2 也输出 0V 电压，场效应管处于微导通状态。这里有一个问题必定存在：为了电流控制的线性化，恒流电流不可能完全关闭。

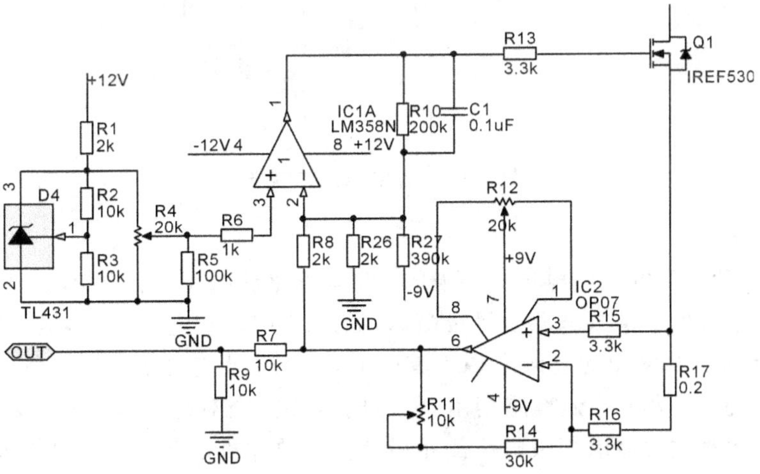

图 4-3-3 线性化的恒流电路

当设置场效应管的静态导通电流后，且 A_2 值很大，I_o 与 V_i 的关系式可以简化为线性关系，其计算式如 1 式所示。

$$I_o = \frac{V_i}{R_{17}A_1} \tag{4-11}$$

做了近似处理后，引入了一定的固有误差。所其中 $R_{17}A_1=1$，对于 IRF530 器件，g_m 远大于 1，这样，$R_{17}A_1A_2g_m{}^{-1}$ 近似为 $R_{17}A_1A_2g_m$ 所引起的固有误差小于 $A_2g_m{}^{-1}$ 近似为 A_2g_m 所引起的固有误差。主要固有误差约为 $1/A_2$。A_2 值越大，其误差越小，当 $A_2=100$ 时，其固有误差为 1%。实际运放和理想运放也存在一定差别，输入端口有几微伏的变化区间。当测量 100mA 电流时，取样电压为 20mV，放大后约为 100mV，相对于几个微伏所产生误差很小，可以忽略。所以，主要误差由 A_2 引起，A_2 最好大于 100 倍。

2. 过电压保护电路

过电压保护电路由基准电压、电压取样电路、阀值判别电路和继电器组成，如图 4-59 所示。为了防止在临界过电压状态继电器频繁动作，电压比较电路由 R_{25} 与 R_{24} 引入滞回电压区间。

阀值判别由电压比较器 LM393 完成。基准电压直接取自 7805 输出的 5V 电压，R_{21}、R_{22}、R_{23} 构成电压取样电路，其中 R_{21} 用作电压值微调。R_{24} 与 R_{26} 引入的滞回电压区间约 +0.07V/−0.05V。继电器采用常闭触点连接。当被测电源电压过高时，IC3A 第 2 端的电压超过 5.0V，电压比较器输出低电平，继电器 K_1 吸合，电子负载与被测电源的连线被切断。

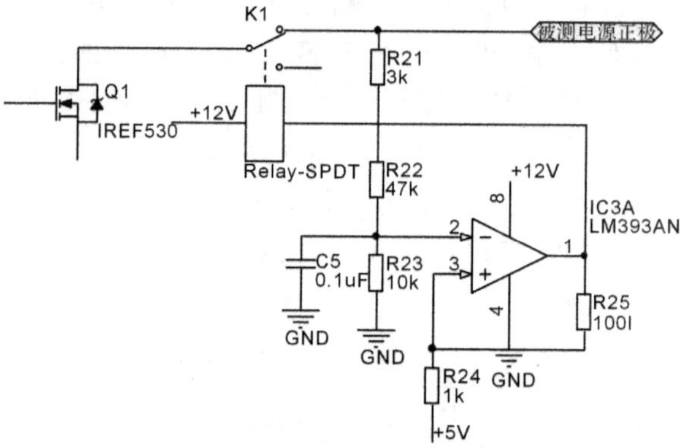

图 4-3-4 过电压保护电路

3. 供电电路

对于电子负载自身的供电电压，受制于场效应管驱动电压的需要和 OP07 芯片正负电源供电的需要，再考虑主供电电源要尽量简单，如采用 12V 蓄电池供电，然后用负压电路产生-12V 电压，形成±12V 电源初级电源。其中 LM358 芯片直接由±12V 供电；对于电流采样放大的 OP07 芯片，为了保证检测精度，供电电压要完全对称。其正电压由 7809 稳压器提供，负电压由运算放大器取正极电压倒相后获得。单片机设置电路的供电通过 7805 稳压器提供。电源电路如图 4-3-5 所示。

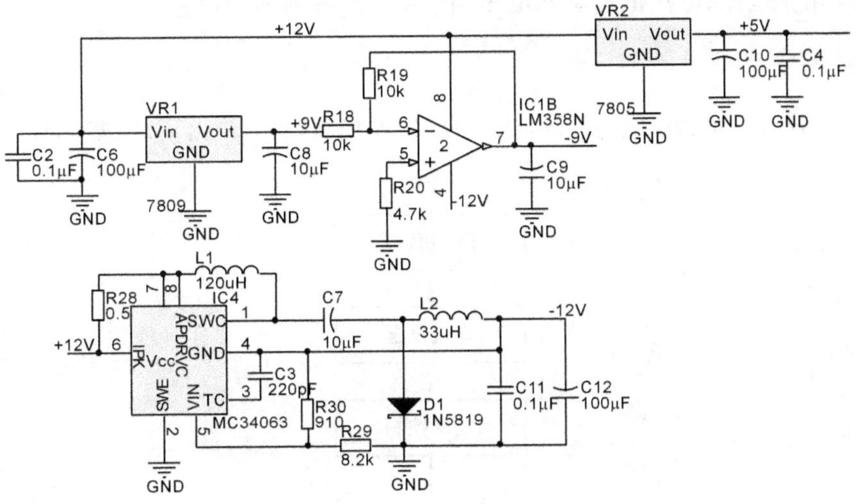

图 4-3-5 电子负载供电电路

4. 单片机设置与显示电路

单片机设置电路如图 4-3-6 所示，芯片采用 C8051F350 芯片，他结合了高度精密的模拟数据转换器和一个高吞吐量 CPU。内部集成了 24 位 8 通道 ADC 和 8 位 2 通道 DAC，8 位 2 通道 DAC 的输出电流能力为 20mA。

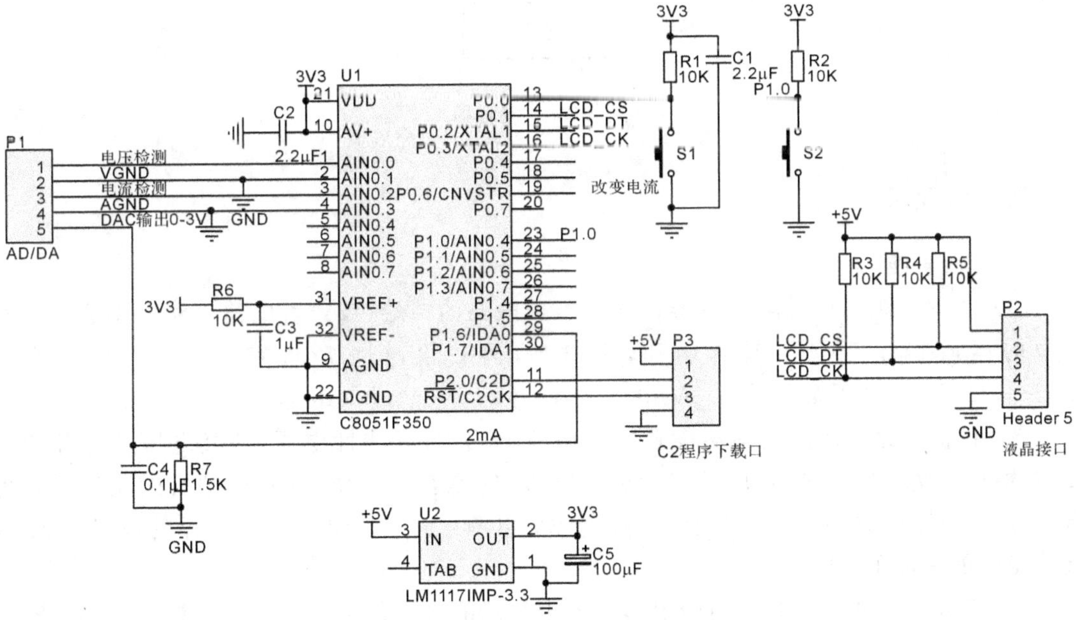

图 4-3-6 单片机设置与显示电路

P_1 插座与恒流电路相连，输入电源电压、电流信息、电压信息，输出控制电流的参考电压。图中 5V 电源除了给液晶屏供电外，还通过稳压芯片 LM1117IMP-3.3 降至 3.3V 给单片机供电。电路中设置了 S_1 和 S_2 二个按键：S_1 用于设定电流值，从 $P1.6$ 端口输出 0～3.

0V 电压；S_2 用于电压、电流值显示和电压调整率显示界面的切换。

三、程序设计

程序采用模块化的设计方法，设计了 AD 转换模块、DA 输出模块、显示模块等。程序流程图如下所示。

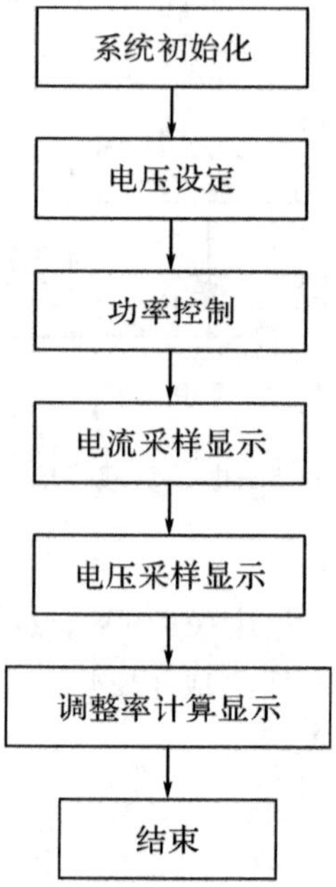

图 4-3-7 流程图

四、电路调试

1. 调试步骤

(1) 线性电源当作被测电源接在电子负载电路的二端，12V 蓄电池一路提供给恒流电路中的运放芯片 LM393 工作电压，绿灯亮；另一路通过 7805 稳压成 5V 后再连接 LM1117IMP-3.3 芯片转换成 3.3V 电压，给单片机 C8051F350 供电。

(2) 恒流电路检测。控制器设置一个电流输出，打开线性电源，使其电压从零开始增加，观察在到达过压保护阈值电压(18V±0.2V)时是否有过压保护，保护后电流为零红色指示灯亮，可通过 R5 可调电阻微调。从 0-18V 电源之间取几组 10V 电压差的数据，记录电流的变化量是否在±1%内。

(3) 观察单片机初始状态时液晶显示器上显示的电流是否为 100mA，按下 S_1 键观察设置电流可否从 100mA 逐步跳动到 3000mA，而后又跳变回 100mA，短按一次按键最小电流变化为 10mA，长按为 100mA 变化。

给单片机设置一个 3A 的基准电压，调节电阻 R20，使其与标称值保持一致。改变其设置电流与负载电流反馈的电压成线性关系。

(4) 被测电源给定一恒定电压(比如 10V)，不断改变设定电流值，记录液晶屏上显示的电压和电流值、被测电源上的标称值。按下 S_2 键，单片机会自动对负载调整率的进行测量。

2. 调试结果

表 4-1　在 10V 电压下显示检测

设定范围	设置值(mA)	标称值(mA)	实测值(mA)	精度
100mA～1000mA	100	99	84	−1.00%
	210	208	188	−0.95%
	340	337	327	−0.88%
	450	447	444	−0.66%
	560	565	559	0.89%
	670	675	672	0.74%
	780	787	788	0.89%
	890	897	888	0.78%
	920	928	915	0.86%

表 4-2　电压改变 10V 电流变化率测量

V_1	V_2	I_1	I_2	电流变化率
2.00V	12.00V	203mA	203mA	0.00%
3.00V	13.00V	203mA	203mA	0.00%
4.00V	14.00V	203mA	203mA	0.00%

表 4-3　负载调整率测量

模拟内阻(Ω)	电流变化量(mA)	电压(V)	负载调整率(%)
0.2Ω	0−3000	10.00−9.40	6.0%
0.5Ω	0−3000	10.00−8.50	15.0%
1.0Ω	0−3000	10.00−7.00	30.0%

过压保护测量结果：29.9V 启动保护功能。

调试结果表明：恒流工作模式的电流设置范围为 100～3000mA，分辨率为 10mA，精度在 1%之内。同时工作模式具有开路设置。当电子负载两端电压变化 10V 时，输出电流变化的绝对值小于变化前电流值的 1%。具有过压保护功能，过压阈值电压为 30V±0.2V。同时红灯亮。电路能测量负载两端的电压和电流并在液晶显示屏显示。直流稳压电源负载调整率在 0.1%～19.9%范围为之内。

第四节　微弱信号检测装置设计

当有用信号被噪声淹没时，如何从中再提取出该有用信号，是十分具有实用性的一项技术。

一、设计任务与要求

1. 设计任务

设计并制作一套微弱信号检测装置，用以检测在强噪声背景下已知频率的微弱正弦波信号的幅度值，并数字显示出该幅度值。整个系统的构成框图如图 4-4-1 所示。正弦波信号源可以由函数信号发生器来代替。噪声源是频谱丰富的白噪声，噪声源输出 V_N 的均方根电压值固定为 1V±0.1V。

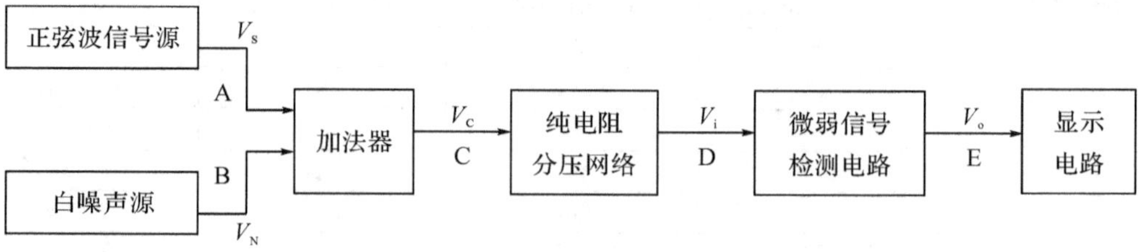

图 4-4-1　微弱信号检测装置示意图

2. 设计要求

(1)加法器的输出 $V_C = V_S + V_N$，带宽大于 1MHz；纯电阻分压网络的衰减系数不低于 100。

(2)微弱信号检测电路的输入阻抗 $R_i \geqslant 1\text{M}\Omega$。

(3)当输入正弦波信号 V_S 的频率为 1kHz、幅度峰峰值在 200mV-2V 范围内时，检测并显示正弦波信号的幅度值，要求误差不超过 5%。

(4)扩展被测信号 V_S 的频率范围，当信号的频率在 500Hz-2kHz 范围内，检测并显示正弦波信号的幅度值，要求误差不超过 5%。

二、设计方案确定

方案一

采用频率过滤的方法。噪声信号的频谱非常丰富，在某一频率上的出现具有随机性。选择有用信号的频率，滤除其他频率的信号，可以去除绝大部分的噪声能量。但接近有用信号频率的噪声能量仍然存在，无论滤波电路的 Q 值有多少高，Q 值总是有限的，无法通过滤波来去除这一部分噪声。实验中用过四阶 RC 带通滤波电路，有一定效果，但达不到理想状态。

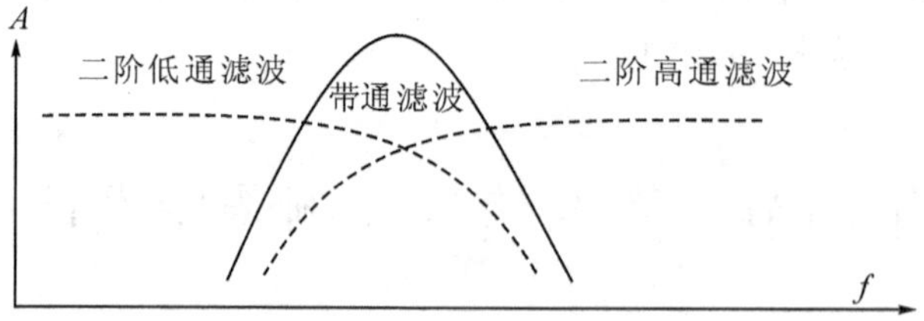

图 4-4-2　高低通滤波组合成带通

方案二

采用频率过滤加同步分离的组合方法。频率过滤是抑制噪声的基本方法，是必须采用的。鉴于单一的频率过滤效果不理想，可在频率过滤的基础上，加入乘法电路进行同步分离，这一手段适合单一频率信号的提取，并具有很好效果，但难以用于一个较宽频段内信号的提取。此方法比较适合本设计。

对于模拟乘法器其数学模型为：

$$\sin(\omega_1 t+\alpha)\sin\omega_0 t=\frac{1}{2}\cos(\omega_1 t+\alpha-\omega_0 t)-\frac{1}{2}\cos(\omega_1 t+\alpha+\omega_0 t)$$

其中 ω_0 是同步信号角频率，ω_1 和 α 是任意信号角频率和初相角，包括噪声频率。当 $\omega_1=\omega_0$ 时，即同步，体现为输出倍频；当 ω_1 与 ω_0 相差较大时时，体现为输出新的和、差频率，被滤波电路滤除；当 ω_1 与 ω_0 相接近时，其和频值接近于倍频，仍然存在。但其幅度形成了对称调制，取平均值之后被抵消，只有基本同频率的信号才被输出基本稳定的幅度。

方案三

采用取样积分方法对噪声信号滤波，再对要求信号放大后进行检测。此方法较适合于数字电路，本设计要求检测电路采用模拟方式，所以此方案不合适本设计。

相比以上三个方案，应该选择方案二加以实施。在滤波电路与乘法电路组合方式上，考虑对微弱检测电路输入阻抗的要求，采用先将混合信号通过二阶 *RC* 低通滤波电路，再送入模拟乘法器，乘法器的输出送入二阶 *RC* 高通滤波电路，最后还原出有用的正弦信号，并放大到合适的幅值。微弱信号检测电路的组成如图 4-4-3 所示。当然，也可以将模拟乘法器置于二个高低通滤波电路之后，但模拟乘法器可能会输出寄生低频，还需要过滤。

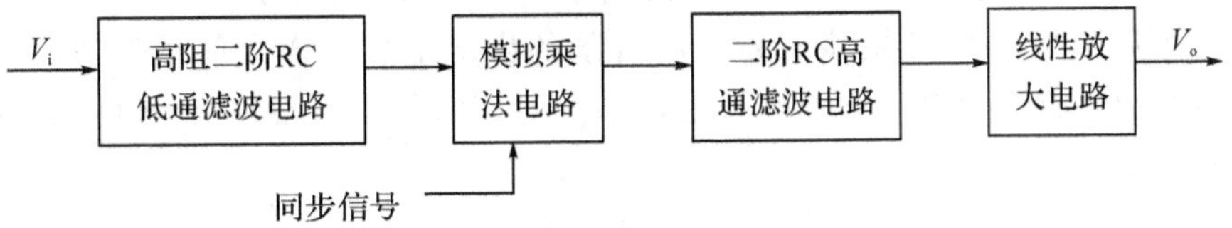

图 4-4-3　弱信号检测电路组成

三、检测装置硬件电路设计

1. 加法电路及电阻分压电路

如图 4-4-4 正弦信号与噪声通过集成运放来实现电压的相加，以获得噪声信号和正弦信号的叠加。再利用纯电阻电路对信号进行分压，降低混合信号幅度。但幅度降得过低会给后端电路处理信号带来不便，因此，衰减量略大于 100 倍即可，这里衰减系数取为 101。

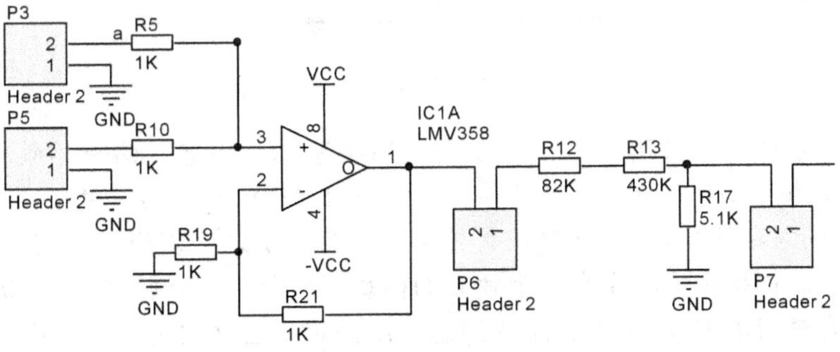

图 4-4-4　加法电路及分压电路原理图

2. 微弱信号检测电路

微弱信号检测电路主要由低通滤波器、模拟乘法器、高通滤波器、线性放大器四者组合而成，如图 4-4-5 所示。前级的二阶有源低通滤波电路输入阻抗为 1MΩ，用来滤除高频噪声，其截止频率应当略高于被提取的信号频率。模拟乘法器之后的二阶有源高通频滤波器的截止频率应当略低于被提取的信号频率和两倍。后端的线性放大电路电压增益视输出信号的幅值需要而定。

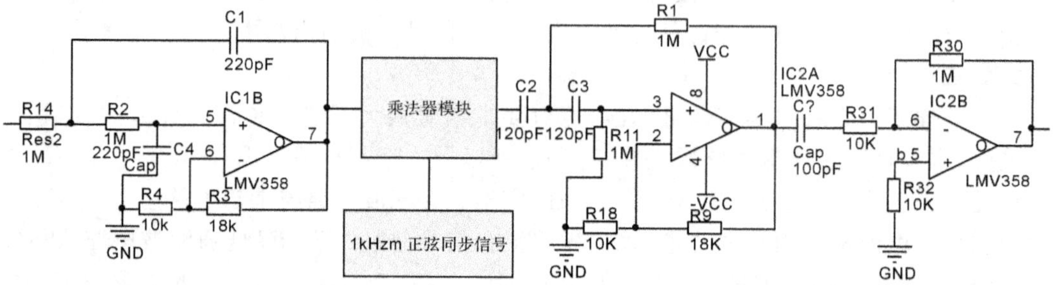

图 4-4-5　微弱信号检测电路

图中的运算放大器选用 LMV358，是考虑 LMV358 能够适用于这一段信号频率，同时，LMV358 作为轨到轨运放，又能够充分利用有限的供电电压。增大信号处理的动态范围。除了乘法器电路外，全部采用 5V 电源供电，－5V 电压由负压电路转换极性后提供，供电电源十分简单。

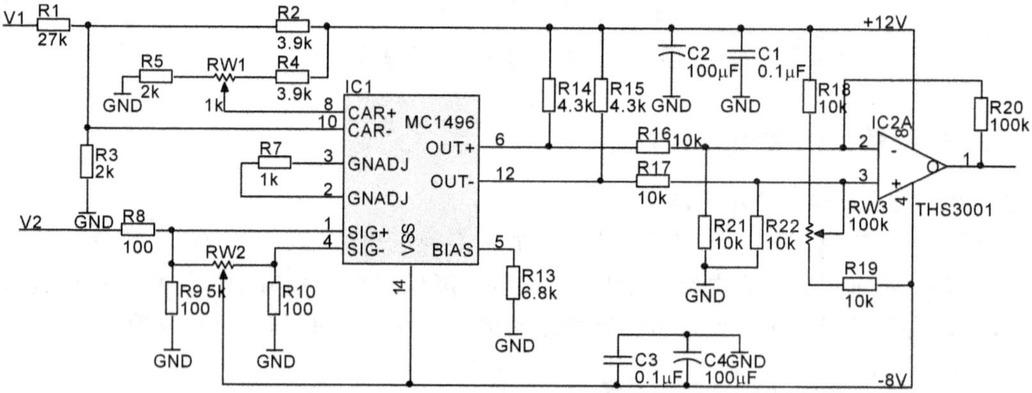

图 4-4-6　模拟乘法电路

图中的模拟乘法电路采用 MC1496 专用模拟乘法芯片组建。两个相乘变量从芯片的 10 端口和 1 端口输入，输入信号的幅值一般要小于 $100\mathrm{mV}_{P-P}$。相乘的结果从芯片的 6 端口和 12 端口之间对称输出，其中运算放大器 IC_2 是为了实现平衡到不平衡的转换，RW_2 用作输出零值调整。模拟乘法器作为一个独立的模块，要预先调整到理想工作状态，且两个输入端口要用电容进行隔离，防止外电路的静态电压破坏乘法器的正常工作状态。

用乘法电路从噪声中提取正弦信号，要求被提取信号的频率与同步信号的频率尽量接近，频率误差小于 1Hz。

乘法器电路的供电依据±5V 电源为基础，＋12V 电压端是在＋5V 基础上再叠加 6V

电压获得；−8V 端直接改用−5V 电压。

3. 1kHz 正弦同步信号源

为模拟乘法器提供同步信号的正弦信号源电路，可以采用 74HC4060 分频芯片由 8.192MHz 晶振经过 8192(2^{13})分频后输出 1kHz 方波，其频率稳定度和准确度都较高。再通过 1kHz 的 LC 并联谐振回路提取其基波成分，输出正弦波。电路结构如图 4-4-7 所示，图 4-4-8 反映了方波与正波的变换效果。

如果要获得可变化的高稳定度频率，只能通过 DDS 芯片来产生。

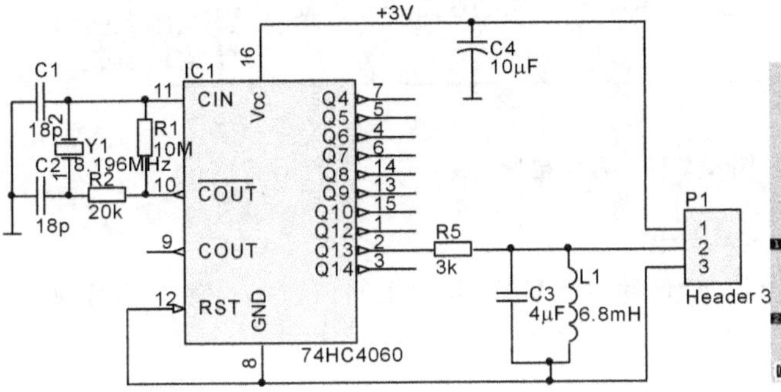

图 4-4-7　1kHz 正弦信号源

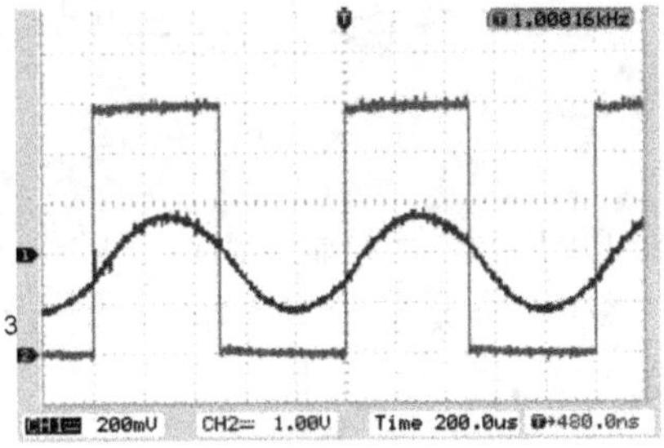

图 4-4-8　方波与正弦波的转换

4. 精密整流电路

在微弱信号检测电路提取出有用信号后，为了显示其幅值，先将正弦信号整流成直流电压。信号本身的幅度较小，若用二极管直接整流，必定存在二极管导通电压损失，使得误差变大。因此，对这一小幅度信号的整流采用精密整流电路，如图 4-4-9 所示。

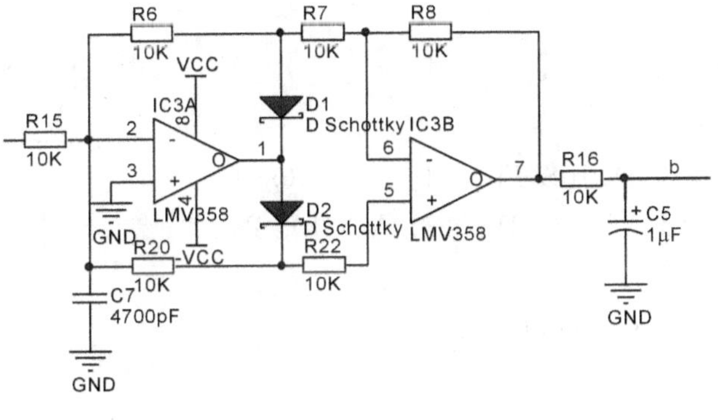

图 4-4-9　精密整流电路

精密整流电路的输出电压是输入电压的绝对值，数学关系式见(4-12)式。图中 R_{15} 和 C_5 是整流后取平均电压的滤波电路。至于这一电压值是否是标准的平均电压无关紧要，只要能够反映输出电压大小，具体数值可以由后端的显示电路再做校正。

$$v_o = |v_i| \tag{4-12}$$

5. 显示电路

显示电路主要由 A/D 转换芯片 ADS1115 和 MSP430G2452 单片机芯片组成，A/D 芯片将前端精密整流电路送入直流信号转换成数字信号，再由单片机读取数据将其转化为图

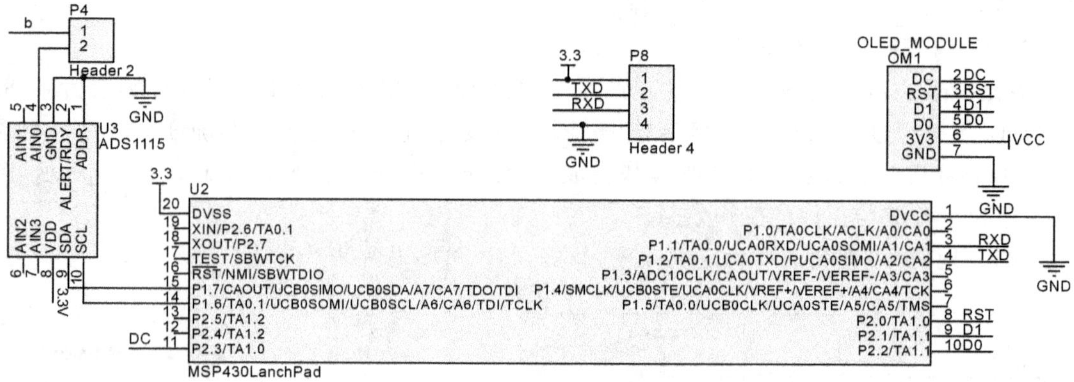

图 4-4-10 显示电路

像经 OLED 显示器显示出所需的电压峰峰值。

图中 P8 是程序下载端口。单片机所需的 3.3V 电压用 LM1117-33 稳压芯片从+5V 电源上降压获得。

四、程序设计

这一程序是一个简单的数字显示程序，将 A/D 转换芯片送来的数字量在液晶屏上显示成代表电压峰值的数字。程序设计流程如图 4-4-11 所示。其中 A/D 转换芯片也需要单片机来进行设置。

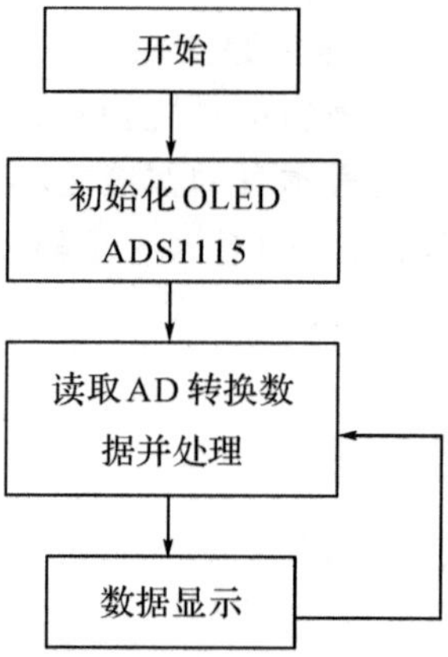

图 4-4-11 显示流程

AD 转换程序：

```
#include "AD.h"
void ADC_Init(void)
{
  ADC10CTL0 = ADC10SHT_2 + ADC10ON;
  ADC10CTL1 |= ADC10DIV_4 + ADC10SSEL_2;
}
word ADCValue(byte channel)
{
  word temp;
  ADC10CTL1 &= ~(0x0F << 12);
switch(channel)
{
    case 0:{ADC10CTL1 |= INCH_0;break;}
    case 1:{ADC10CTL1 |= INCH_1;break;}
    case 2:{ADC10CTL1 |= INCH_2;break;}
    case 3:{ADC10CTL1 |= INCH_3;break;}
    case 4:{ADC10CTL1 |= INCH_4;break;}
```

```
    case 5:{ADC10CTL1 |= INCH_5;break;}
    case 6:{ADC10CTL1 |= INCH_6;break;}
    case 7:{ADC10CTL1 |= INCH_7;break;}
  }
  ADC10CTL0 |= ENC + ADC10SC;
  while (ADC10CTL1 & ADC10BUSY);
  temp = ADC10MEM  & 0x3FF;
  return temp;
}
word ADCMid(byte channel)
{
  word i = 0,j = 0,k = 0;
  i = ADCValue(channel);
  j = ADCValue(channel);
  k = ADCValue(channel);
  if(i > j)
    swap(&i, &j);
  if(i > k)
    swap(&i ,&k);
  if(j >k)
    swap(&j, &k);
  return j;
}
float ADCAve(byte channel,byte AveCount)
{
  dword sum = 0;
  byte count;
  for(count = 0;count < AveCount; count++)
  {
    sum += ADCMid(channel);
  }
  return ((float)sum / count);
  }
```

五、测试方案与测试结果

1. 测试方案

调试步骤：

(1) 用晶体管毫伏表测量所输入的噪声幅度。调节噪声信号大小使毫伏表显示值在0.9V～1.1V之间即可。

(2) 输入单一的正弦波信号，用晶体管毫伏表测量衰减电路前后的信号幅度，计算出衰减系数。

(3) 加入噪声信号，供入 5V 直流电。接入 1kHz、200mV 的正弦信号，记录精密整流电路后的电压值。断开噪声源，再记录精密整流电路后的电压值。调整调整音频信号幅值(200mV～2V)，分别记录电压值，并与显示值核对。

(4) 再进一步降低音频信号幅值(20mV～2V)，分别记下显示屏数值，并记下显示屏上数值和信号发生器上的幅值。

2. 测试结果

电阻衰减网络衰减系数为 101.4。

表 4-4　1kHz/0.2～2.0V 峰峰值所对应的示数

输入信号幅值(mV)	显示屏显示幅值(V)
2000	1.414
1900	1.343
1800	1.272
1700	1.202
1600	1.131
1300	0.919
1000	0.707
800	0.565
700	0.495
500	0.354
400	0.282
300	0.211
200	0.139

分析：当正弦信号幅度变小，干扰信号的影响越大。当 200mV 是误差相对较低有 5%。

第五节　声音定位系统设计

一、设计任务与要求

1. 设计任务

设计一套声音定位系统。在一块不大于 $1m^2$ 的平板上贴一张 500mm×350mm 的坐标纸，在其四角外侧分别固定安装一个声音接收模块，声音接收模块通过导线将声音信号传输到信息处理模块，声音定位系统根据声响模块通过空气传播到各声音接收模块的声音信号，判定声响模块所在的位置坐标。系统结构示意图如图 4-5-1 所示。

2. 设计要求

(1) 设计制作一个声响模块，含信号产生电路、放大电路和微型扬声器等，每按键一次发声一次，声音信号的基波频率为 500Hz 左右，声音持续时间约为 1s。要求声响模块采用 3V 以下电池供电，功耗不大于 200mW。

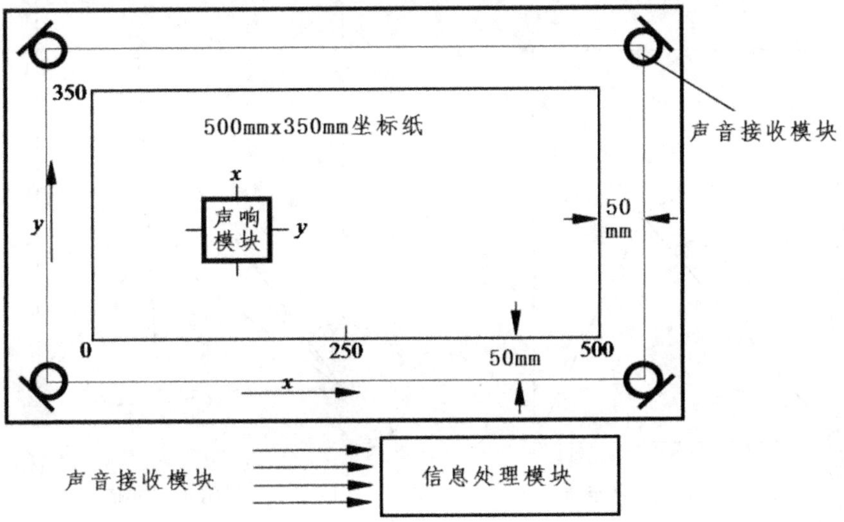

图 **4-5-1** 声音定位系统结构示意图

(2) 设计制作四路声音接收模块，由麦克风、放大电路等组成，并分别与信息处理模块相连接，以便将频率为 500Hz 左右的信号传送至信息处理模块。

(3) 设计制作一个信息处理模块，要求该模块能根据从声音接收模块传来的信号判断声响模块所在位置的 x、y 坐标，并以数字形式显示 x、y 坐标值，位置坐标值误差的绝对值不大于 30mm。

(4) 控制声响模块以不间断的连续周期波的形式发出声音信号，其基波频率为 500Hz 左右。当声响模块在坐标纸上移动时，声音定位系统能连续跟踪显示声响模块的 x、y 坐标值，随机停止声响模块的移动，能立即稳定地显示声响模块的 x、y 坐标值，误差的绝对值不大于 10mm。

3. 说明

(1) 不允许声响模块与其他电路有任何连接，并要求在声响模块上做出明显标记，以便清晰判读模块所在坐标数值。

(2) 声响模块移动轨迹的显示要求采用分辨率不低于 128×64 的液晶显示屏。

二、系统设计的基本方案

1. 方案比较

设计所采用的基本思想对设计质量影响较大，所以要对可能采用的方案进行比较，从中确定出最适宜的方案。总的思想就是依据四周接收器接收到的信息，对声源在平面坐标上的位置进行确定，其位置计算可以归结为二点：一是利用声源与测试点的不同距离进行定位，如图 4-5-2 所示；二是声源到四个检测点的距离差进行定位，如图 4-5-3 所示。利用距离定位只需要二个测试点，利用距离差定位的则至少需要三个测试点。

测试的落脚点在于：如何确定声源与测试点的距离；对于利用距离差进行定位的，如何确定距离差，可以有不同的途径。

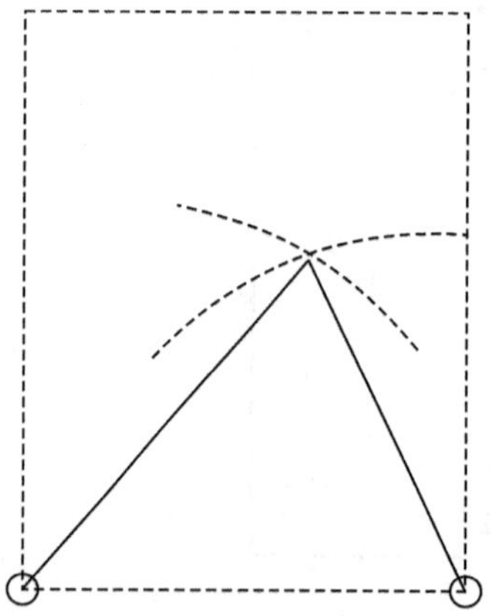

图 4-5-2 利用距离定位

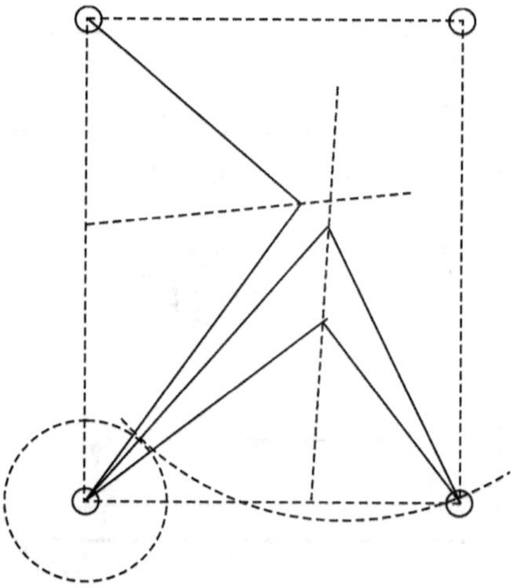

图 4-5-3 利用距离差值定位

方案一

声音传播有一定的速度，直接采集发送信号与单点接收信号的时差，再根据声音传播速度计算距离。这一想法很简单，但声源开始发送的信息如何传达到接收点？根据题目要求不能采用其他任何连接，也就意味着不能通过有线、无线电、红外线等方式送同步信号，因而此方案缺少要素无法采用。

方案二

声音传播有一定的速度，直接采用计时的方式计算声音到达各检测点的时间差，再根据声音传播速度计算距离差。计时工作可以由单片机来完成。这一想法很简单，但存在有二个问题需要解决：到达检测点时间差很短，计时精度难以保证；为了比较时间差，四个计时需要同步，同步信号从何而来？解决这二个问题不现实，因而此方案不可用。

方案三

在 25℃的空气中，声音传播的速度是 346m/s，500Hz 声波相应的波长约为 69cm。对到达相邻测试点的时间差很小，而两个接收信号间的相位差明显，短边两个测试点间到达信号的相位差小于 174°，长边两个测试点间到达信号的相位差小于 252°。可以由信号的相位比较获得他们的路程差。进行相位比较的首要问题是如何排除噪声干扰。此方案相比其他方案更现实，并适合实时显示数据的要求，故采用此方案进行设计。

2. 系统方案描述

声音定位系统由声源模块、接收模块、单片机处理模块和显示模块等组成，如框图 4-5-4 所示。其中，声源模块完全独立，接收模块、单片机模块、显示器模块间均用导线连接，实现供电与通信。

3. 基本计算

声源到达三个声音接收模块的路不同，体现为各个接收模块输出信号的相位不同，再将其相位差转换成时间差进行处理，在计算出路程差，其路程关系如图 4-5-5 所示。

以 A 接收器为参考，声源到达 A、D 二个接收点间的路程差为：

$$m = SD - SA \tag{4-13}$$

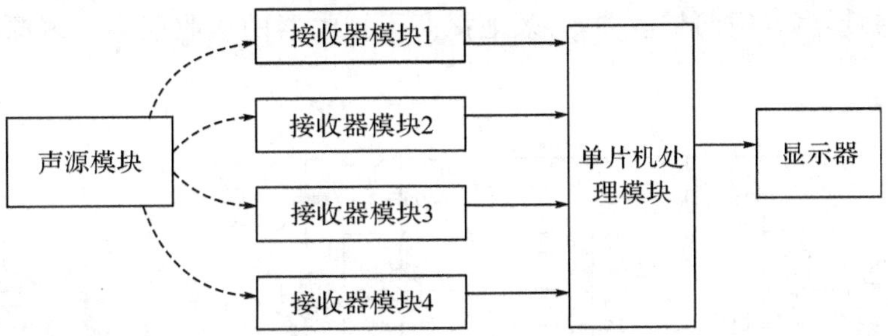

图 4-5-4　系统总体设计方案框图

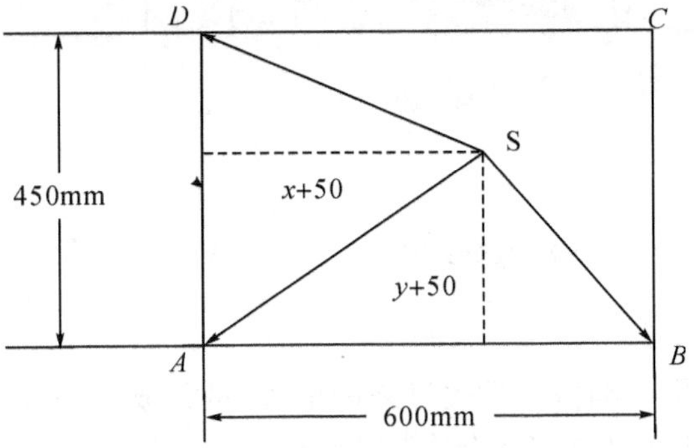

图 4-5-5　声音传送的路关系

声源到达 A、B 二个接收点间的路程差为：

$$n=SB-SA \tag{4-14}$$

$$\sqrt{(x+50)^2+(400-50)^2}-\sqrt{(x+50)^2+(y+50)^2}=m \tag{4-15}$$

$$\sqrt{(550-x)^2+(y+50)^2}-\sqrt{(x+50)^2+(y+50)^2}=n \tag{4-16}$$

m、n 为 SD 和 SA、SB 和 SA 的距离差，可以通过接收信号的时差和声音传播的速度340m/s 得出，通过以上(3)、(4)2 个方程，算出 2 个未知数 x、y，得到坐标值。

三、硬件电路设计

1．声响模块

要求供电电压小于 3V，采用一节 1.5V 的碱性电池和一节 1.25V 的镍氢电池串联供电(新电池的实际电压比标称值高)。相应的电子器件均为低电压器件。

坐标位置测量的精确度与波长相关，也就是与声音频率密切相关。为了准确产生500Hz 信号，采用 74HC4060 分频芯片由 2.048MHz 晶振经过 4096(2^{12})分频后输出，通过C2500 和 2N2907 三极管与驱动小型扬声器，电路如图 4-5-6 所示。其中 1s 的定时发声是由 RC 延时电路作用于 2SK1472 场效应管 Q_3 构成电子开关来实现，连续发声时由机械开关直接接通，电路结构非常简单。实际声响电路的功耗约为 180mW，符合要求。

为了保证声音传送无方向限制，扬声器中能朝上或朝下放置，而接收器的横向位置，正好是扬声器正反声扬的盲区。为此，将扬声器的一个面置于密闭盒中，构成一个小声箱，在上部加装一个锥形声音横向扩散器，有效地提高了接收器的接收能力。声源的实物形状如图 4-5-7 所示。

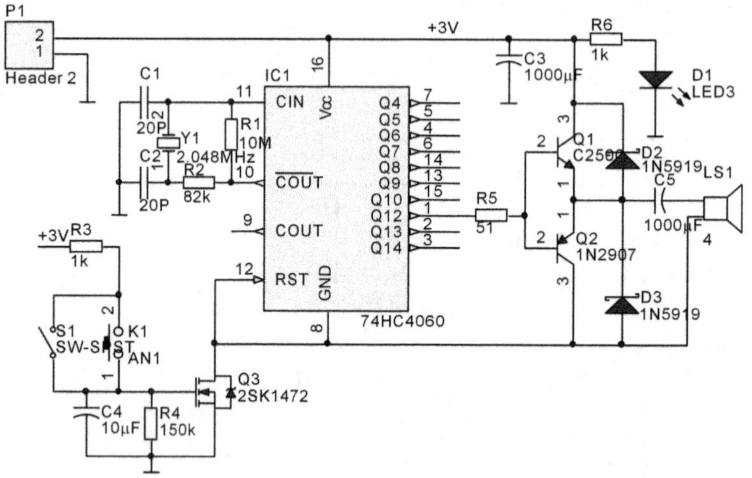

图 4-5-6　声响模块电路图

图 4-5-7　声响模块

2. 声音接收模块

声音接收模块是采集声响模块发关过来的信号，进行放大的同时，必须对环境的干扰信号进行抑制，以便提取出有用的 500Hz 信号传送至信息处理模块。因此，采用了二个处理手段：一是对信号进行高阶选频放大，本设计中采用了四阶 *RC* 带通滤波电路，然后再做放大整形；二是在放大电路中设置自动增益控制（AGC）电路，利用扬声器发出的声响高于环境噪声的特点，自动抵制噪声的干扰，解决抗干扰性与提高灵敏度的矛盾。同时，接收模块里还包含对声音强弱的判断电路，以便使最后送入单片机的信号尽进一步减少干扰信号。声音接收模块电路如图 4-5-8 所示。在 5V 低电压供电的情况下，后级去处放大器采用 LMV358 轨到轨运放，有效增大了输出信号幅度。

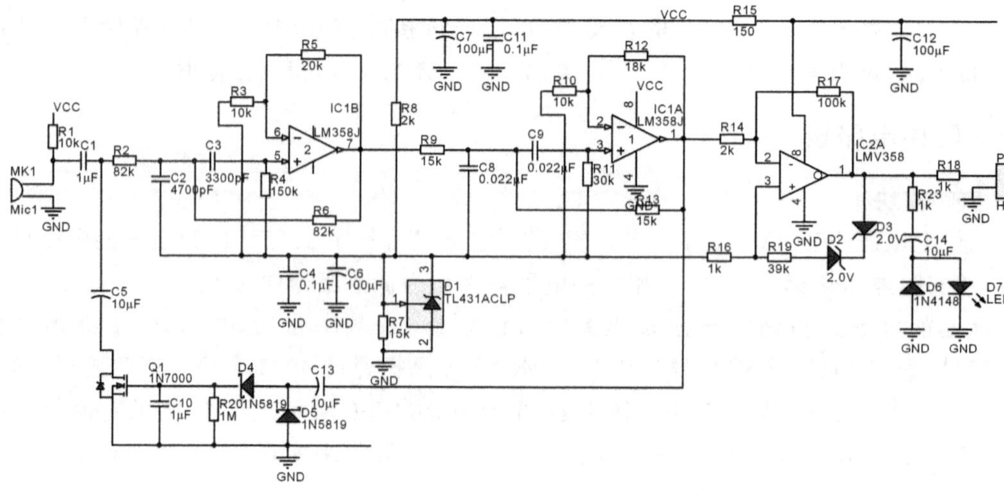

图 4-5-8　声音接收模块电路图

自动增益控制(AGC)电路由组成，将第二级带通放大器输出的信号经过倍压整流后，加在场效应管的栅极，改变场效应的导通电阻，对 MIC 送来的信号进行衰减，达到总体增益被改变的目的。

3. 信息处理模块

信息处理模块是根据声音接收模块传来的信号对该信号进行处理，进行时间差计算并换算成路程差然后通过查表判断声音模块所在位置的 X,Y 坐标，并以数字形式显示在 X,Y 的坐标，而且位置坐标值误差的绝对值不大于 30mm。因此对单片机的计算精度的要求还是比较高的，且地注数据稳定。从本设计要求来看，原理上 51 单片机已经可以达到使用要求了，故采用 51 最小系统板作为信息处理模块的检测和计算核心，最终显示器选用分辨率不低于 128X64 的显示屏。其硬件电路如图 4-5-9 所示。

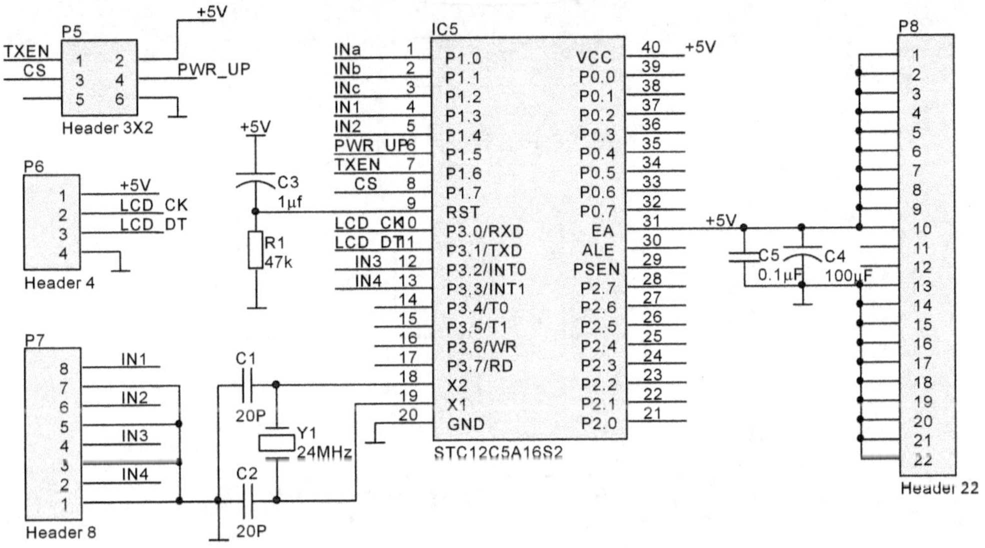

图 4-5-9 信息处理模块硬件电路

四、程序设计

对声源定位需大量复杂的计算，这项工作只能由单片机程序完成。所以程序设计是一个十分重要的环节，其中的坐标平面定位思想对结果的精度影响较大。程序设计框图如图 4-5-10，程序实例参见附录三。

五、测试方案与测试结果

1. 声源测试

用示波器对发声模块性能进行测试，输出波形曲线如图 4-5-11 所示。声音基波频率为 500.003Hz，非常稳定。从波形曲线上可以看出，峰值电压约为 0.8V，扬声器的阻抗为 4Ω，其耗散功率约为 0.135W。

2. 测试方案

将声响模块置于 500mm×350mm 坐标纸的任意位置，启动声响模块，声源发出声音，

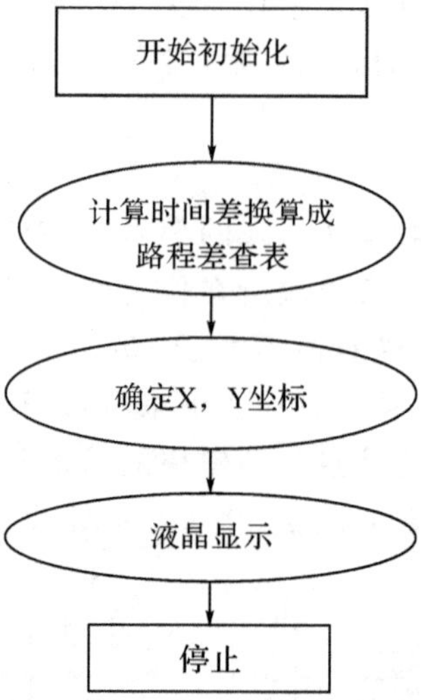

图 4-5-10 程序流程图

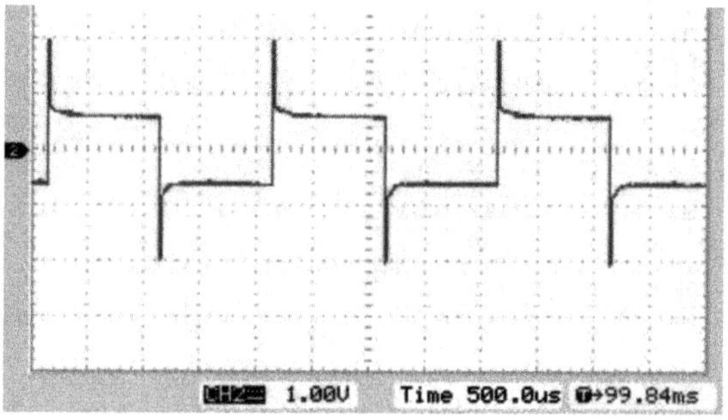

图 4-5-11 扬声器两端的电压波形

固定好在板子上的四个接收器接收声音信号。通过单片机接收基准信号同时打开计时器，然后第二接收器打开记录一个时间，第三个接收器打开记录一个时间，单片机计算第二，第三个接收器时间差换算成路程差再通过查表的方式判定声响模块的位置，显示在显示屏上。

3. 测试结果与分析

表 4-5 声源定位实际测试数据

次数	坐标纸 X(mm)	坐标纸 Y(mm)	显示 X(mm)	显示 Y(mm)	误差(mm)
第一次	50	150	70	128	30
第二次	150	200	160	180	20
第三次	350	230	310	208	30

通过以上几次的测试调式和数据上的误差来看，误差值还是在范围之内，该方案的设计基本上达到题目所给的要求，而且效果也比较好，由于题目所给的频率为 500Hz，而有时人言语声的频率与该频率比较相近，对测试的结果影响还是比较大的，若进一步减小环境的声音的干扰，该方案的设计的成果可大大提高。

第六节 金属探测器设计

一、金属探测器设计原理

1. 金属探测的理论基础

金属无接触式探测是利用电磁感应引起的物理现象,提取其中的某些参数变化进行显示。当高频电磁波辐射到金属中后,使金属体内部引起电涡流,电涡流也将产生一个新磁场,叠加于原磁场,从而使辐射体的等效阻抗、等效电感量、电容量等的变化,或者使得空间电磁波分布情况发生变化。再将这些参数的变化转变成电压、电流或音调的变化效果作为输出指示。根据指示的情况,就可以判定探测线圈下面是否存在金属物体。

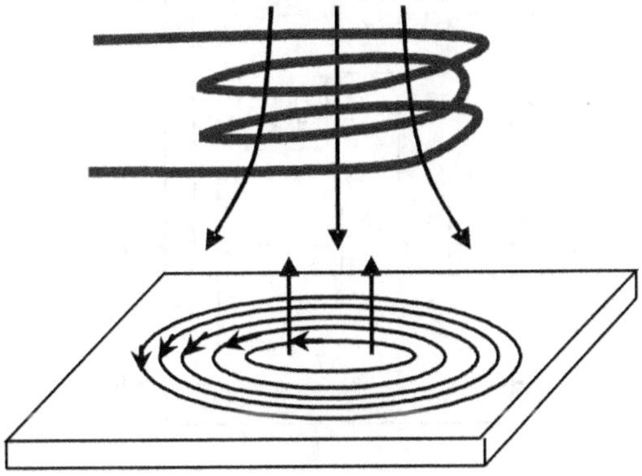

图 4-6-1

(4-17)式是相互耦合的两个磁场感应后,在辐射线圈上体现出来的等效阻抗计算式。

$$Z=\left[R_1+\frac{\omega^2 M^2}{R_2^2+(\omega L_2)^2}R_2\right]+j\left[\omega L_1-\frac{\omega^2 M^2}{R_2^2+(\omega L_2)^2}\omega L_2\right] \tag{4-17}$$

损耗电阻 等效电感

实现金属探测的技术方法很多,有的改变电路振荡强度,属于能耗型;有的采用差拍工作,属于频移型。

若探测电感作为电路的振荡元件,当电感靠近金属时,必定会引起振荡频率的偏移。以此为原理,将探测电感所决定的振荡信号与固定频率的振荡信号进行混频,产生频率差值,又称为差拍,用耳机进行监听。由于人耳对频率的敏感度很高,有微小的频率偏移就能够侦察到,因此,用这一方式设计的金属探测器的灵敏度较高,应用也最广泛。但电子电路对频率的检测能力相对要弱一些,因而很少用在自动检测仪器。

利用锁相环电路 LM567 作为振荡频率偏移的检测元件,属于频移型。当存在与 LM567 本振频率相同(相近)的信号时,LM567 的 8 脚输出低电平。

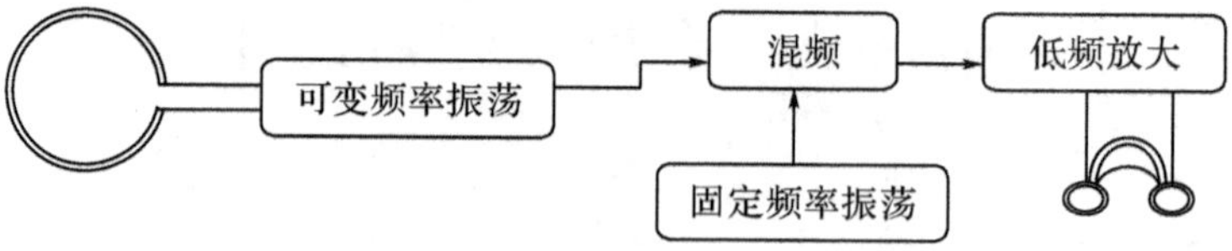

图 4-6-2 差拍式金属探测器的组成

LM567 本振信号与探测电路振荡信号在频率锁定时，检测其相位的偏差，作相位比较后输出一个窄脉冲（去除 1 脚的滤波电容，可在 1 脚或 8 脚观察到），再检测其窄脉冲的幅度，超过一定值时输出一个电压，这一种检测的灵敏度很高。

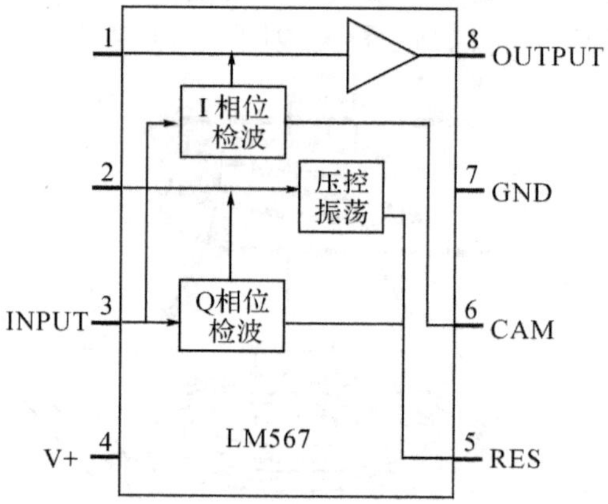

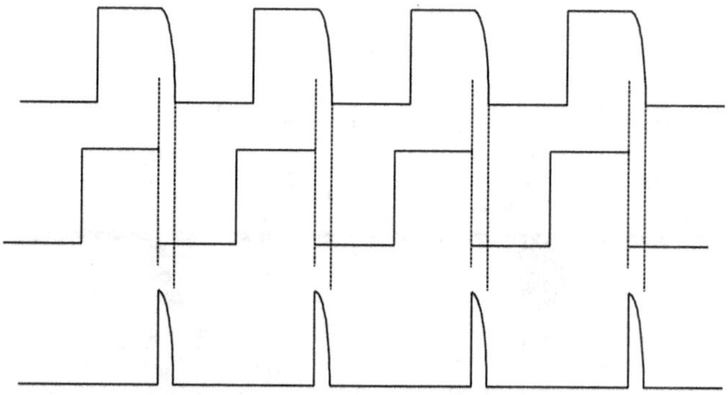

图 4-6-3 由 LM567 实现频移的效果

能耗型金属探测器一般是通过探测器靠近金属后，能量损耗引起振荡电路的振荡强度减弱或停振，来咸知金属物体的存在。这类探测器同样需要用探测电感作为电路的振荡元件。

2. 探测线圈形状的确定

探测线圈构成一个平面。探测线圈绕制法一般有两种：密集绕制法和平展绕制法。集中绕制优于平展绕制。

探测线圈面积大，电磁辐射距离远。但被测金属体的面积也应该随之增大。对于探测

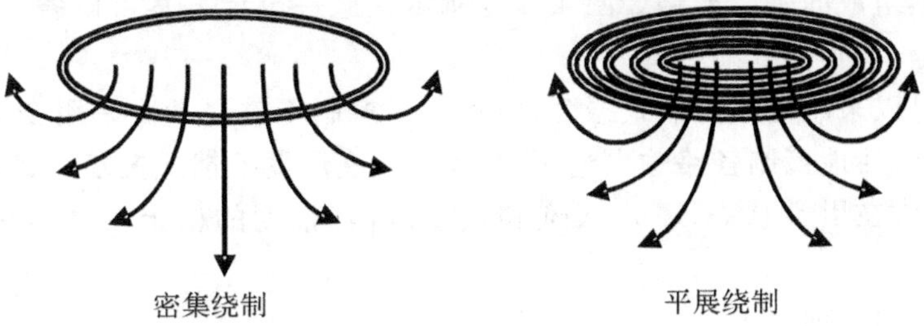

图 4-6-4　探测线圈绕法

小块金属体，探测线圈面积不能过大，探测距离也就变近。

3. 电磁波频率的确定

目的是要将高频电磁波辐射入被测金属体中。实际高频电磁波在导体中存在趋肤效应，能够深入到金属体内的深度有限。电磁波在导体中的穿透深度算式为：

$$h=\sqrt{\frac{\rho}{\pi\ \mu\ f}}=\sqrt{\frac{1}{\pi\times4\pi\times10^{-7}}}\times\sqrt{\frac{\rho}{f}}\approx500\sqrt{\frac{\rho}{f}} \tag{4-18}$$

如：金属铜的电阻率约为 0.017μΩm，电磁波在金属铜中穿透 0.5 毫米所对应的频率可计算为：

$$f=\frac{\rho}{\pi\mu\ h^{2}}=\frac{1.7\times10^{-8}}{\pi\times4\pi\times10^{-7}\times0.5^{2}\times10^{-6}}=1.7\times10^{4}\,\text{Hz} \tag{4-19}$$

探测用的电磁波频率可取为 100kHz～200kHz。其中 100kHz 时的趋肤深度为 0.2mm，200kHz 时的趋肤深度为 0.05mm。

二、能耗型金属探测器

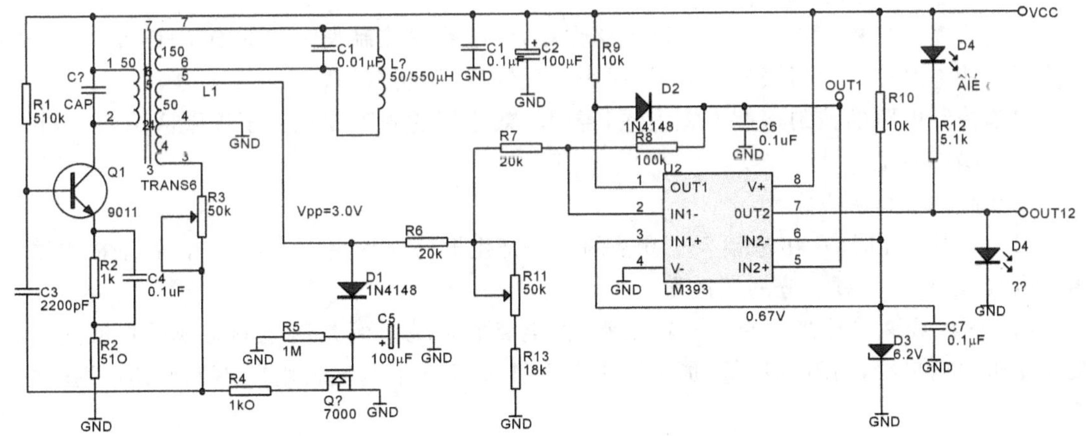

图 4-6-5　能耗型金属探测器主电路

这里的能耗型金属探测器就是基于电磁感应的涡流引起能量损耗，在电路中等效为振荡电路的负载电阻加重，使得放大电路的电压增益下降，造成振荡信号振幅下降，直止停振。利用这一特征，振荡电路后连接信号幅度检测电路，再通过其他适当的方式进行指示，以实现自动测量。其组成的基本电路如图 4-6-6 所示。这一设计方案可以省去人为的干预，并适合于线性测量。

振荡电路可以采用电容三点式振荡，但其振幅控制不够灵活。采用变压器反馈式振荡电路，可以比较灵活地控制各路输出电压，在此采用变压器反馈式振荡方式。在小幅度振荡时，振荡电路工作在甲类状态，不进入饱和截止区，其幅度的稳定依靠振荡电路的非线性实现。

振荡电路稳幅原理

$$A_v=-\beta\frac{R'_L}{r_{bb}+(1+\beta)\frac{26}{I_E}}\approx-\frac{R'_L}{\frac{r_{bb}}{\beta}+\frac{26}{I_E}} \tag{4-20}$$

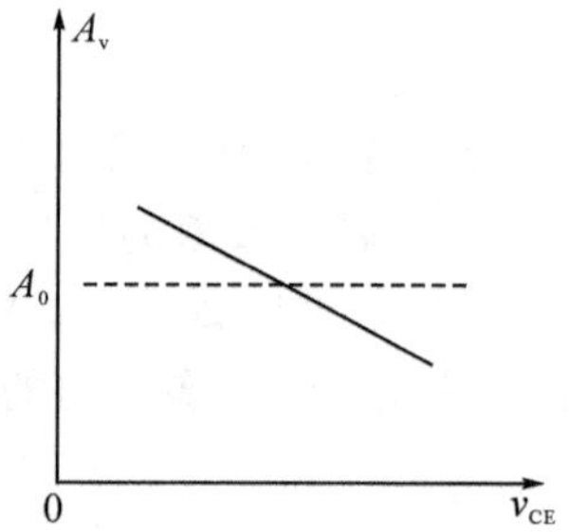

图 4-6-6

对于一般的三极管电压放大器，由于 β 随 I_E 的增大而增大，其电压增益 A_v 不恒定。电路工作电流增大时，电路的固定负载电压增益有所增大，相反，在工作电流减小时，电路的固定负载电压增益有所减小。从能量角度上看，电路的功率增益随 I_E 的增大而增大。正反馈是给振荡回路补充损失的能量，正反馈量大，补充的能量大，振幅就大；补充的能量小，振幅也小，甚至于不能维持振荡。电位变化方向的反转由谐振回路决定。从振荡电路的电位变化情况来看，当集电极电位上升时，电路电压增益下降，至一定值实现电位变化方向的反转；当集电极电位下降时，电路电压增益虽然有所上升，是主要的能量补充阶段，但谐振回路的能量有限，经过一定时间后，必定会使电位反转变化。由此使振荡电压振荡信号幅度被控制在一定的数值上。

提高振荡电路电压增益的恒定性，有利于提高由负载变化引起的增益变化对振幅影响的敏感性，即提高检测灵敏度。提高振荡电路电压增益恒定性的办法可以通过三极管发射极加 51Ω 负反馈电阻实现。

利用反馈量自控电路来稳定振荡电路振幅，此电路只控制长时间的稳定性，而瞬间振幅变化不受些电路控制。当振幅增大时，减小正反馈量，抑制振幅。

振幅控制电路的控制深度不宜太深，否则场效应管的内阻变化到了极限区域，会引起振荡电压振幅不稳定。

存在问题及解决方案

(1) 反馈过强时，存在基频 5～10 倍的高频寄生振荡。解决方案：在三极管基极并联适当的电容，以降低高频成分的反馈量。

(2) 探测线圈单独接入变压器输出端时，电路能振荡。但是与电容组成谐振回路后再接入变压器输出端，因阻抗过低，加上输出升压量过高(3 倍)，使得电路不能振荡(谐振频率不变)。

(3) 探测线圈单独接入变压器输出端时的灵敏度最低，平面状电感的探测灵敏度低于集中绕制的探测线圈。

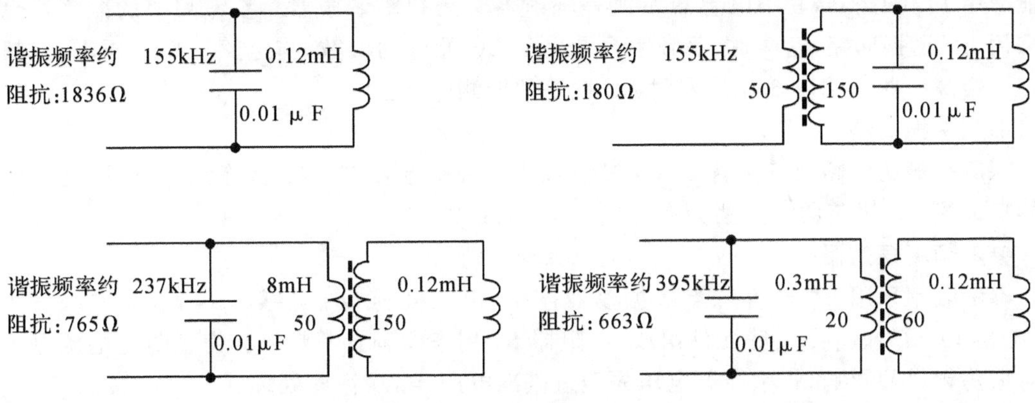

图 4-6-7

三、频差式金属探测器

1. 探测原理及其电路组成

频差式金属探测器有两个振荡电路,其振荡频率可以音频,也可以高频,视被探测物体而定。一般在探测器周围没有金属物体时,这两个振荡器的振荡频率比较接近,频率差值在几十赫兹数量级。当探测器靠近金属物体时,其中一个振荡器的振荡频率发生变化,另一个振荡器的振荡频率保持不变,这样他们的频率差值将增大。再把这二个振荡频率送入混频电路,产生他们的差频,差频的频率值会增大。把这一差频送入耳机监听,因为人耳对声音频率很敏感,哪怕存在微小的 1Hz 变化,就会感受到单调的变化,因此,频差式金属探测器具有较高的灵敏度。但由于是采用人耳进行监听,不适合需要电路进行自动控制的场合。

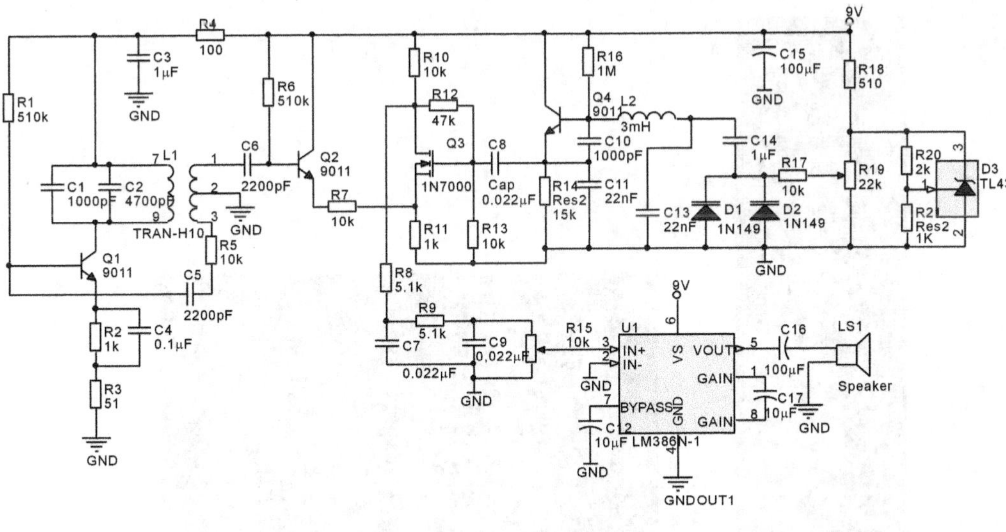

图 4-6-8　频差式金属探测器电原理图

电路设计中主要是频率稳定问题,需选择结构合适的振荡器,即能稳频,又能连续改变频率。晶体谐振器产生的频率虽然稳定,但不能连续调节,不适合此处。电磁场辐射振荡器

只能采用 LC 振荡器，其中电感器 L 既是辐射器又是频率谐振器。参考频率的振荡器也可以采用 LC 谐振回路，这样，振荡频率只取决于 LC 元件的参数，与电路工作电压无关，频率稳定度会高一些。图 4-6-8 是采用 LC 振荡的探测电路。

探测头振荡器

探测头振荡电路由三极管 Q_1、探测线圈 L_1、谐振电容 C_1 和 C_2 等元件组成，是一种变压器反馈式 LC 振荡器。振荡频率控制在 150kHz 左右

参考频率振荡器

参考频率采用 LC 电容三点式振荡器产生，由三极管 Q_4、电感器 L_2、变容二极管 D_1、D_2、电容 C_{10}、C_{11}、C_{13}、C_{14} 等元件组成，电阻器 R_{19} 用来微调参考频率。为了防止电源电压变化对振荡频率的影响，频率控制电压先经过基准电压器 D_3 稳压处理。

频差信号的产生

频差信号由混频电路产生，场效应管 Q_3 是混频管，工作于微导通状态，即非线性状态。三极管、二极管都可以用来混频，这里选用场效应管来混频，是希望更接近二次方混频特性。参考频率振荡器所产生的频率 f_0 从栅极输入，探测头振荡器所产生的频率 f_1 从源极输入，它们必定存在频率差，将他们的频率差值控制得小一些，至少是在音频范围之内。混频后必定会产生差频 $\Delta f = f_0 - f_1$，当然也包含原有频率以及他们的和频等。将所有这些频率通过 R_8、R_9、C_7、C_9 组成的二阶 RC 低通滤波器，最后输出音频，由功率放大器 LM386 放大，可以送入耳机监听。

2. 探测器制作与调试

在探测器制作中，即要适合电路工作的可靠性，又要考虑整个装置操作的方便。因而将探测电路一分为二，变频率振荡电路装配于探测线圈附近，稳定频率振荡电路及混频电路安装于手持杆的端面上，并且配有频率微调部件，可随时进行调整。

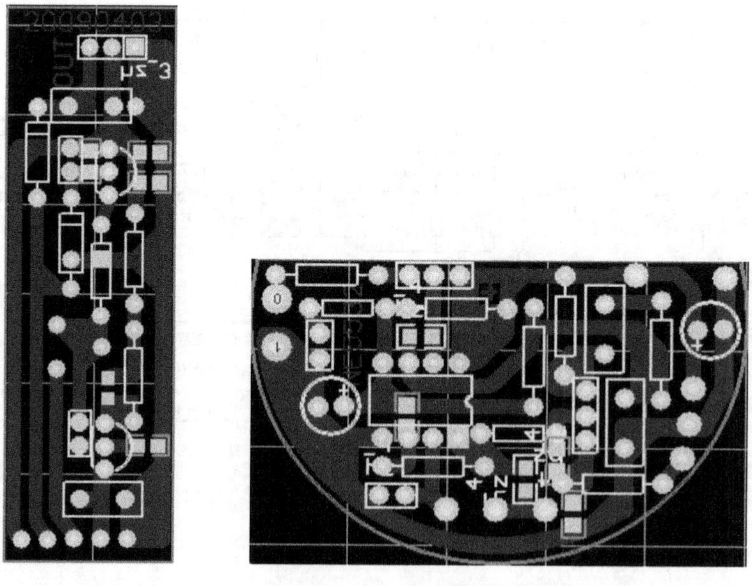

图 4-6-9 频差式金属探测器线路板

完成装配后，对振荡频率进行预调整在参考振荡器频率控制电压置于 3V 左右时，二者的振荡频率基本一致。振荡频率调整通过改变电容容量来实现。然后调整混频器的静态工作点，使场效应管处于微导通状态，其标志是无振荡信号输入时漏极电位略低于电源正极电位。工作点调整一般通过改变电阻 R_{12}、R_{13} 的阻值来完成。工作点调整非常重要，若高调整合适，用示波器可观察到混频器输出的是调幅波，耳机中也可以听到单音声响。当金属接近探测线圈时，耳机中声响的音调会发生变化。

整机在待测时，扬声器发出低频声；探测到金属时，音调发生变化。总电流约为 10mA，整机电流约 20mA。使用中电源采用一节 9V 叠层电池。

第七节　电缆长度快速测量仪设计

一、电缆长度电测量原理

导线长度电测量法与机械丈量法完全不同，目前电缆长度电测量的方法主要有电桥法和声测定点法配合、脉冲电流法、脉冲电压法以及近些年来利用行波原理发展的脉冲回波法等。而目前脉冲法测量电缆线路长度和电桥法，只能大致确定距离。因为它有许多本身存在或者不可避免的误差，包括测量偏差和仪器本身误差，而且在绘制电缆线路和测量时也会产生误差。所以还一定要以声测定点法进行更加精确的测量以确定位置。

1. 反射法的测量原理

低压脉冲反射法的测量原理如图 4-7-1 所示，当加在电缆首端的电压脉冲形成行波沿电缆传输到另一端时，若端口阻抗与电缆波阻抗没有匹配，终端能量无法完全吸收，则多余的电磁能量被反射，沿导线原路返回，在首端口出现一个回波脉冲。端点开路或短路时几乎 100％反射波能量，图 4-7-2 和图 4-7-3 分别是开路线和短路线的回波效果。

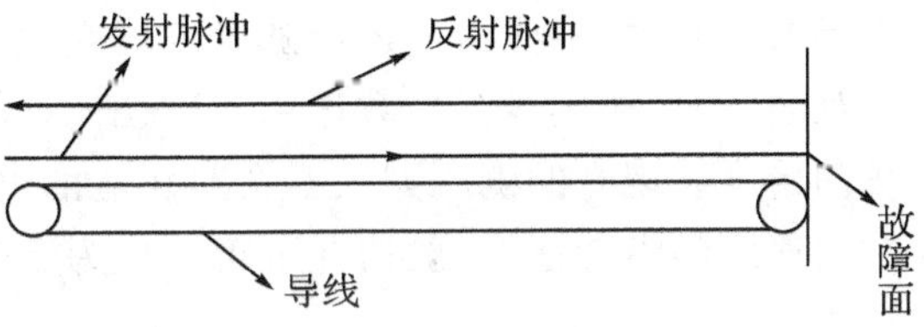

图 4-7-1　低压脉冲反射法测量原理

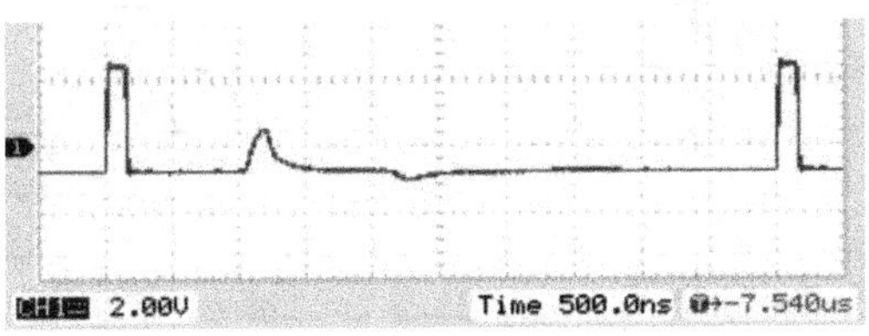

图 4-7-2　100m 开路线回波

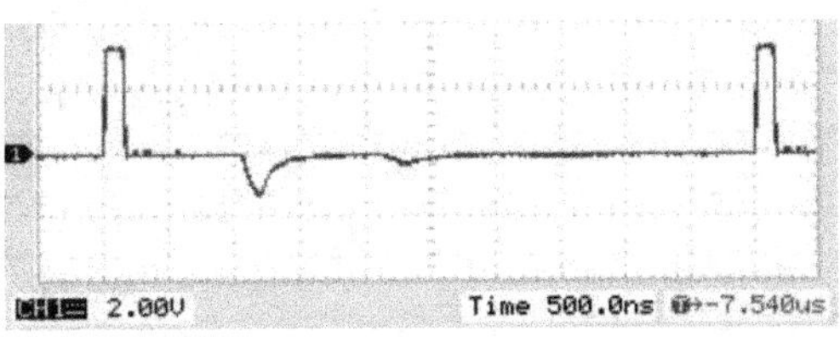

图 4-7-3　100m 短路线回波

绝缘介质均匀电缆电磁波传播时间和脉冲行波成线性关系。只要预先知道材质均匀的电缆中电磁波传播速度和传播时间，就可以算出电缆长度。脉冲反射法主要用于断线和低阻故障点测距。它的基本方法是首先向被测导体首端发射一个脉冲信号，通过测试反射电压行波和入射电压行波之间的时间差来测量距离，如 4-22 式。

$$L=\frac{v\Delta t}{2} \tag{4-21}$$

式中 Δt——反射行波和入射行波之间的时间差；

L——故障线的长度；

v——行波在被测电缆中的传播速度。

由此可见，这个方法简单直观，而且精度比较高。不需要知道被测电缆的精确长度，根据脉冲反射波还可以识别电缆分接点和接头的具体位置，操作容易，测试简单，这个方法还可仪用于断路故障、低阻故障测距或者用于电缆全长的测量。

从前的行波法测距理论的前提之一就是行波在测试电缆中的速度是确定的，但是实际情况中却不是这样。由于行波的频率成分复杂，在高频部分传播速度快，同时衰减也很快，线路所处的外界环境和被测电缆的绝缘状况都会影脉冲在电缆的传播速度，从而造成难以确定脉冲波速。通过实际测试发现，在相同的测试基础下，材质和芯数不同，它的特性就会不同，具体反映在脉冲波速改变上，所以我们在对装置进行检测分析的时候，不能一律采用同样的脉冲传播速度来计算长度。从理论上来说，形成这种现象的原因主要因为电缆的绝缘层材料的特性和不同电缆的结构都不相同，它的精确计算公式如 4-20 式。

$$v=\frac{\omega}{\sqrt{\frac{1}{2}[\omega^2LC-RG+\sqrt{(R^2+\omega^2L^2)(G^2+\omega^2C^2)}]}} \tag{4-22}$$

其中 R、L、G、C 分别为单位长度线路的电阻、电感、电导和电容；ω 为角速度。在利用线路参数精确计算行波波速时，既要要求确定行波的频率，又要求线路参数准确，不是这样的话会导致行波波速出现误差。输电线路的参数是随频率变化的，而输电线路的行波波速与线路的实际参数有关，一些参数还会随温度等变化而产生变化，所以，对于精确计算脉冲速度是很困难的，如果根据线路参数运用上述公式计算的线路行波也存在较大误差，从而影响被测电缆的精度。现有的测距方法都会对相应的电缆作针对性的波速测量。表 4-6 为常用电缆脉冲波速度的参考值，一般情况下可以作为参考。

表 4-6 常用电缆脉冲波速度的参考值

序号	电缆绝缘介质	脉冲传播速度/m·μs^{-1}
1	空气绝缘	294
2	空气一隔垫同轴	282
3	泡沫聚乙烯	246
4	聚四氟乙烯	213
5	聚乙烯	201
6	填充聚乙烯	192
7	交联聚乙烯	156～174
8	纸、冲油	150～168
9	高分子聚合物	168～186

对于不同的被测电缆长度采用了不一样的波速度，从理论上可以有效解决波速度对电缆长度测量结果的影响。对于不知道波速的电缆可以采用现场测量的方法，首先确定被测电缆的材质和类型，然后找到一根已知长度的同类型电缆，将该段电缆放到与被测电缆同样条件下之后对其做波速度测量，计算公式如 4-23 式。

$$V=2\frac{L}{\Delta t} \tag{4-23}$$

其中 Δt 为发射同样的脉冲在该段电缆中传播的时间。但是由于盲区问题的存在，该段已知长度的电缆需要有一定量。

二、电缆长度快速测量仪组成框图

图 4-7-4 是电缆长度快速测量仪的构成框图，主要由窄脉冲发生器、脉冲计数器、时间-电压转换电路、电压-长度转换电路等组成。

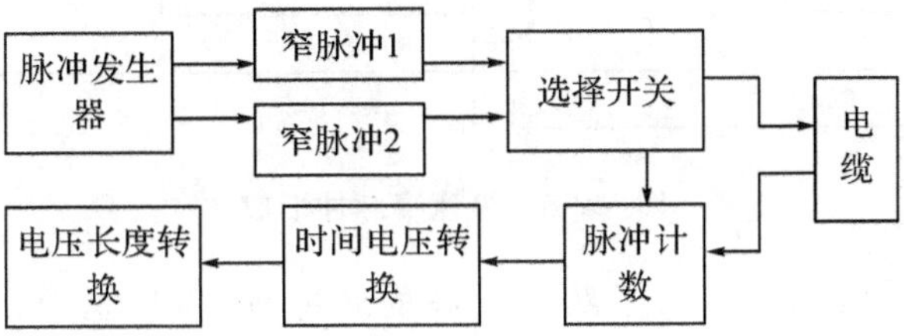

图 4-7-4　系统流程图

三、窄脉冲发生电路

最小脉冲宽度决定了可测量电缆的最短长度，即测量盲区数值。若要尽量缩短盲区，需要有尽量窄的脉冲；若要尽量增大可测量区间，需要尽量长的脉冲间隔时间；为了保证测量的精度，需要较精准的振荡频率。高频响应能力只受器件工作速度制约，就一般而言，专用器件的工作速度要高于通用型单片微机，因此，这里需要用到工作于高频的晶体振荡电路和高速数字逻辑电路完成窄脉冲的产生。

4060 是一款带振荡器的二进制分频器件，连续四位二分频通过四输入与门处理，实现 16 分频后可以压缩成占空比 6.25%的窄脉冲。10MHz 振荡信号，将 1、2、3、4 四位连续二分频通过高速四输入与门处理，窄脉冲宽度为 0.1μs，低电平时间为 1.5μs，如图 4-7-5 所示，约有 1.4μs 时间可供电磁波传输。理想情况下，测量波速约为 2.0×10^8 m/s 的电缆，0.1μs 的测量盲区时间和 1.4μs 传输时间能够测量 10m～140m 长的电缆。实际上整形电路、计数器等存在明显的延迟效应，测量盲区范围会成倍增大；由于脉冲信号在传输过程中高频分量远比低频分量衰减大，回波波形变得圆润，加上整形电路的延迟效应，整形后的回波脉冲宽度成倍回宽，可测量电缆的最大值将会缩短。

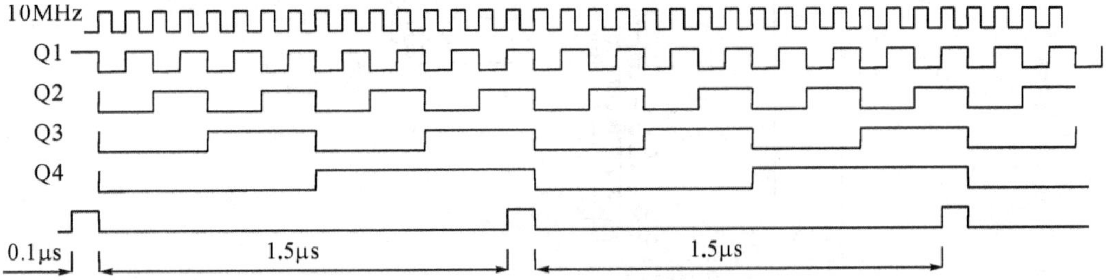

图 4-7-5　高速窄脉冲形成

如果将 4、5、6、7 四位连续二分频通过四输入与门处理，窄脉冲的脉冲宽度为 0.8μs，低电平时间为 12μs，如图 4-7-6 所示。对于这样的窄脉冲，约有 11μs 时间可供电磁波传输，理想情况下能够能够测量 80m～1100m 长的电缆，0.8μs 就是测量盲区时间。由于同样的原因实际可测量的电缆长度范围略有所收缩。

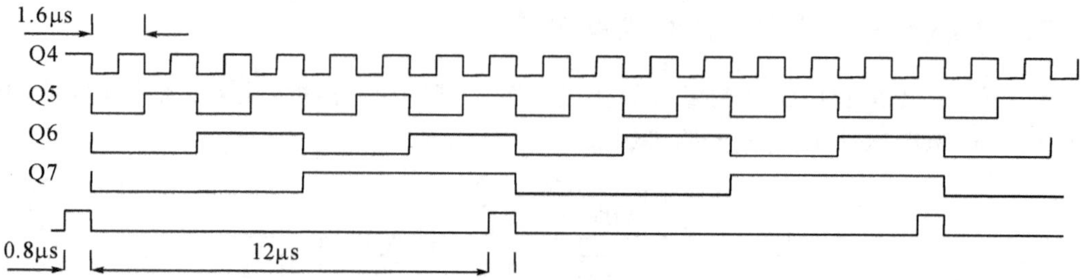

图 4-7-6　慢速窄脉冲形成

4060 器件最小分频数是 2^4，为了获得更高的脉冲频率，这里由 4040 器件提供高速脉冲，图中的脉冲就是由 4040 器件输出的。如果由 4060 直接输出高速脉冲，则振荡频率需要达到 160MHz，远超出器件的频率响应能力，不可能实现。由这一思想构建的电路结构如图 4-7-7所示，由两个四输入与门输出周期不等的窄脉冲，通过开关 K_2 选择其中之一输出，适用于不同电缆长度的测量。

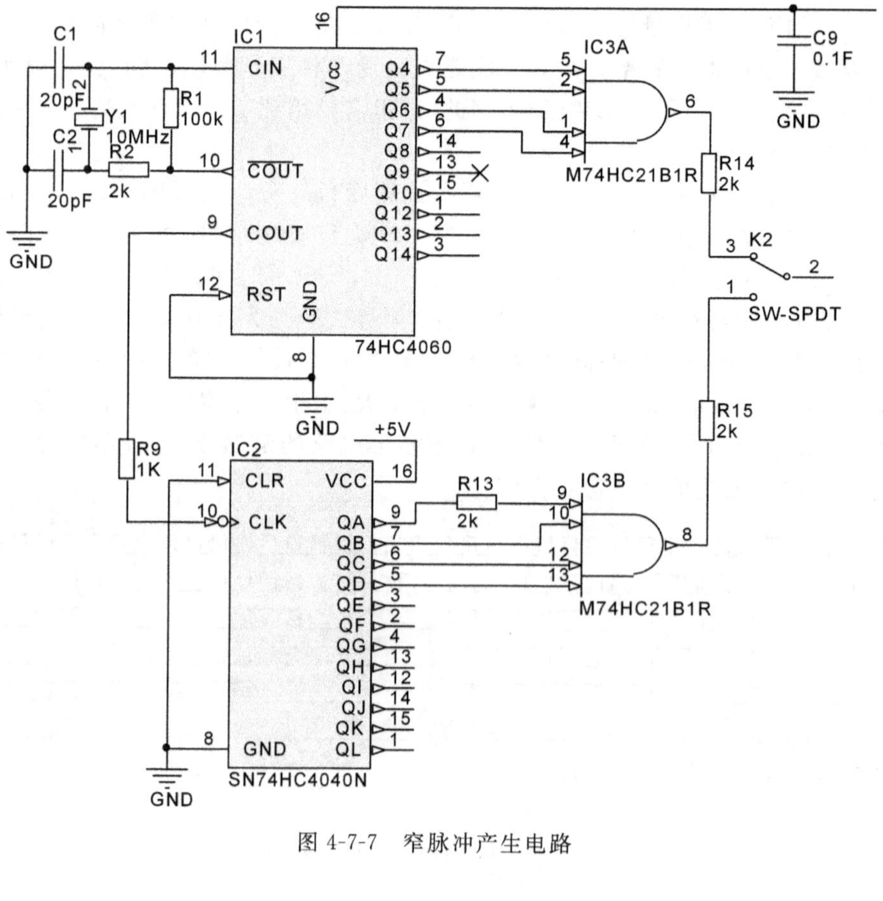

图 4-7-7　窄脉冲产生电路

为了测量尽量短的电缆，应该采用高速器件。传统的 CD4060 系列的工作频率只能达到 10MHz，而 74HC4060 芯片的工作频率可以达到 95MHz，远高于 CD4060 芯片，并且更适合低压工作环境。这里采用 74HC4000 系列数字逻辑器件，包括 74HC4040、74HC21，他们的工作频率分别是 90MHz 和 25MHz。图中选用了 10MHz 的晶振，若要获得更窄的脉冲可以选用更高频率的晶体谐振器，如 24MHz 晶体谐振器等。

四、工作时序设计

因为高速工作条件件的限制，排除了采用单片机直接计时的方案，改而采用 *RC* 积分电路进行时间电压转换，而后再采用单片机完成电压—长度换算。因此，从发出第一个脉冲电压到接收到回波电压期间，需要启动并完成 *RC* 电路充电。在此之后还有读取电容电压、电容放电等环节，要安排若干时序。为了保证各个步骤之间相互不干扰和安排上的可行性，分作充电、读电压、等待、放电四个时序，并根据发送脉冲和反射脉冲转换时序。同时考虑反射脉冲的不可靠性，又不能依赖反射脉冲转换时序，只能依靠发射脉冲控制节拍，采用双计数器进行时序控制，电路如图 4-7-8 所示。

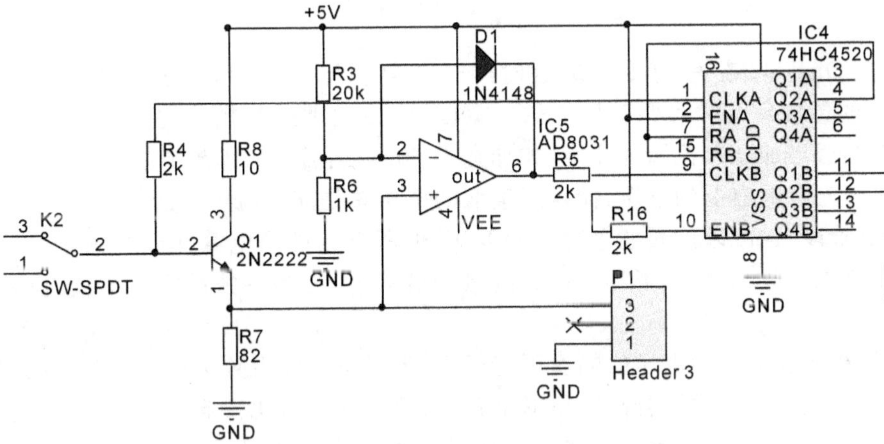

图 4-7-8　时序分配电路

由开关 K_2 送来的脉冲分作两路，一路直接送计数器 A，另一路通过射极输出器 Q_1 输出，并且经过脉冲整形电路 IC_5 送计数器 B。这样，计数器 A 和计数器 B 的工作时序不同，理想情况下时序分配关系如图 4-7-9 所示。

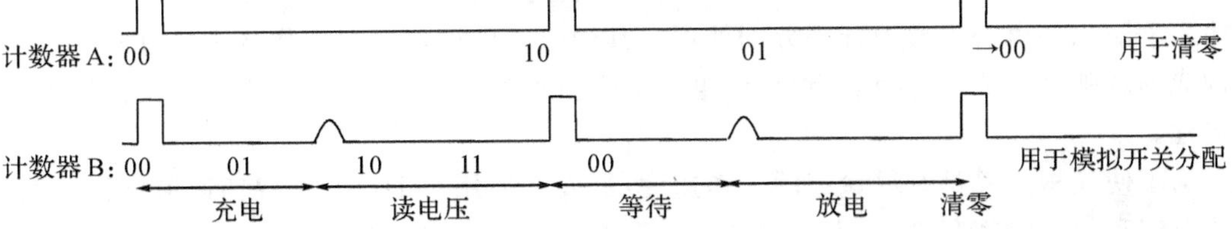

图 4-7-9　理想化的时序分配

计数器 A 只用于周期性清零，控制总节奏；计数器 B 用于模拟开关端口分配，构成充电、读电压、等待、放电四个阶段周期性循环。在理想情况下，脉冲发生器输出的某一个窄脉冲使计数器 A 和 B 均清零，计数器 B 从 00 状态开始进入充电阶段。

电路实际采用的是反馈清零法复位，复位时间极短，如果算放大器传输脉冲的延时时间极短，传输到计数器 B 的脉冲超前于复位脉冲，按照理想的节拍分配；但如果运算放大器传输脉冲的延时时间较长，传输到计数器 B 的脉冲迟于复位脉冲，结果模拟开关的端口分配被延迟了一个节拍，即复位后计数器 B 再接收脉冲，处于 01 阶段进入充电状态，实际时序分配关系如图 4-7-10 所示。

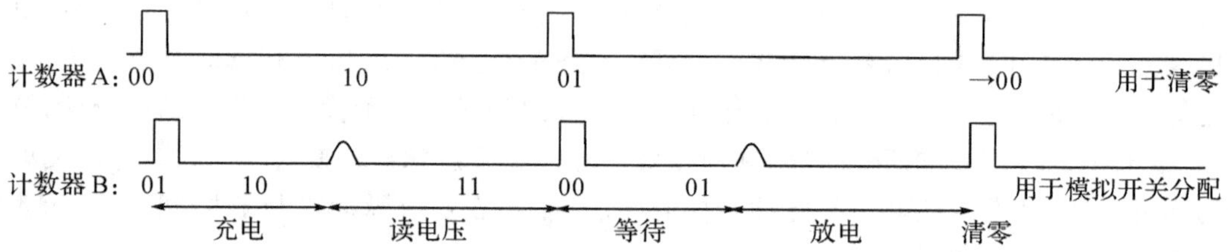

图 4-7-10 实际时序分配

实际测试中 DA8032 芯片的传输延迟时间长于复位脉冲宽度，需要后延一个节拍；LMH6642 芯片的传输延迟时间小于复位脉冲宽度，应该按理想节拍分配。考虑生产上的容差性要求，最好适当加宽复位脉冲宽度，如加宽至 60ns，然后按照理想节拍分配。

在 10 阶段读充电电容上的电压，使得所读取的电压总是充电电容上的最大值。原则上在 01 阶段（充电阶段）也可以读充电电容上的电压，但所读到的是电容充电电压平均值，数值要比 10 阶段读取的值小得多，不利于提高测量的分辨力，还是单独设置一个读电压阶段为妥。

因线路损耗造成反射脉冲电压的幅度可能很小，整形不可能由数字逻辑电路完成，只能依靠模拟器件。高速脉冲必须配合高速整形电路，这里高速电压比较器难以寻找，选用高频电压反馈型运算放大器，如图中的 AD8031，其增益带宽积为 80MHz，频率响应能力基本满足要求，只是压摆率只有 30V/μs，有些不足，如果选取用 LMH6642 芯片，其压摆率为 130V/μs，整形效果更好。为了兼顾脉冲整流器形电路的灵敏度和抗干扰能力，阀值电压设置为 0.2V 左右，直接从电源电压分压得到。为了提高上升沿的响应速度，电路中设置二极管 D1 钳位，让运算放大器在常态下处于放大状态。

四个时序不同作用的执行由模拟开关转换，电路结构如图 4-7-11 所示。双模拟开关 74HC4052 根据计数器 B 送来的指令，分别进行充电、等待、放电和读取电压、等待的转换，即输入和输出各由一组模拟开关分别处理。其中电容电压的读取工作分别经过两个高阻运放构成的跟随器完成，最大程度地保证电容电压读取的准确性，并保证送单片机换算电压的稳定性。

为了使模拟开关具有尽量高的工作速度，器件选取用 74HC4052 双四通道模拟开关，其开通时间和关闭时间分别为 38ns 和 27ns，远高于 CD45052 的工作速度。用作射极跟随器的运算放大器选用 OPA2134 高阻运放，其带宽增益积为 8MHz，完全能够适合此处工作速度的需要。R_{10} 与 C_5 组成的 RC 充电电路的时间常数决定了充电电容电压上升速度，参数

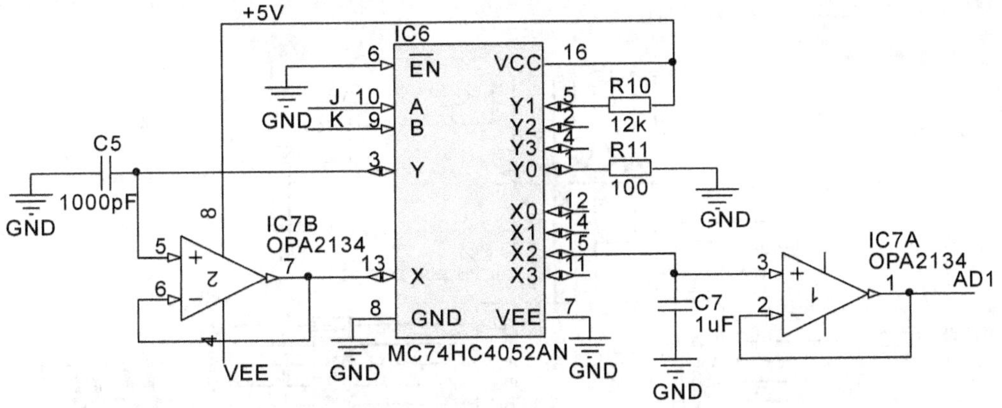

图 4-7-11　时序执行电路

设置应该在最长充电时间内电容电压上升到电源电压的 1/2 以下为妥。如果要提高线性度，可以单独设置恒流充电电路，但另一方面，恒流充电电路的响应速度问题又会带来负面影响，采用恒流充电路不一定能够真的提高测量线性度，在本方案中未采纳恒流电路，只采用简单的恒压充电电路。如果增加充电电压值，也可以提高测量线性度。

窄脉冲产生电路、时序分配电路、时序执行电路共同组成电缆长度检测电路，如图 4-7-12所示。

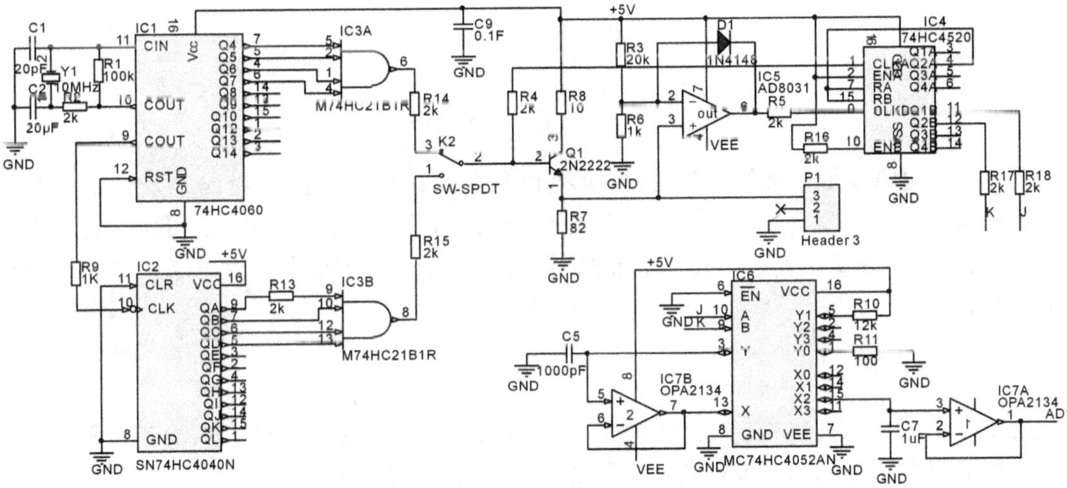

图 4-7-12　电缆长度检测电路

五、单片机显示电路

通过时序执行电路将传输时间长短转换成了积分电容上的电压变化，显示电路需要将电压值转换成长度数据，其中还得进行非线性校正、传输速度修正等处理工作，因而并非简单的 A-D 转换所能够完成的，需要单片机参与计算。这里选用带 A-D 转换功能的 C8051F350-LQFP 芯片，用三位 LED 数码管显示电缆长度数据。

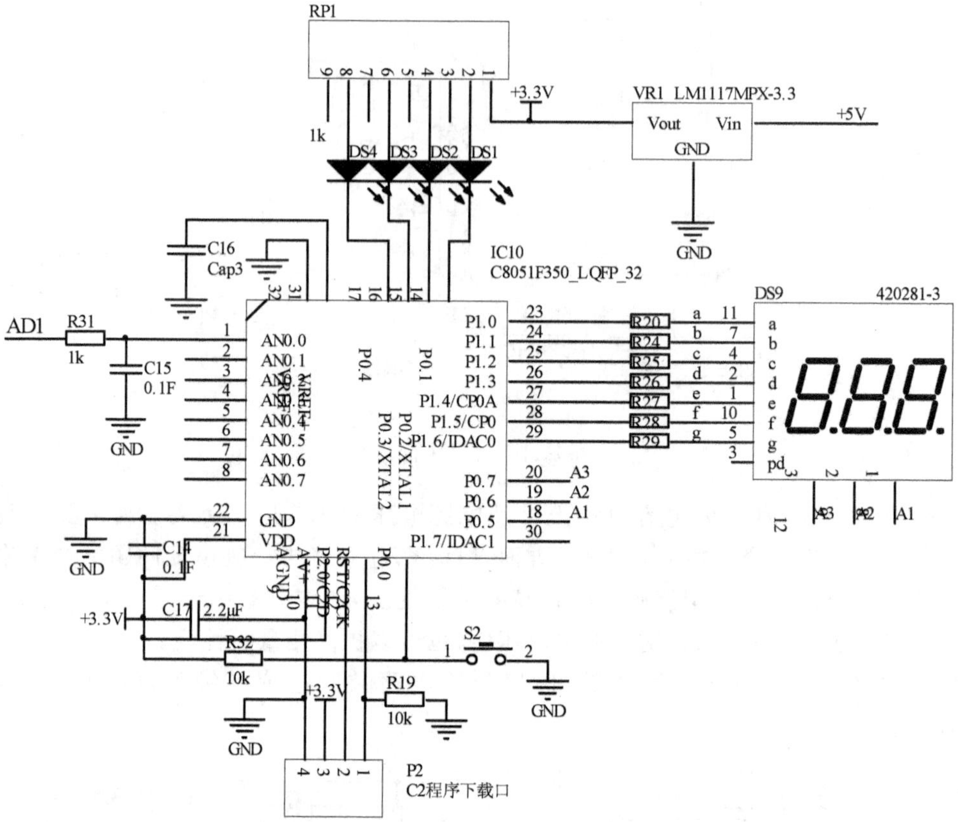

图 4-7-13　数据显示电路

图 4-7-13 中 P2 是预留的下载接口；电缆种类通过按钮 S2 选择，由四个发光二极管指示。这里设置了四个发光二极管是对应种电缆，如果需要选择更多的电缆，可以设置更多的二极管进行指示，并由单片机程序来调整换算系数。积分电路的非线性问题通过软件进行曲适当纠正。

六、电源电路

为了缩小测试仪的体积，考虑单节锂离子电池供电方式，必要时还可以配合太阳能电池充电。单节锂离子电池的 3.6V 电压也能够适合所采用的各集成器件，但是因积分电路的恒压要求和输出脉冲幅度尽量高的要求，这里采取了直流升压至 5V 稳压供电方式，由 MC34063 芯片实现，电路结构如图 4-7-14 所示。

电路中电感器 L_1 的电感量是一个重要数据，决定了能够输送的功率，这一电路近一半的输出电能来自于电感器 L_1 的储能。预设测试仪的耗电电流为 100mA，功耗约为 0.5W，按其中的近一半约 0.2W 来自于储能电感器 L_1。若直流升压电路的开关频率定为 80kHz，开关周期约 T 为 12.5μs，每一周的储能 w 应该达到 2.5μJ，由此确定 L_1 的电感量。

$$L_1=\frac{u_1^2t_1^2}{2w} \tag{4-34}$$

其中 u_1 是电感器 L_1 的励磁电压，这里应该取为 3.0～3.5V；电感升压电压设为 u_2，这

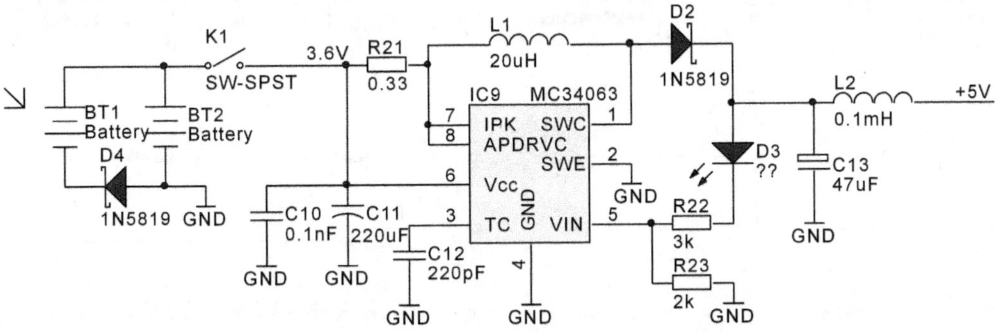

图 4-7-14 直流升压稳压电路

里应该取为 2.0V；t_1 是电感器 L_1 的最大储能时间。t_1 值由电压时间平衡方程计算。

$$t_1=\frac{u_2}{u_1+u_2}T=\frac{2.0}{3.0+2.0}\times 12.5=5\mu s \tag{4-35}$$

由此可以计算得到 $L_1=45\mu H$。图中取为 $20\mu H$ 时，同样的开关频率电源可以获得更大的输出功率，或者更低的开关频率下也能满足输出功率的需要。

电源输出电压值由电阻 R22 的取值调整。电路中设置 L_2 滤波电感，是为了减小输出电压的脉动量，对其电感量没有严格要求，只是以大为优。

对于 OPA2134 所需要的负电源，由 TL7660 电荷泵提供，电路结构如图 4-7-15 所示。其输出电压值没有严格要求，不必进行调整。

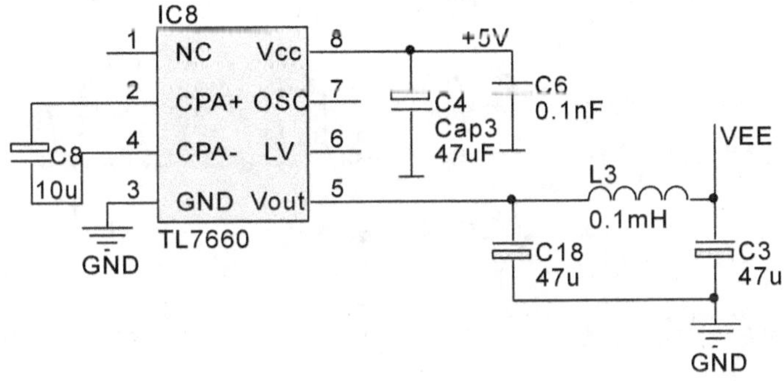

图 4-7-15 负电压电路

七、误差因素分析

除了参数转换所造成的误差外，更大的测量误差主要来自于器件传输信号的延迟。

(1) 从探测脉冲发出开始，均由脉冲前沿起动计数，计数器的输出延迟可以自行抵消，但脉冲整形电路对回波的整形延迟时间会大于探测脉冲的传输延迟，使得测量到的传输时间略大于实际传输时间。在此，运算放大器在放大状态下输出脉冲上升沿，使其延迟时间达到最小。而脉冲下降沿是在比较状态下转换的，延迟时间较大，如图 4-7-16(b) 中的宽脉冲所示，但并不影响测量误差。

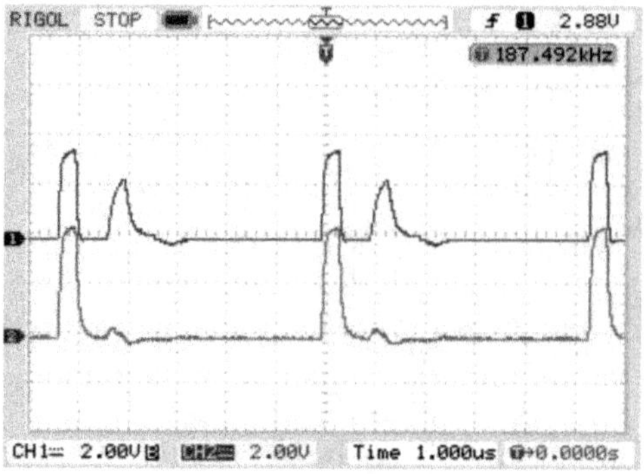

(a) 测量端口脉冲与窄脉冲输入波形

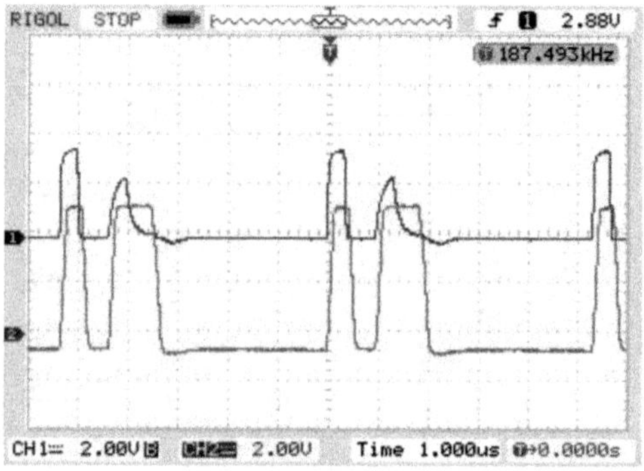

(b) 测量端口脉冲与运放整形脉冲波形

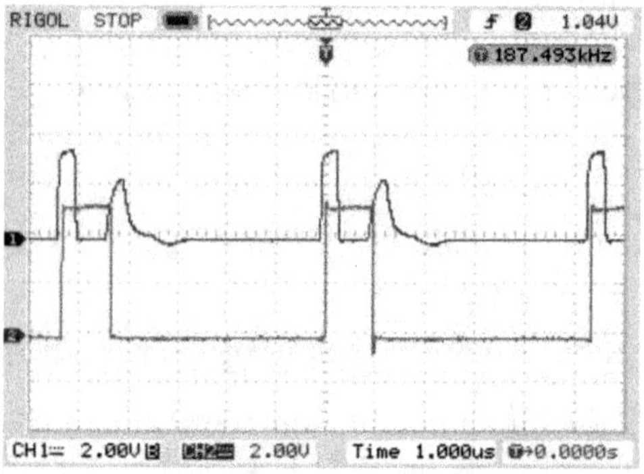

(d) 测量端口脉冲与计数器B高位波形

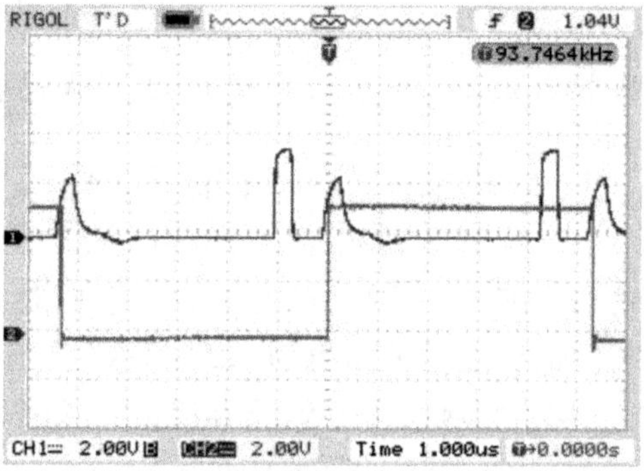

(c) 测量端口脉冲与计数器B低位波形

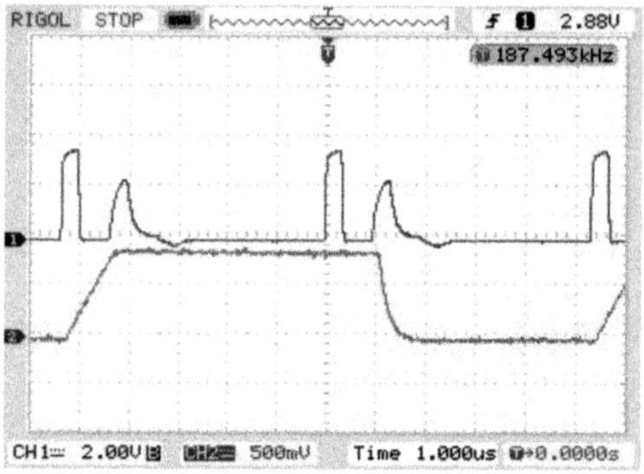

(e) 测量端口脉冲与积分电容电位波形

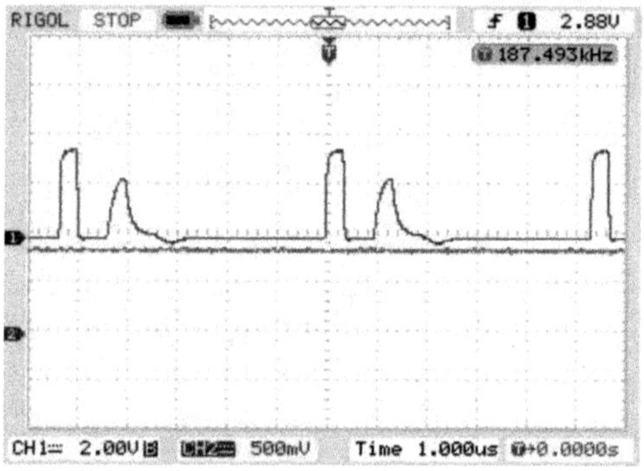

(*f*) 测量端口脉冲与转换电压波形

图 4-7-16　电路主要节点电位波形

（2）模拟开关的开通延迟时间大于关闭延迟时间，不能自行抵消，造成积分电容充电时间略有收缩。好在开通延迟时间与关闭延迟时间的差值较小，由此造成的误差也较小。

（3）积分电容非恒流充电，电压上升先快后慢，必定造成非线性误差。测量短电缆时充电速度相对较快，造成短电缆测量数据偏长；测量长电缆时充电速度相对较慢，造成长电缆测量数据偏短。如果充电电容电压控制得较低，其线性度会有所改善。

（4）积分电容非恒流充电所造成的误差与模拟开关的延迟所造成的误差相互有抵消作用。模拟开关的延迟所造成的误差与比整形电路传输延迟所造成的误差呈相反趋势，也有相互抵消作用。

八、快速测量仪电路工作效果

电缆快速测量仪电路分作检测电路和单片机显示电路两个相对独立的部分，图 4-7-12 是电缆长度检测电路，图 4-7-13 是数据显示电路。首先对检测电路的脉冲传输效果和输出电压进行考察，以确定电路工作效果。图 4-7-16 是 187.5kHz 窄脉冲下对 90m 长电缆试测时的工作效果。

波形图分析：

(1) 从图 4-7-16(a)中可见，三极管射极输出器的延迟时间很小，但幅度下降明显，说明 2N2222 管的高频增益不够，或者说高频响应能力不够。另外，脉冲信号在电缆中的传输时间约为 0.26μs。图中所测量得到的淡蓝色的输入脉冲呈现尖峰状是由于示波器探头电容的影响造成的，原本是矩形脉冲（未接示波器探头时的脉冲形状）。

(2) 从图 b 中可见，电压比较电路上升沿延迟时间较短，而下降沿的延迟时间较长。运算放大器工作在电压比较状态下工件速度会变慢。

(3) 图 4-7-16(b)、(c)、(d)、(e)相比较可见，计数器清零迟于输出脉冲，由清零脉冲完成。

(4) 从图 4-7-16(f)中观察到 5.1kΩ 电阻充电与 100Ω 电阻放电的速度很接近，只可能是模拟开关的导通电阻很大所至，说明模拟开关反应速度很慢，在 200ns 时间内仍没有完全开通，远低于器件手册中的 35ns 开通时间。

参考资料

1. 黄智伟.全国大学生电子设计竞赛训练教程[M].北京:电子工业出版社,2005.
2. 楼然苗等.51系列单片机设计实例[M].北京:北京航空航天大学出版社,2003.
3.(英)Douglas Self.音频功率放大器设计手册[M].薛国雄译.北京:人民邮电出版社,2009.10.
4. 谢自美等.电子线路综合设计[M].武汉:华中科技大学出版社.2006.6.
5. 姜威等.实用电子系统设计基础[M].北京:北京理工大学出版社.2008.1.
6. 蔡明生等.电子设计[M].北京:高教出版社出版.2005.
7. 韩广兴.电子元器件与实用电路基础[M].北京:电子工业出版社,2005.
8. 姚福安.电子电路设计与实践[M].济南:山东科学技术出版社,2003.
9. 刘凤君.现代高频开关电源技术及应用[M].北京:电子工业出版社,2008.1.
10. 刘凤君.现代逆变技术及应用[M].北京:电子工业出版社,2006.
11. 刘凤君.正弦波逆变器[M].北京:科学出版社,2002.
12. 王水平等.PWM控制与驱动器使用指南及应用电路[M].西安:西安电子科技大学出版社,2005.
13. 刘胜利等.高频开关电源新技术应用[M].北京:中国电力出版社,2008.8.
14. 卓晴等.学做智能车[M].北京:北京航空航天大学出版社,2007.
15. (日)铃木雅臣.晶体管电路设计[M].周南生译.北京:科学出版社,2004.
16. 胡大可.Msp430系列超低功耗16位单片机原理与应用[M].北京:北京航空航天大学出版社,2000.

附录一　电子元器件常见封装

电子设计中需要依据电子器件封装尺寸进行 PCB 布局，因此，对所用器件的封装形式必须十分清楚。电子器件的封装形式较多，单是半导体器件的封装就不下几十种，加上电阻电容等无源器件的封装更多，对设计者来说不可能全部都熟悉，也没有必要全部了解，只需了解其中常用的封装和需采用的即可。

无源器件的常用封装是两个引脚穿孔安装形式和长方体表面贴装式，他们各自按照大小体积分作若干种，表面贴装式的用四位数字进行标识，一般使用英制规格，如 0805 是指长 80mil 宽 50mil 封装尺寸，折合成公制单位约为 2.0mm 长 1.25mm 宽的规格，2512 是指长 250mil 宽 120mil 封装尺寸，折合成公制单位约为 6.4mm 长 3.2mm 宽的规格，分为 9 种。对于有源器件往往要用到多种结构的封装，以下是几种常见的半导体器件封装型式。

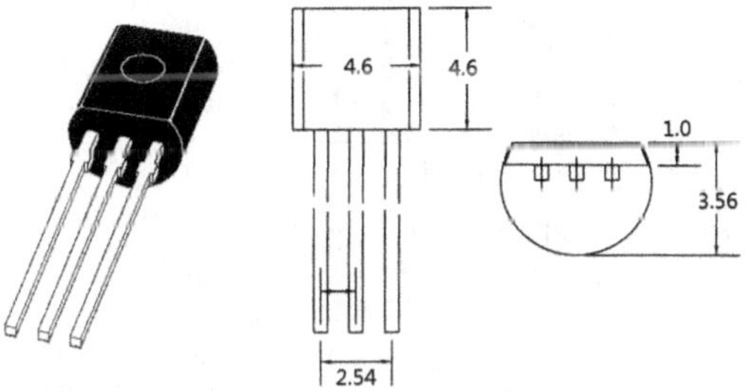

TO-92封装

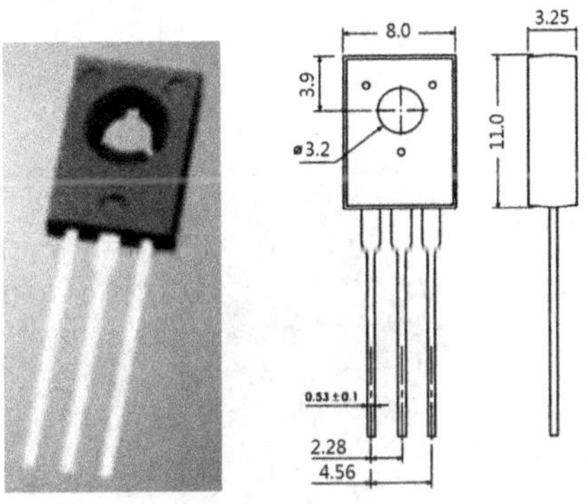

TO-126封装

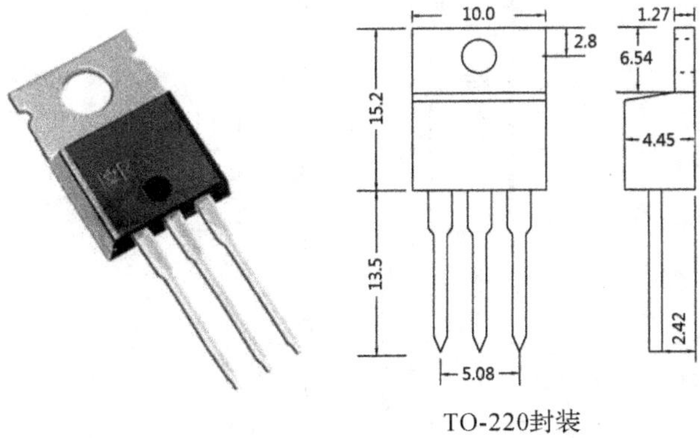

TO-220封装

TO-220F封装

TO-220-7封装

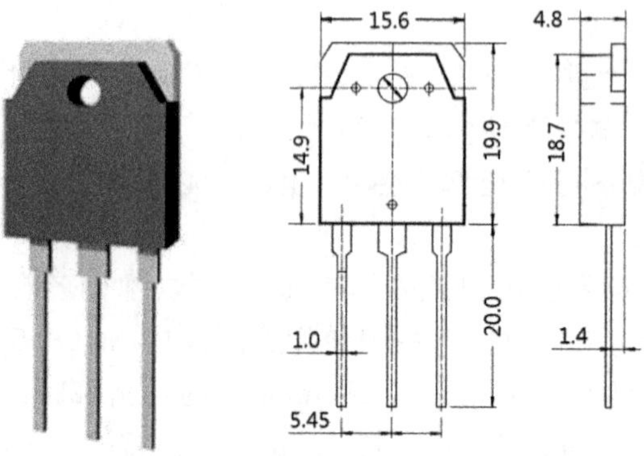

TO-3P封装

TO-3PF封装

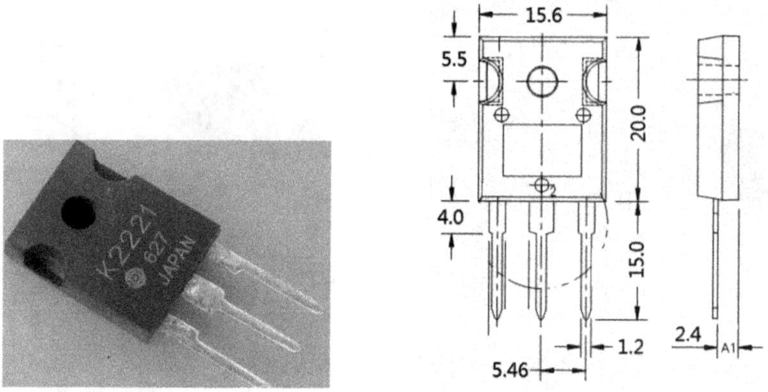

TO-247封装

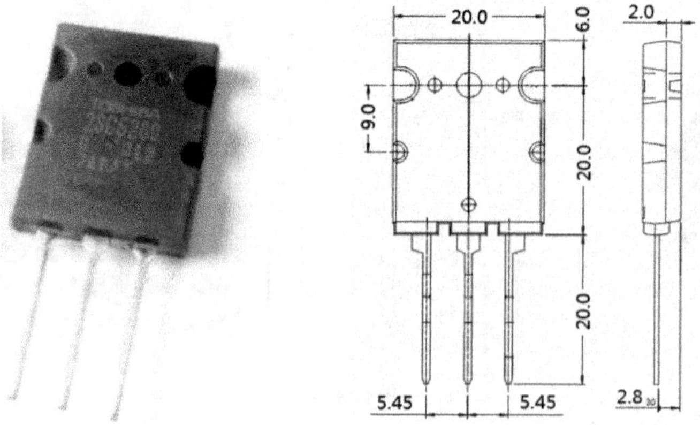

TO-264封装

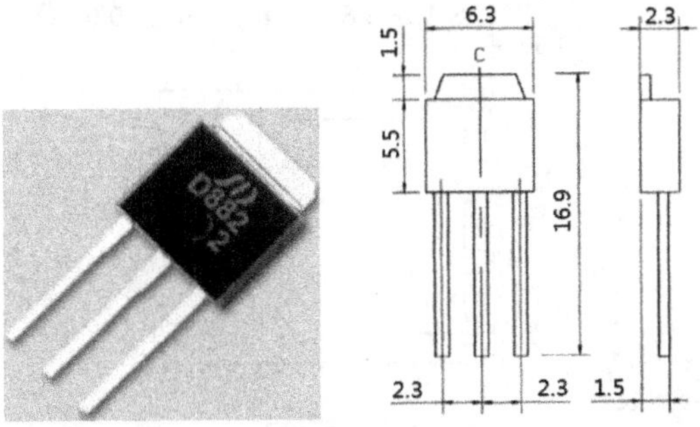

TO-251封装

TO-252封装

TO-263P封装

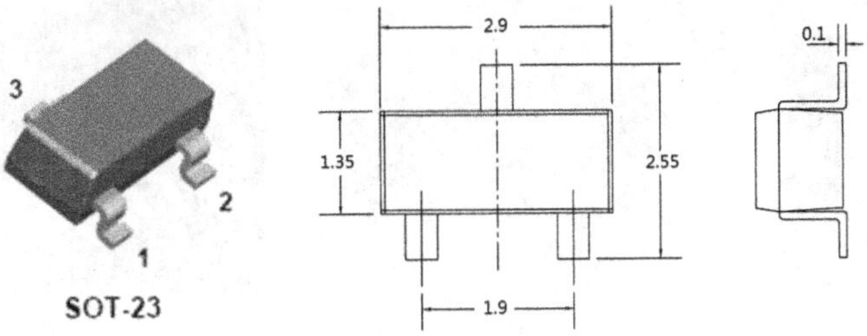

SOT-23封装

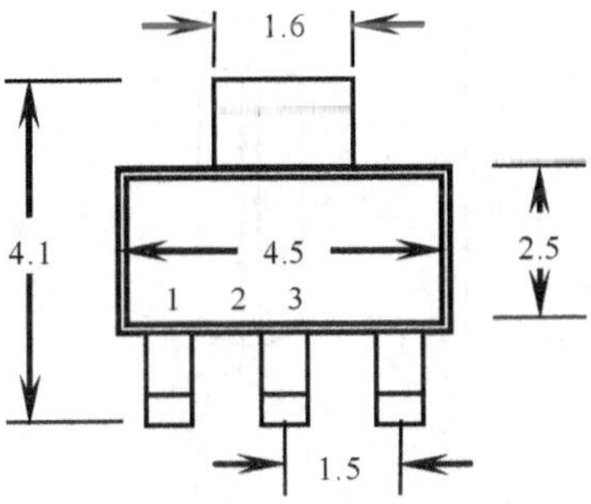

SOT-89封装

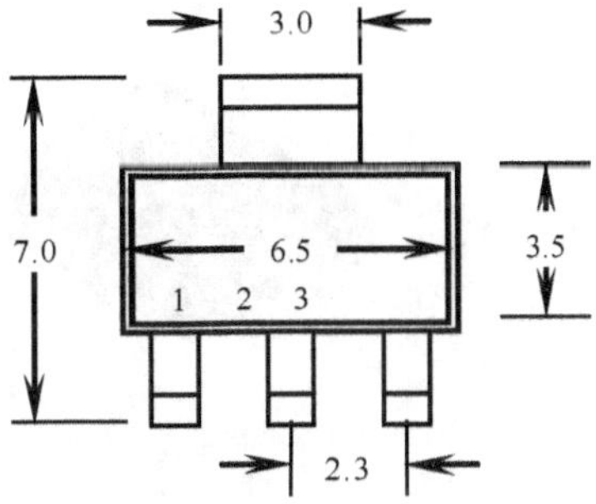

SOT-223封装

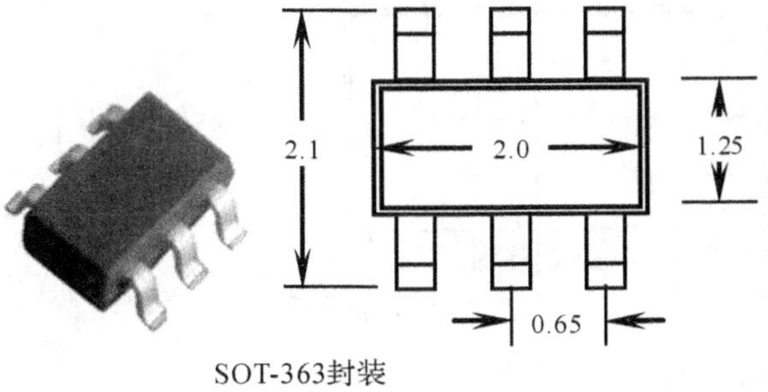

SOT-363封装

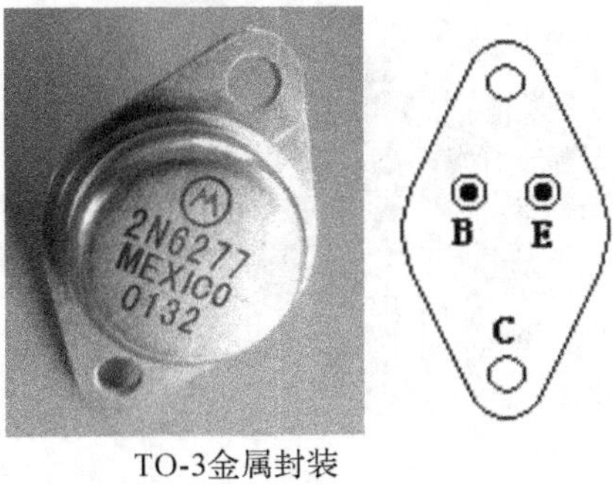

TO-3金属封装

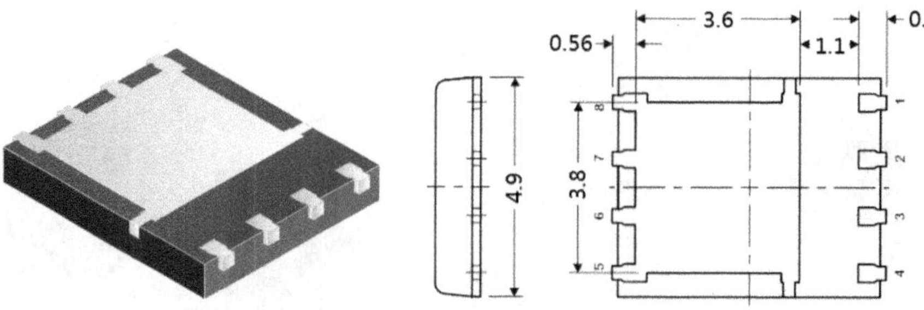

SON5-6封装

DIP封装

FIS封装

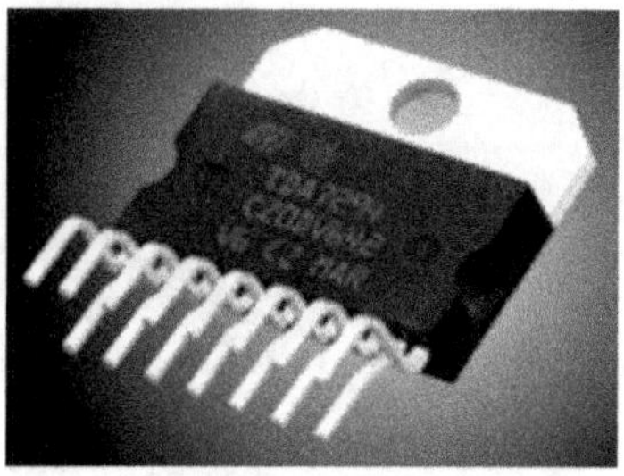

Multiwatt15V封装

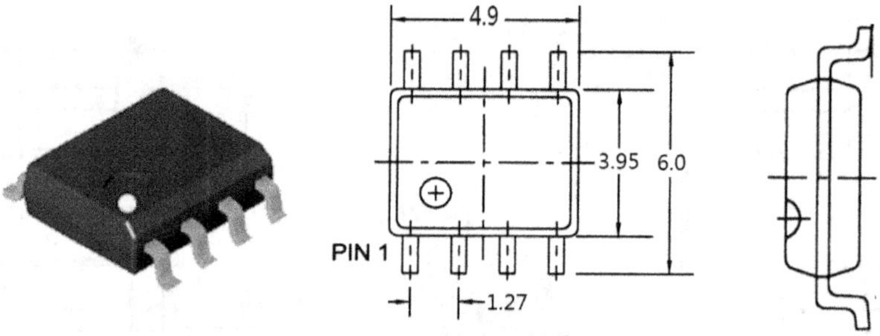

SOP-8封装

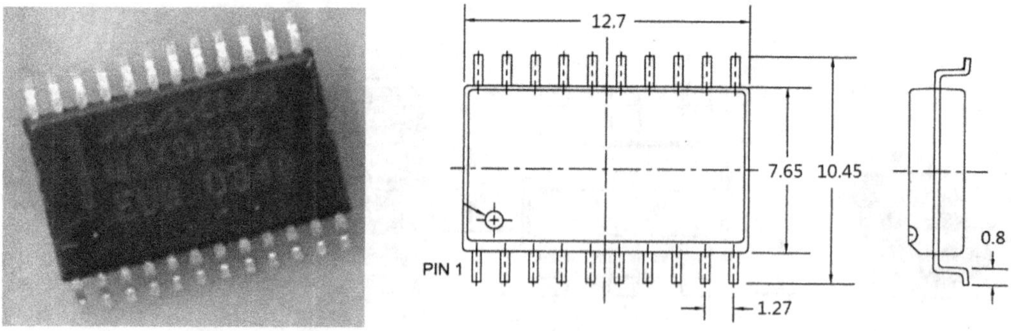

SOP-24封装

TSSOP封装

QFP封装系列

附录二 常用电子元件及其主要参数

电子元器件的种类繁多，作为电子设计者需要掌握一些经常被使用的电子器件，圈定一个自己习惯使用的范围，会给设计工作带来极大方便。

1. 常用小功率三极管主要参数

型号	类型	主要参数	fT/MHz	工作特征	封装
3DG6C	NPN	20mA/20V/0.1W	≥250		TO-18
3DG130B	NPN	300 mA/50V/0.7W	≥100		TO-18
C9011	NPN	100 mA/40V/0.2W	≥150	恒定β值	TO-92a
C9012	PNP	150 mA/30V/0.6W	≥150		TO-92a
C9013	NPN	150 mA/30V/0.6W	≥150		TO-92a
C9014	NPN	30 mA/45V/0.3W	≥150		TO-92a
C9015	PNP	50 mA/45V/0.3W	≥100		TO-92a
C8050	NPN	300 mA/15V/0.6W	≥700	低饱和压降	TO-92a
C8550	PNP	300 mA/15V/0.6W	≥700	低饱和压降	TO-92a
2SA1020	PNP	1500 mA/50V.0.9W	≥100	恒定β值	TO-92b
2SC2500	NPN	2000 mA/30V/0.9W	≥100	低饱和压降	TO-92b
2SC2655	NPN	2000 mA/60V/0.9W	≥100	恒定β值	TO-92b
3DG56A	NPN	15mA/20V/0.1W	500	高频管	TO-18
2SC945	NPN	0.1A/50V/0.7W	250	高频管	TO-92b
C9018	NPN	0.1A/12V/0.1W	700	高频管	TO-92a
C3355	NPN	0.1A/20V/0.1W	6500	高频功放管	TO-92b
LP1001	NPN	0.1A/30V/0.1W	4000	高频管	TO-92a
C1971	NPN	2A/35V7W	175	高频功率管	TO-220
C1972	NPN	3.5A/35V/15W	175	高频功率管	TO-220

2. 常用大功率三极管主要参数

型号	类型	主要参数		工作特征	封装
3DD15	NPN	3A/120V/15W			TO-3
2SB649	PNP	1.5A/180V/1W			TO-126
2SD669	NPN	1.5A/180V/1W			TO-126
2SA1491	PNP	10A/140V/100W		音响管	TO-3P
2SC3855	NPN	10A/200V/100W		音响管	TO-3P
2SA1492	PNP	15A/180V/130W		音响管	TO-3P
2SC3856	NPN	15A/200V/130W		音响管	TO-3P
2SA1943	PNP	25A/200V/150W		音响管	TO-264
2SC5200	NPN	25A/200V/150W		音响管	TO-264
2SC2335	NPN	7A/500V/40W		开关管	TO-220

续表

型号	类型	主要参数		工作特征	封装
2SC2625	NPN	10A/450V/80W			TO-3P
2SC4883	NPN	7A/500V/60W			TO-220
2SC4927	NPN	8A/500V/60W			TO-220
BUT11A	PNP	5A/900V/100W			TO-220
JE13003	NPN	3A/500V/10W		低速开关管	TO-126
JE13005	NPN	5A/500V/20W		低速开关管	TO-220
BU406	PNP	7A/400V/60W			TO-220
BU408	NPN	7A/400V/60W			TO-220
BU508	PNP	7.5A/1500V/75W			TO-220

3. 常用 MOS 型场效应管

型号	类型	主要参数	工作特征	封装
2N7000	NMOS	0.3A/60V/1.5V/3.5Ω/60pF	低开启电压	TO-92
2SK1472	NMOS	8A/60V/1.0V/60 mΩ/0.95nF	低开启电压	TO-251
MG4953	PMOS	5.3 A/30V/1.5V/46 mΩ/0.58nF	双场效应管	SOP-8
IRFL9014	PMOS	1.8A/60V/0.5Ω/0.27nF		SOT-223
CSD17505	NMOS	100A/30V/1.3V/3mΩ/1.5nF	小体积大电流	SON5-6
IRF530	NMOS	14A/100V/90mΩ/0.9nF		TO-220
IRF9530	PMOS	12A/100V//0.3Ω/0.5nF		TO-220
IRF540	NMOS	28A/100V/77mΩ/2.6nF		TO-220
IRF640	NMOS	18A/200V/0.18Ω/1.3nF		TO-220
IRF460	NMOS	22A/500V/0.25Ω/3.9nF	高耐压大电流	TO-3P
IRF3205	NMOS	110A/55V/8 mΩ/3.2nF	低内阻	TO-220
IRF4905	PMOS	74A/55V/20 mΩ/3.4nF	低内阻	TO-220
IRF1405	NMOS	169A/55V/5.3mΩ/5.5nF	低内阻	TO-220
IRFP3710	NMOS	57A/100V/25mΩ/3.1nF	低内阻	TO-247
IRFB4610	NMOS	73A/100V/11mΩ/3.5nF	低内阻	TO-220
IRFB4710	NMOS	75A/100V/14mΩ/6.2nF	低内阻	TO-220
IRFB4410	NMOS	96A/100V/8mΩ/5.1nF	低内阻	TO-220
IRFP4110	NMOS	120A/100V/4.5mΩ/9.6nF	低速低内阻	TO-247
IRFB4310	NMOS	140A/100V/5.6mΩ/7.5nF	低速低内阻	TO-220
IRFPS3810	NMOS	170A/100V/9mΩ/6.8nF	低速低内阻	TO-247
IRFB4110	NMOS	180A/100V/3.7mΩ/9.6nF	低速低内阻	TO-220
IRFP4468P	NMOS	190A/100V/2.6mΩ/19.8nF	低速低内阻	TO-247
7N80	NMOS	6.6A/800V/1.5mΩ/1.5nF		TO-220
8N60	NMOS	7.5A/600V/1.0mΩ/1nF		TO-220

4. 常用运算放大器及电压比较器

工作特征	代表型号	主要参数	特征	封装
单电压低功耗双运放	LM358	3.0－32V/1.5mA/1MHz/40mA	输入轨到轨	SOP-8,DIP-8
	MC1458	±5－±15V/3.4mA/1MHz/±25mA		DIP-8
轨到轨低功耗双运放	LMV358	2.7V－6.0V/0.15mA/1MHz/46mA		SOP-8
	AD8032	2.7V－5.0V/1mA/80MHz/15mA	高速低功耗	SOP-8
	OPA2340PA	2.7－5V/10mA/5.5MHz/±50mA	高阻抗	DIP-8
高阻双运放	TL062	±3.5－±18V/4mA/1MHz/±30mA	低功耗	
	TL082	±3.5－±18V/1.4mA/3MHz/±30mA	低功耗	
	LF353	±3.5－±18V/3.6mA/3MHz/±30mA		
	OPA2134PA	±2.5－±18V/4mA/8MHz/±35mA		DIP-8
高速运放	THS3001ID	±4.5－±16V/7mA/420MHz/100mA	电流反馈	SOP-8
	THS3201D	±3.3－±7.5V/7mA/1.8GHz/100mA	电流反馈	SOP-8,SOT23-5
宽带低噪声双运放	NE5532	±5－±15V/8mA/10MHz/±20mA		SOP-8,DIP-8
	OPA2227PA	±2.5－±18V/3.7mA/8MHz/±45mA		DIP-8
通用四运放	LM324	3.0－32V/1.5mA/1MHz/20mA		DIP-14
低失调单运放	OP07CP	±3－±18V/2.7mA/0.6MHz/±30mA	高阻抗	SOP-8,DIP-8
电压比较器	LM393	2.0－36V/0.4mA/16mA		SOP-8,DIP-8
	LM339	2.0－36V/1.3mA/16mA		SOP-8,DIP-8

5. 常用稳压器及基准电源

参数名称	主要参数	特征	封装	引脚排列
LM78XX	36V/XXV/1.0A	固定值,系列化	TO-220	入 地 出
LM79XX	36V/XXV/－1.0A	固定值,系列化	TO-220	地 入 出
LM78MXX	30V/XXV/500mA	固定值,系列化	TO-252	出 地 入
LM79MXX	30V/XXV/－500mA	固定值,系列化	TO-252	地 入 出
LM78LXX	30V/XXV/100mA	小体积,固定值,系列化	TO-92,SOT-89	出 地 入
LM79LXX	30V/XXV/－100mA	小体积,固定值,系列化	TO-92,SOT-89	地 入 出
LM2940－5.0	5.8－26V/5.0V/1.0A	低压差,固定值,系列化	TO-220	入 地 出
ASM1117－3.3	4.8－12V/3.3V/1.0A	低压差,固定值,系列化	SOP-223,SOT-89	
TPS7333	3.77－10V/3.3V/500mA	超低压差,固定值,系列化	SOP-8	
HT7130	3.5－24V/3.0V/500mA	低压差,固定值,系列化	TO-92,SOT-89	地 入 出
LM385－2.5	/2.5V/20mA	系列化,用作基准电压源	TO-92,SOP-8	负 正 NC
TL431A	36V/2.5V/100mA	定值基准电压源	TO-92,SOP-8	基准 地 正
TLV431A	6.0V/1.24V/15mA	定值基准电压源	TO-92,SOT-23	

附录三　单片机相关程序

1. 相位差计程序

```
/*-----------------------------------------
单片机相位差计程序 V1.0
MCU STC12C5A16S2   XAL 12MHz
Build by Gavin Hu, 2012.7.22
-----------------------------------------*/
#include <STC_NEW_8051.H>
sbit a0=P3^0;
sbit a1=P1^7;
sbit a2=P1^6;
sbit a3=P1^5;
sbit a4=P1^4;
sbit a5=P1^3;
sbit a6=P1^2;
sbit a7=P1^1;
sbit a8=P1^0;
sbit a9=P0^6;
sbit a10=P2^0;
sbit a11=P2^1;
sbit a12=P2^2;
sbit a13=P2^3;
sbit a14=P2^4;
sbit a15=P2^5;
sbit a16=P2^6;
sbit a17=P2^7;
sbit a18=P0^7;
sbit com=P0^0;
unsigned int t1,ta,tb;
bit tflag;
/*-----------------------------------------
  LED 控制函数
-----------------------------------------*/
```

```
void led_ctrl(unsigned char n)
{
if (n<18)
    {//小于18,公共脚电平为高
    com=1;
    P1=0xff;
    a9=1;
    a0=1;
    a18=1;
    P2=0xff;
    }
    else if (n<36)
    {//大于18,公共脚电平为低
    com=0;
    P1=0;
    a9=0;
    a0=1;
    a18=1;
    P2=0;
    }
switch (n)
    {//点亮对应的LED
    case 0 : a0=0; break;
    case 1 : a1=0; break;
    case 2 : a2=0; break;
    case 3 : a3=0; break;
    case 4 : a4=0; break;
    case 5 : a5=0; break;
    case 6 : a6=0; break;
    case 7 : a7=0; break;
    case 8 : a8=0; break;
    case 9 : a9=0; break;
    case 10: a10=0; break;
    case 11: a11=0; break;
    case 12: a12=0; break;
    case 13: a13=0; break;
    case 14: a14=0; break;
    case 15: a15=0; break;
    case 16: a16=0; break;
```

```
    case 17: a17=0; break;
    case 18: a18=0; break;
    case 19: a17=1; break;
    case 20: a16=1; break;
    case 21: a15=1; break;
    case 22: a14=1; break;
    case 23: a13=1; break;
    case 24: a12=1; break;
    case 25: a11=1; break;
    case 26: a10=1; break;
    case 27: a9=1; break;
    case 28: a8=1; break;
    case 29: a7=1; break;
    case 30: a6=1; break;
    case 31: a5=1; break;
    case 32: a4=1; break;
    case 33: a3=1; break;
    case 34: a2=1; break;
    case 35: a1=1; break;
    }
}
/*-----------------------------------
  主函数
------------------------------------*/
void main()
{
//初始化端口
P2M0=0xFF;
P2M1=0;
P1M0=0xFF;
P1M1=0;
P0M0=0x41;
P0M1=0;
//初始化定时器与中断
TMOD=0x11;
IT0=1;
IT1=1;
EX0=1;
EX1=1;
```

```
EA=1;
TR0=1;
while(1)
    {
    if (tflag)//相位差与主周期测量成功标记
      {
      led_ctrl((unsigned char)((float)tb/ta*36.0));//计算并显示相位差
      tflag=0;//清除标记
      }
    }
}
/*-------------------------------------
  外中断0(频率1输入)
-------------------------------------*/
void X0(void)interrupt 0
{
unsigned int t2;
unsigned char th,tl;
//读取定时器值
th=TH0;
tl=TL0;
//修正定时器值
if (th! =TH0) th++;
//拼字
t2= th;
t2=(t2<<8)+tl;
//计算频率1的周期
ta=t2-t1;
//记录定时器值
t1=t2;
}
/*-------------------------------------
  外中断1(频率2输入)
-------------------------------------*/
void X1(void)interrupt 2
{
unsigned int t2;
unsigned char th,tl;
//读取定时器值
```

```
th=TH0;
tl=TL0;
//修正定时器值
if (th! =TH0) th++;
//拼字
t2= th;
t2=(t2<<8)+tl;
//计算频率 2 的相位差
tb=t2-t1;
//置位测量成功标志
tflag=1;
}
```

2. 声音定位程序

```
/*------------------------------------------
声音定位程序 V1.0
MCU STC12C5A16S2   XAL 12MHz
Build by Gavin Hu, 2012.8.5
------------------------------------------*/
#include <STC_NEW_8051.H>
#include <stdio.h>
#include <math.h>
#include <intrins.h>
//
#define uchar unsigned char
#define uint unsigned int
#define ulong unsigned long
sbit LCD_STD=P1^5;
sbit LCD_SCLK=P1^7;
sbit LCD_CS=P1^6;
//sbit LCD_LIGHT=P2^4;
sbit SOUND1=P3^2;
sbit SOUND2=P1^4;
sbit SOUND3=P3^3;
sbit SOUND4=P1^3;
#define BLACK 0
#define WHITE 1
/*------------------------------------------
  毫秒延时函数
  STC 1T MCU @ 12MHz
```

```
  Parameter: unsigned int dt
  Delay time=dt(ms)
------------------------------------------------------*/
void delay_ms(unsigned int dt)
{
register unsigned char bt,ct;
    for (; dt; dt--)
        for (ct=24;ct;ct--)
            for (bt=248; bt; bt--);
}
/*------------------------------------------------------
  ADC 转换读取函数
  Parameter: channel number
  Retrun ADC data
------------------------------------------------------*/
uint get_AD_result(uchar channel)
{
uint d;
ADC_RES=0;
ADC_RESL=0;
ADC_CONTR=channel|0x80;
delay_ms(1);
ADC_CONTR|=0x08;
_nop_();
_nop_();
_nop_();
_nop_();
while (! (ADC_CONTR&0x10));
ADC_CONTR &=0xf7;
d = ADC_RES;
d = (d<<2) | ADC_RESL;
return d;
}
/*------------------------------------------------------
  整型转字符串函数
  pra : fill character
------------------------------------------------------*/
#define INT2STR_LEN 5
void int2string(uint dat,uchar *str,uchar pra)
```

```
{
uchar i,j;
for (i=INT2STR_LEN;i;)
    {
    --i;
    str[i] = dat%10 + '0';
    dat /= 10;
    }
str[INT2STR_LEN]='\0';
if (pra)
    {
    for (i=0;i<(INT2STR_LEN-1);i++)
      {
      if (str[i]=='0') str[i]=pra;
          else break;
      }
    }
    else
    {
    for (i=0;i<(INT2STR_LEN-1);i++)
      {
      if (str[i]! ='0')break;
      }
    for (j=0;j<(INT2STR_LEN-i);j++)
      {
      str[j]=str[i+j];
      }
    }
  str[j]='\0';
  }
  }
/*-----------------------------------
  字符串拼接函数
  str1 += str2
-----------------------------------*/
void str_add_str(uchar *str1,uchar *str2)
{
uchar i,j;
for (i=0;i<16;i++)
    {
```

```
    if (str1[i]=='\0') break;
    }
for (j=0;i<16;i++,j++)
    {
    str1[i]=str2[j];
    if (str1[i]=='\0') break;
    }
}
/*-----------------------------------------
  SPI 初始化函数
  STC12C5A16S2 @ 12MHz
-----------------------------------------*/
void spi_initia(void)
{
SPCTL = 0xDE;
SPSTAT = 0xC0;
}
/*-----------------------------------------
  SPI 数据输入输出函数
  STC12C5A16S2 @ 12MHz
-----------------------------------------*/
char spi(char cData)
{
SPSTAT = 0xC0;
SPDAT = cData;
while(! (SPSTAT & 0x80));
return SPDAT;
}
/*-----------------------------------------
  LCD(OCMJ4X8C) 写数据函数
  Parameter: data to write
  No return.
-----------------------------------------*/
void LCD_write_data(unsigned char dat_d)
{
LCD_CS=1;
spi(0xfa);
spi(dat_d&0xf0);
spi(dat_d<<4);
```

```
LCD_CS=0;
}
/*-----------------------------------------------
  LCD(OCMJ4X8C) 写命令函数
  Parameter: data to write
No return.
-----------------------------------------------*/
void LCD_write_com(unsigned char com_d)
{
LCD_CS=1;
spi(0xf8);
spi(com_d&0xf0);
spi(com_d<<4);
LCD_CS=0;
}
/*-----------------------------------------------
  LCD(OCMJ4X8C) 初始化函数
  No parameter, no return.
-----------------------------------------------*/
void LCD_initia(void)
{
LCD_write_com(0x30);//function set
LCD_write_com(0x02);//address return
LCD_write_com(0x04);//spot set
LCD_write_com(0x0c);//display enable
LCD_write_com(0x01);//clear display
LCD_write_com(0x80);//set DDRAM
delay_ms(1);  //
}
/*-----------------------------------------------
  LCD(OCMJ4X8C) 显示数据行写入函数
Parameter: line number, string to write
  No return.
-----------------------------------------------*/
void LCD_line_write(unsigned char n,unsigned char * dispdata)
{
    switch (n)
    {
    case 0: n=0x80; break;
```

```
        case 1: n=0x90; break;
        case 2: n=0x88; break;
        case 3: n=0x98; break;
        }
LCD_write_com(n);
for (n=0; n<16; n++)
        {
        if (dispdata[n]=='\0') break;
        LCD_write_data(dispdata[n]);
        }
for (; n<16; n++)
        LCD_write_data('\x20');
}
/*------------------------------------------
  坐标查表计算函数
------------------------------------------*/
void seek(int m,int n,int *x,int *y)
{
struct
{
signed int m;
signed int n;
}code DatTab[][51]={
{{332,482},{326,464},{320,446},{314,428},{307,409},{301,391},{294,372},{288,
353},{281,333},{275,314},{269,295},{263,275},{257,256},{252,236},{246,217},
{241,197},{236,177},{231,158},{226,138},{221,118},{217,99},{212,79},{208,59},
{204,39},{200,20},{196,0},{192,-20},{188,-39},{185,-59},{181,-79},{178,
-99},{175,-118},{172,-138},{168,-158},{165,-177},{163,-197},{160,-217},
{157,-236},{154,-256},{152,-275},{149,-295},{147,-314},{145,-333},{142,
-353},{140,-372},{138,-391},{136,-409},{134,-428},{132,-446},{130,
-464},{128,-482}},
{{315,475},{310,458},{304,441},{298,423},{292,405},{286,387},{280,368},{274,
350},{268,331},{262,312},{256,292},{251,273},{245,254},{240,235},{235,215},
{229,196},{225,176},{220,157},{215,137},{211,118},{206,98},{202,78},{198,59},
{194,39},{190,20},{186,0},{182,-20},{179,-39},{175,-59},{172,-78},{169,
-98},{166,-118},{163,-137},{160,-157},{157,-176},{154,-196},{151,-215},
{149,-235},{146,-254},{144,-273},{142,-292},{139,-312},{137,-331},{135,
-350},{133,-368},{131,-387},{129,-405},{127,-423},{125,-441},{123,
-458},{121,-475}},
```

{{297,468},{293,452},{287,436},{282,418},{276,401},{271,383},{265,365},{260,346},{254,328},{248,309},{243,290},{238,271},{232,252},{227,233},{222,213},{218,194},{213,175},{208,156},{204,136},{199,117},{195,97},{191,78},{187,58},{183,39},{180,19},{176,0},{173,-19},{169,-39},{166,-58},{163,-78},{160,-97},{157,-117},{154,-136},{151,-156},{148,-175},{146,-194},{143,-213},{141,-233},{138,-252},{136,-271},{134,-290},{131,-309},{129,-328},{127,-346},{125,-365},{123,-383},{121,-401},{119,-418},{118,-436},{116,-452},{114,-468}},

{{279,461},{275,446},{270,430},{265,413},{260,396},{255,378},{250,360},{245,342},{240,324},{234,306},{229,287},{224,268},{219,249},{214,231},{210,212},{205,193},{201,173},{196,154},{192,135},{188,116},{184,97},{180,77},{176,58},{173,39},{169,19},{166,0},{163,-19},{159,-39},{156,-58},{153,-77},{150,-97},{147,-116},{145,-135},{142,-154},{139,-173},{137,-193},{135,-212},{132,-231},{130,-249},{128,-268},{126,-287},{123,-306},{121,-324},{119,-342},{118,-360},{116,-378},{114,-396},{112,-413},{110,-430},{109,-446},{107,-461}},

{{260,454},{257,439},{253,424},{248,407},{244,391},{239,373},{234,356},{229,338},{225,320},{220,302},{215,284},{210,266},{206,247},{201,228},{197,210},{193,191},{188,172},{184,153},{180,134},{176,115},{173,96},{169,77},{165,57},{162,38},{159,19},{155,0},{152,-19},{149,-38},{146,-57},{143,-77},{141,-96},{138,-115},{135,-134},{133,-153},{131,-172},{128,-191},{126,-210},{124,-228},{121,-247},{119,-266},{117,-284},{115,-302},{113,-320},{112,-338},{110,-356},{108, 373},{106,-391},{105,-407},{103,-424},{102,-439},{100,-454}},

{{242,447},{238,433},{235,417},{231,401},{227,385},{223,368},{218,351},{214,334},{209,317},{205,299},{201,281},{196,263},{192,244},{188,226},{184,207},{180,189},{176,170},{172,151},{168,132},{164,114},{161,95},{157,76},{154,57},{151,38},{148,19},{145,0},{142,-19},{139,-38},{136,-57},{134,-76},{131,-95},{128,-114},{126,-132},{124,-151},{121,-170},{119,-189},{117,-207},{115,-226},{113,-244},{111,-263},{109,-281},{107,-299},{105,-317},{104,-334},{102,-351},{100,-368},{99,-385},{97,-401},{96,-417},{94,-433},{93,-447}},

{{223,440},{220,426},{217,411},{213,395},{210,380},{206,363},{202,347},{198,330},{194,312},{190,295},{186,277},{182,259},{178,241},{174,223},{170,205},{166,187},{163,168},{159,150},{156,131},{152,112},{149,94},{146,75},{143,56},{140,38},{137,19},{134,0},{131,-19},{129,-38},{126,-56},{123,-75},{121,-94},{119,-112},{116,-131},{114,-150},{112,-168},{110,-187},{108,-205},{106,-223},{104,-241},{103,-259},{101,-277},{99,-295},{97,-312},{96,-330},{94,-347},{93,-363},{91,-380},{90,-395},{88,-411},{87,-426},{86,

－440}},
{{204,433},{201,419},{198,404},{195,389},{192,374},{189,358},{185,342},{181,325},{178,308},{174,291},{170,274},{167,256},{163,238},{160,220},{156,202},{153,184},{149,166},{146,148},{143,130},{140,111},{137,93},{134,74},{131,56},{128,37},{125,19},{123,0},{120,－19},{118,－37},{116,－56},{113,－74},{111,－93},{109,－111},{107,－130},{105,－148},{103,－166},{101,－184},{99,－202},{97,－220},{96,－238},{94,－256},{92,－274},{91,－291},{89,－308},{88,－325},{86,－342},{85,－358},{84,－374},{82,－389},{81,－404},{80,－419},{78,－433}},
{{185,426},{182,412},{180,398},{177,383},{174,368},{171,353},{168,337},{165,320},{162,304},{158,287},{155,270},{152,253},{148,235},{145,218},{142,200},{139,182},{136,164},{133,146},{130,128},{127,110},{124,92},{122,73},{119,55},{116,37},{114,18},{112,0},{109,－18},{107,－37},{105,－55},{103,－73},{101,－92},{99,－110},{97,－128},{95,－146},{93,－164},{92,－182},{90,－200},{88,－218},{87,－235},{85,－253},{84,－270},{82,－287},{81,－304},{80,－320},{78,－337},{77,－353},{76,－368},{75,－383},{73,－398},{72,－412},{71,－426}},
{{165,419},{163,406},{161,392},{159,377},{156,362},{154,347},{151,332},{148,316},{145,299},{142,283},{139,266},{136,249},{133,232},{130,215},{128,197},{125,180},{122,162},{119,144},{117,126},{114,108},{112,90},{109,72},{107,54},{105,36},{102,18},{100,0},{98,－18},{96,－36},{94,－54},{92,－72},{91,－90},{89,－108},{87,－126},{85,－144},{84,－162},{82,－180},{81,－197},{79,－215},{78,－232},{77,－249},{75,－266},{74,－283},{73,－299},{71,－316},{70,－332},{69,－347},{68,－362},{67,－377},{66,－392},{65,－406},{64,－419}},
{{146,412},{144,399},{143,385},{140,371},{138,357},{136,342},{134,326},{131,311},{128,295},{126,279},{123,262},{121,246},{118,229},{116,212},{113,195},{111,177},{108,160},{106,142},{103,125},{101,107},{99,89},{97,71},{95,54},{93,36},{91,18},{89,0},{87,－18},{85,－36},{83,－54},{82,－71},{80,－89},{79,－107},{77,－125},{76,－142},{74,－160},{73,－177},{71,－195},{70,－212},{69,－229},{68,－246},{66,－262},{65,－279},{64,－295},{63,－311},{62,－326},{61,－342},{60,－357},{59,－371},{58,－385},{57,－399},{56,－412}},
{{127,405},{125,392},{124,379},{122,365},{120,351},{118,336},{116,321},{114,306},{112,290},{109,274},{107,258},{105,242},{103,225},{100,209},{98,192},{96,175},{94,158},{92,140},{90,123},{88,106},{86,88},{84,70},{82,53},{81,35},{79,18},{77,0},{76,－18},{74,－35},{73,－53},{71,－70},{70,－88},{68,－106},{67,－123},{66,－140},{64,－158},{63,－175},{62,－192},{61,－209},{60,－225},{59,－242},{58,－258},{57,－274},{56,－290},{55,－306},{54,－321},{53,－336},{52,－351},{51,－365},{51,－379},{50,－392},{49,－405}},
{{107,398},{106,386},{105,373},{103,359},{102,345},{100,331},{98,316},{97,301},{95,286},{93,270},{91,254},{89,238},{87,222},{85,206},{83,189},{82,172},{80,155},{78,138},{76,121},{75,104},{73,87},{71,69},{70,52},{68,35},{67,17},

{66,0},{64,－17},{63,－35},{62,－52},{60,－69},{59,－87},{58,－104},{57,－121},{56,－138},{55,－155},{54,－172},{53,－189},{52,－206},{51,－222},{50,－238},{49,－254},{48,－270},{47,－286},{46,－301},{46,－316},{45,－331},{44,－345},{44,－359},{43,－373},{42,－386},{41,－398}},

{{88,392},{87,379},{86,367},{85,353},{83,340},{82,326},{81,311},{79,296},{78,281},{76,266},{75,250},{73,235},{71,219},{70,202},{68,186},{67,170},{65,153},{64,136},{63,119},{61,102},{60,86},{59,68},{57,51},{56,34},{55,17},{54,0},{53,－17},{52,－34},{50,－51},{49,－68},{48,－86},{48,－102},{47,－119},{46,－136},{45,－153},{44,－170},{43,－186},{42,－202},{42,－219},{41,－235},{40,－250},{39,－266},{39,－281},{38,－296},{37,－311},{37,－326},{36,－340},{36,－353},{35,－367},{35,－379},{34,－392}},

{{68,385},{68,373},{67,361},{66,347},{65,334},{64,320},{63,306},{62,292},{60,277},{59,262},{58,246},{57,231},{56,215},{55,199},{53,183},{52,167},{51,151},{50,134},{49,118},{48,101},{47,84},{46,67},{45,51},{44,34},{43,17},{42,0},{41,－17},{40,－34},{39,－51},{39,－67},{38,－84},{37,－101},{36,－118},{36,－134},{35,－151},{34,－167},{34,－183},{33,－199},{32,－215},{32,－231},{31,－246},{31,－262},{30,－277},{30,－292},{29,－306},{29,－320},{28,－334},{28,－347},{27,－361},{27,－373},{26,－385}},

{{49,379},{48,367},{48,355},{47,342},{46,328},{46,315},{45,301},{44,287},{43,272},{42,257},{42,242},{41,227},{40,212},{39,196},{38,180},{37,164},{36,148},{36,132},{35,116},{34,99},{33,83},{33,66},{32,50},{31,33},{31,17},{30,0},{29,－17},{29,－33},{28,－50},{28,－66},{27,－83},{26,－99},{26,－116},{25,－132},{25,－148},{24,－164},{24,－180},{24,－196},{23,－212},{23,－227},{22,－242},{22,－257},{22,－272},{21,－287},{21,－301},{21,－315},{20,－328},{20,－342},{20,－355},{19,－367},{19,－379}},

{{29,373},{29,361},{29,349},{28,336},{28,323},{27,310},{27,296},{26,282},{26,268},{25,253},{25,239},{24,224},{24,208},{23,193},{23,177},{22,162},{22,146},{21,130},{21,114},{21,98},{20,82},{20,65},{19,49},{19,33},{18,16},{18,0},{18,－16},{17,－33},{17,－49},{17,－65},{16,－82},{16,－98},{16,－114},{15,－130},{15,－146},{15,－162},{14,－177},{14,－193},{14,－208},{14,－224},{13,－239},{13,－253},{13,－268},{13,－282},{13,－296},{12,－310},{12,－323},{12,－336},{12,－349},{12,－361},{11,－373}},

{{10,367},{10,355},{10,343},{9,331},{9,318},{9,305},{9,291},{9,277},{9,263},{8,249},{8,235},{8,220},{8,205},{8,190},{8,175},{7,159},{7,144},{7,128},{7,112},{7,96},{7,80},{7,64},{6,48},{6,32},{6,16},{6,0},{6,－16},{6,－32},{6,－48},{6,－64},{5,－80},{5,－96},{5,－112},{5,－128},{5,－144},{5,－159},{5,－175},{5,－190},{5,－205},{5,－220},{4,－235},{4,－249},{4,－263},{4,－277},{4,－291},{4,－305},{4,－318},{4,－331},{4,－343},{4,－355},{4,－367}},

{{－10,361},{－10,349},{－10,337},{－9,325},{－9,312},{－9,300},{－9,286},

{—9,273},{—9,259},{—8,245},{—8,231},{—8,216},{—8,202},{—8,187},{—8,172},{—7,157},{—7,141},{—7,126},{—7,110},{—7,95},{—7,79},{—7,63},{—6,48},{—6,32},{—6,16},{—6,0},{—6,—16},{—6,—32},{—6,—48},{—6,—63},{—5,—79},{—5,—95},{—5,—110},{—5,—126},{—5,—141},{—5,—157},{—5,—172},{—5,—187},{—5,—202},{—5,—216},{—4,—231},{—4,—245},{—4,—259},{—4,—273},{—4,—286},{—4,—300},{—4,—312},{—4,—325},{—4,—337},{—4,—349},{—4,—361}},

{{—29,355},{—29,344},{—29,332},{—28,320},{—28,307},{—27,295},{—27,282},{—26,268},{—26,255},{—25,241},{—25,227},{—24,213},{—24,198},{—23,184},{—23,169},{—22,154},{—22,139},{—21,124},{—21,109},{—21,93},{—20,78},{—20,62},{—19,47},{—19,31},{—18,16},{—18,0},{—18,—16},{—17,—31},{—17,—47},{—17,—62},{—16,—78},{—16,—93},{—16,—109},{—15,—124},{—15,—139},{—15,—154},{—14,—169},{—14,—184},{—14,—198},{—14,—213},{—13,—227},{—13,—241},{—13,—255},{—13,—268},{—13,—282},{—12,—295},{—12,—307},{—12,—320},{—12,—332},{—12,—344},{—11,—355}},

{{—49,349},{—48,338},{—48,326},{—47,314},{—46,302},{—46,290},{—45,277},{—44,264},{—43,251},{—42,237},{—42,223},{—41,209},{—40,195},{—39,181},{—38,166},{—37,152},{—36,137},{—36,122},{—35,107},{—34,92},{—33,77},{—33,61},{—32,46},{—31,31},{—31,15},{—30,0},{—29,—15},{—29,—31},{—28,—46},{—28,—61},{—27,—77},{—26,—92},{—26,—107},{—25,—122},{—25,—137},{—24,—152},{—24,—166},{—24,—181},{—23,—195},{—23,—209},{—22,—223},{—22,—237},{—22,—251},{—21,—264},{—21,—277},{—21,—290},{—20,—302},{—20,—314},{—20,—326},{—19,—338},{—19,—349}},

{{—68,344},{—68,332},{—67,321},{—66,309},{—65,297},{—64,285},{—63,272},{—62,260},{—60,246},{—59,233},{—58,220},{—57,206},{—56,192},{—55,178},{—53,163},{—52,149},{—51,135},{—50,120},{—49,105},{—48,90},{—47,75},{—46,60},{—45,45},{—44,30},{—43,15},{—42,0},{—41,—15},{—40,—30},{—39,—45},{—39,—60},{—38,—75},{—37,—90},{—36,—105},{—36,—120},{—35,—135},{—34,—149},{—34,—163},{—33,—178},{—32,—192},{—32,—206},{—31,—220},{—31,—233},{—30,—246},{—30,—260},{—29,—272},{—29,—285},{—28,—297},{—28,—309},{—27,—321},{—27,—332},{—26,—344}},

{{—88,338},{—87,327},{—86,316},{—85,304},{—83,292},{—82,280},{—81,268},{—79,255},{—78,242},{—76,229},{—75,216},{—73,202},{—71,189},{—70,175},{—68,161},{—67,147},{—65,132},{—64,118},{—63,103},{—61,89},{—60,74},{—59,59},{—57,45},{—56,30},{—55,15},{—54,0},{—53,—15},{—52,—30},{—50,—45},{—49,—59},{—48,—74},{—48,—89},{—47,—103},{—46,—118},{—45,—132},{—44,—147},{—43,—161},{—42,—175},{—42,—189},{—41,—202},{—40,—216},{—39,—229},{—39,—242},{—38,—255},{—37,—268},{—37,—280},{—36,—292},{—36,—304},{—35,—316},{—35,—327},{—34,—338}},

{{-107,333},{-106,322},{-105,311},{-103,299},{-102,288},{-100,276},{-98,264},{-97,251},{-95,238},{-93,225},{-91,212},{-89,199},{-87,186},{-85,172},{-83,158},{-82,144},{-80,130},{-78,116},{-76,102},{-75,87},{-73,73},{-71,58},{-70,44},{-68,29},{-67,15},{-66,0},{-64,-15},{-63,-29},{-62,-44},{-60,-58},{-59,-73},{-58,-87},{-57,-102},{-56,-116},{-55,-130},{-54,-144},{-53,-158},{-52,-172},{-51,-186},{-50,-199},{-49,-212},{-48,-225},{-47,-238},{-46,-251},{-46,-264},{-45,-276},{-44,-288},{-44,-299},{-43,-311},{-42,-322},{-41,-333}},

{{-127,327},{-125,317},{-124,306},{-122,295},{-120,283},{-118,271},{-116,259},{-114,247},{-112,234},{-109,222},{-107,209},{-105,196},{-103,182},{-100,169},{-98,155},{-96,142},{-94,128},{-92,114},{-90,100},{-88,86},{-86,72},{-84,57},{-82,43},{-81,29},{-79,14},{-77,0},{-76,-14},{-74,-29},{-73,-43},{-71,-57},{-70,-72},{-68,-86},{-67,-100},{-66,-114},{-64,-128},{-63,-142},{-62,-155},{-61,-169},{-60,-182},{-59,-196},{-58,-209},{-57,-222},{-56,-234},{-55,-247},{-54,-259},{-53,-271},{-52,-283},{-51,-295},{-51,-306},{-50,-317},{-49,-327}},

{{-146,322},{-144,312},{-143,301},{-140,290},{-138,278},{-136,267},{-134,255},{-131,243},{-128,231},{-126,218},{-123,205},{-121,193},{-118,179},{-116,166},{-113,153},{-111,139},{-108,126},{-106,112},{-103,98},{-101,84},{-99,70},{-97,56},{-95,42},{-93,28},{-91,14},{-89,0},{-87,-14},{-85,-28},{-83,-42},{-82,-56},{-80,-70},{-79,-84},{-77,-98},{-76,-112},{-74,-126},{-73,-139},{-71,-153},{-70,-166},{-69,-179},{-68,-193},{-66,-205},{-65,-218},{-64,-231},{-63,-243},{-62,-255},{-61,-267},{-60,-278},{-59,-290},{-58,-301},{-57,-312},{-56,-322}},

{{-165,317},{-163,307},{-161,296},{-159,285},{-156,274},{-154,263},{-151,251},{-148,239},{-145,227},{-142,215},{-139,202},{-136,189},{-133,177},{-130,164},{-128,150},{-125,137},{-122,124},{-119,110},{-117,97},{-114,83},{-112,69},{-109,56},{-107,42},{-105,28},{-102,14},{-100,0},{-98,-14},{-96,-28},{-94,-42},{-92,-56},{-91,-69},{-89,-83},{-87,-97},{-85,-110},{-84,-124},{-82,-137},{-81,-150},{-79,-164},{-78,-177},{-77,-189},{-75,-202},{-74,-215},{-73,-227},{-71,-239},{-70,-251},{-69,-263},{-68,-274},{-67,-285},{-66,-296},{-65,-307},{-64,-317}},

{{-185,312},{-182,302},{-180,292},{-177,281},{-174,270},{-171,258},{-168,247},{-165,235},{-162,223},{-158,211},{-155,199},{-152,186},{-148,174},{-145,161},{-142,148},{-139,135},{-136,122},{-133,108},

{-130,95},{-127,82},{-124,68},{-122,55},{-119,41},{-116,27},{-114,14},
{-112,0},{-109,-14},{-107,-27},{-105,-41},{-103,-55},{-101,-68},
{-99,-82},{-97,-95},{-95,-108},{-93,-122},{-92,-135},{-90,-148},
{-88,-161},{-87,-174},{-85,-186},{-84,-199},{-82,-211},{-81,-223},
{-80,-235},{-78,-247},{-77,-258},{-76,-270},{-75,-281},{-73,-292},
{-72,-302},{-71,-312}},
{{-204,308},{-201,297},{-198,287},{-195,276},{-192,265},{-189,254},
{-185,243},{-181,231},{-178,220},{-174,208},{-170,196},{-167,183},
{-163,171},{-160,158},{-156,146},{-153,133},{-149,120},{-146,107},
{-143,94},{-140,80},{-137,67},{-134,54},{-131,40},{-128,27},{-125,13},
{-123,0},{-120,-13},{-118,-27},{-116,-40},{-113,-54},{-111,-67},
{-109,-80},{-107,-94},{-105,-107},{-103,-120},{-101,-133},
{-99,-146},{-97,-158},{-96,-171},{-94,-183},{-92,-196},{-91,-208},
{-89,-220},{-88,-231},{-86,-243},{-85,-254},{-84,-265},{-82,-276},
{-81,-287},{-80,-297},{-78,-308}},
{{-223,303},{-220,293},{-217,283},{-213,272},{-210,261},{-206,250},
{-202,239},{-198,228},{-194,216},{-190,204},{-186,192},{-182,180},
{-178,168},{-174,156},{-170,143},{-166,131},{-163,118},{-159,105},
{-156,92},{-152,79},{-149,66},{-146,53},{-143,40},{-140,26},{-137,13},
{-134,0},{-131,-13},{-129,-26},{-126,-40},{-123,-53},{-121,-66},
{-119,-79},{-116,-92},{-114,-105},{-112,-118},{-110,-131},
{-108,-143},{-106,-156},{-104,-168},{-103,-180},{-101,-192},
{-99,-204},{-97,-216},{-96,-228},{-94,-239},{-93,-250},{-91,-261},
{-90,-272},{-88,-283},{-87,-293},{-86,-303}},
{{-242,298},{-238,288},{-235,278},{-231,268},{-227,257},{-223,246},
{-218,235},{-214,224},{-209,213},{-205,201},{-201,189},{-196,177},
{-192,165},{-188,153},{-184,141},{-180,128},{-176,116},{-172,103},
{-168,91},{-164,78},{-161,65},{-157,52},{-154,39},{-151,26},{-148,13},
{-145,0},{-142,-13},{-139,-26},{-136,-39},{-134,-52},{-131,-65},
{-128,-78},{-126,-91},{-124,-103},{-121,-116},{-119,-128},
{-117,-141},{-115,-153},{-113,-165},{-111,-177},{-109,-189},{-107,
-201},{-105,-213},{-104,-224},{-102,-235},{-100,-246},{-99,-257},
{-97,-268},{-96,-278},{-94,-288},{-93,-298}},
{{-260,294},{-257,284},{-253,274},{-248,264},{-244,253},{-239,242},
{-234,232},{-229,221},{-225,209},{-220,198},{-215,186},{-210,175},
{-206,163},{-201,151},{-197,139},{-193,126},{-188,114},{-184,102},
{-180,89},{-176,76},{-173,64},{-169,51},{-165,38},{-162,26},{-159,13},
{-155,0},{-152,-13},{-149,-26},{-146,-38},{-143,-51},{-141,-64},
{-138,-76},{-135,-89},{-133,-102},{-131,-114},{-128,-126},

```
{-126,-139},{-124,-151},{-121,-163},{-119,-175},{-117,-186},{-115,
-198},{-113,-209},{-112,-221},{-110,-232},{-108,-242},{-106,-253},
{-105,-264},{-103,-274},{-102,-284},{-100,-294}},
{{-279,290},{-275,280},{-270,270},{-265,260},{-260,249},{-255,239},
{-250,228},{-245,217},{-240,206},{-234,195},{-229,183},{-224,172},
{-219,160},{-214,148},{-210,136},{-205,124},{-201,112},{-196,100},
{-192,88},{-188,75},{-184,63},{-180,50},{-176,38},{-173,25},{-169,13},
{-166,0},{-163,-13},{-159,-25},{-156,-38},{-153,-50},{-150,-63},
{-147,-75},{-145,-88},{-142,-100},{-139,-112},{-137,-124},
{-135,-136},{-132,-148},{-130,-160},{-128,-172},{-126,-183},{-123,
-195},{-121,-206},{-119,-217},{-118,-228},{-116,-239},{-114,-249},
{-112,-260},{-110,-270},{-109,-280},{-114,-285}},
{{-297,285},{-293,276},{-287,266},{-282,256},{-276,245},{-271,235},
{-265,224},{-260,214},{-254,203},{-248,192},{-243,180},{-238,169},
{-232,158},{-227,146},{-222,134},{-218,122},{-213,110},{-208,98},{-204,
86},{-199,74},{-195,62},{-191,49},{-187,37},{-183,25},{-180,12},{-176,
0},{-173,-12},{-169,-25},{-166,-37},{-163,-49},{-160,-62},
{-157,-74},{-154,-86},{-151,-98},{-148,-110},{-146,-122},
{-143,-134},{-141,-146},{-138,-158},{-136,-169},{-134,-180},{-131,
-192},{-129,-203},{-127,-214},{-125,-224},{-123,-235},{-121,-245},
{-119,-256},{-118,-266},{-116,-276},{-114,-285}},
{{-315,281},{-310,272},{-304,262},{-298,252},{-292,242},{-286,231},
{-280,221},{-274,210},{-268,200},{-262,189},{-256,178},{-251,166},
{-245,155},{-240,144},{-235,132},{-229,120},{-225,109},{-220,97},{-215,
85},{-211,73},{-206,61},{-202,49},{-198,37},{-194,24},{-190,12},{-186,
0},{-182,-12},{-179,-24},{-175,-37},{-172,-49},{-169,-61},
{-166,-73},{-163,-85},{-160,-97},{-157,-109},{-154,-120},
{-151,-132},{-149,-144},{-146,-155},{-144,-166},{-142,-178},{-139,
-189},{-137,-200},{-135,-210},{-133,-221},{-131,-231},{-129,-242},
{-127,-252},{-125,-262},{-123,-272},{-121,-281}},
{{-332,277},{-326,268},{-320,258},{-314,248},{-307,238},{-301,228},
{-294,218},{-288,207},{-281,197},{-275,186},{-269,175},{-263,164},
{-257,153},{-252,141},{-246,130},{-241,118},{-236,107},{-231,95},{-226,
83},{-221,72},{-217,60},{-212,48},{-208,36},{-204,24},{-200,12},{-196,
0},{-192,-12},{-188,-24},{-185,-36},{-181,-48},{-178,-60},
{-175,-72},{-172,-83},{-168,-95},{-165,-107},{-163,-118},
{-160,-130},{-157,-141},{-154,-153},{-152,-164},{-149,-175},{-147,
-186},{-145,-197},{-142,-207},{-140,-218},{-138,-228},{-136,-238},
{-134,-248},{-132,-258},{-130,-268},{-128,-277}}
```

```
};
uchar i,j;
uchar tx,ty;
int dm,dn,dmpn;
dmpn=5000;
for (i=0;i<36;i++)
    for (j=0;j<51;j++)
        {
        dm=abs(m-DatTab[i][j].m);
        dn=abs(n-DatTab[i][j].n);
        if ((dm+dn)<dmpn)
            {
            dmpn=dm+dn;
            tx=j;
            ty=i;
            }
    }
*x=tx*10;
*y=ty*10;
}
uint vol1,vol2,vol3;
/*-------------------------------------
  计算距离差函数
-------------------------------------*/
int cacu_delta(unsigned int t)
{
  return (int)(t*0.17);
}
/*-------------------------------------
  测试声音信号函数
-------------------------------------*/
#define VOL_COUNT 10
char test_sound(void)
{
  uchar i,k;
  uint vol;
  k=0;
  vol=0;
  for (k=0;k<VOL_COUNT;k++)
```

```
    {
    for (i=0;SOUND1;i++)
        {
        if (i>3) return 0;
        delay_ms(1);
        }
    for (i=0;! SOUND1;i++)
        {
        if (i>3) return 0;
        delay_ms(1);
        }
    }
return 1;
}
/*-----------------------------------------------
  主函数
-----------------------------------------------*/
#define AVER_COUNT 10
void main(void)
{
int x,y,tm,tn;
uchar i;
uint idata deltarrym[AVER_COUNT],deltarryn[AVER_COUNT];
uchar idata dispram[17];
//初始化
AUXR&=0xFD;
P1=0xff;
P1M0=0x00;
P1M1=0x07;
P1ASF=0x07;
spi_initia();
LCD_initia();
TMOD=0x11;
CMOD=0x00;
IT0=1;
IE=0x80;
delay_ms(100);
LCD_line_write(0,"声音定位程序");
while (1)
```

```
{
//PCA 定时器初始化
CCAPM0=0x00;
CCAPM1=0x00;
EX0=0;
CR=0;
//等待声波到达第一个接收器
while (! test_sound());
//PCA 清零并启动
CCAP0H=0;
CCAP0L=0;
CCAP1H=0;
CCAP1L=0;
CH=0;
CL=0;
EX0=1;
CCAPM0=0x10;
CCAPM1=0x10;
//等待声波到达第二个接收器
while (! CCAP0L);
if (CCAP0H > 15) continue;
//等待声波到达第三个接收器
while (! CCAP1L);
if (CCAP1H > 15) continue;
//拼字并存入数组
deltarrym[i]=((uint)CCAP0H<<8)+CCAP0L;
deltarryn[i]=((uint)CCAP1H<<8)+CCAP1L;
//测量三个接收点声音强度
vol1+=get_AD_result(0)/AVER_COUNT;
vol2+=get_AD_result(1)/AVER_COUNT;
vol3+=get_AD_result(2)/AVER_COUNT;
i++;
if (i<AVER_COUNT) continue;//未完成一组数据继续测量
//去极大偏差平均值滤波
x=0;
for (i=0;i<AVER_COUNT;i++)
  x+=deltarrym[i];
x/=AVER_COUNT;
tm=0;
```

```
    for (i=0;i<AVER_COUNT;i++)
      if (abs(x-deltarrym[i])<176) tm+=deltarrym[i];
    if (i) tm/=i;
      else continue;
    y=0;
    for (i=0;i<AVER_COUNT;i++)
      y+=deltarryn[i];
    y/=AVER_COUNT;
    tn=0;
    for (i=0;i<AVER_COUNT;i++)
      if (abs(y-deltarryn[i])<176) tn+=deltarryn[i];
    if (i) tn/=i;
      else continue;
    //计算坐标值
    seek(cacu_delta(tm),cacu_delta(tn),&x,&y);
    //依据声音强度修正坐标值
    if (vol1<vol2) y=350-y;
    if (vol1<vol3) x=500-x;
    //数据处理并显示
    dispram[0]='\0';
    str_add_str(dispram,"x=");
    int2string(x,dispram+2, 0);
    LCD_line_write(1,dispram);
    dispram[0]='\0';
    str_add_str(dispram,"y=");
    int2string(y,dispram+2, 0);
    LCD_line_write(2,dispram);
    //变量清零
    i=0;
    vol1=0;
    vol2=0;
    vol3=0;
    }
}
/*------------------------------------
  外中断 0
------------------------------------*/
void TST(void)interrupt 0
{
```

```
//启动 PCA 计时模块开始测试
CR=1;
EX0=0;
}
```

3. 直流电子负载控制程序

```
/*-------------------------------------------------------------------
MCU C8051F350  XAL 50MHz
        2012 年 8 月 5 日
-------------------------------------------------------------------*/
//#pragma  src
#include <C8051F350.h>                        // SFR declarations
#include <intrins.h>
#include <stdio.h>
#include <math.h>
#define PI 3.141592654
//
#define uchar unsigned char
#define uint unsigned int
#define ulong unsigned long
//
#define F_S_add  0x1BE0     //0x1A00--0x1BFF 为 flash 不锁定的区域,用于存储共 16 个字节校准数据的首址
#define  FLBYTE        0x1DFF  //保留区前一个扇区的最后字节地址,存放锁定扇区个数(反码)
uchar     baud_reg=0;     //波特率控制变量: 0-4800, 1-9600, 2-14400,3-19200(值域:0-3)
uchar     gain_reg=0;     //C8051F350 内部运放放大倍数控制变量 0=1 倍,1=2 倍,2=4 倍,3=8 倍,4=16 倍,5=32 倍,6=64 倍,7=128 倍(值域:0-7)
uchar     j_z_reg=0;     //存放艏向校正数据(0-9,代表校正量-5 -4 -3 -2 -1 0 1 2 3 4)
ulong     BAUDRATE;      //串口波特率值变量 (bps)
uchar     speed_reg = 0;   //抽取比控制字,为 0-9,对应 OWR 的值为 30,60,90,120,.......270,300,串口输出速率约为 430MS---44MS 一次
uint     code baud_tab[]={4800,9600,19200,38400};
uint      A_set_data;  //运算数据暂放
uint      A_set_D=0;//电流设定数据存放单元
uchar A_reg,A_timer;
uchar idata send_buf[20]={"HCHDM,"};//0183 数据发送缓冲器
//12232F 液晶显示器定义
```

```
sbit    CS=P0^1;          //使能
sbit    SID=P0^2;         //数据口
sbit    SCLK=P0^3;        //移位时钟
//其他定义
//数据表及内存定义
uchar  code    disdata1[15]={"直流电子负载器"};//开机显示画面第一行
uchar  code    disdata2[15]={"2012-08-05 设计"};//开机显示画面第二行
uchar    xdata   DISP_DATA1[15]={"V:00.000V 设定 "}; //第一行显示内容缓冲
uchar    xdata   DISP_DATA2[15]={"A:1000MA   0000 "}; //第二行显示内容缓冲
//
uchar    code   DISP_DATA3[15]={"电压调整率测量 "}; //第一行显示内容缓冲
uchar    idata   DISP_DATA4[15]={"调整率=000.0%    "}; //第二行显示内容缓冲
uchar    code   DISP_DATA5[15]={"测试中.....       "}; //第二行显示内容缓冲
//
//-----------------------------------------------------------------
// 16-bit SFR Definitions for C8051F350
//-----------------------------------------------------------------
sfr16 DP          = 0x82;                    // data pointer
sfr16 TMR3RL      = 0x92;                    // Timer3 reload value
sfr16 TMR3        = 0x94;                    // Timer3 counter
sfr16 ADC0DEC     = 0x9a;
sfr16 TMR2RL      = 0xca;                    // Timer2 reload value
sfr16 TMR2        = 0xcc;                    // Timer2 counter
sfr16 PCA0CP0     = 0xe9;                    // PCA0 Module 1 Capture/Compare
sfr16 PCA0CP1     = 0xeb;                    // PCA0 Module 2 Capture/Compare
sfr16 PCA0CP2     = 0xed;                    // PCA0 Module 2 Capture/Compare
sfr16 PCA0        = 0xf9;                    // PCA0 counter
//-----------------------------------------------------------------
// Global CONSTANTS
//-----------------------------------------------------------------
//
#define SYSCLK        49000000          // 系统频率(Hz)
//#define BAUDRATE       115200          // 串口波特率(bps)
#define MDCLK          2457600          // ADC 调制器时钟在 2.4576M 时最佳
//#define OWR              120            // 抽取比控制字 1-960,3 或 4 的倍数
(ADC 输出字的速率控制,抽取比小,转换快)
//240 时:25MS/测一次角度    5 次求平均值的话 125Ms 串口输出一次
//180 时:33MS/测一次角度    5 次求平均值的话 165Ms 串口输出一次
//120 时:50MS/测一次角度    5 次求平均值的话 250Ms 串口输出一次
```

```
//60时:100MS/测一次角度    5次求平均值的话500Ms串口输出一次
//
/*----------------------------------------
Port define
----------------------------------------*/
//#define   LED_DA P1//三位LED显示数据口
//
sbit RS485_TE=P0^6;
sbit key2=P1^0;             //加10或100
sbit key1=P0^0;             //电压调整率测量
sbit RSET=P0^7;                  //磁阻器置位复位
//
/*----------------------------------------
Public variable declaration
----------------------------------------*/
uchar  display_ram[3];
uchar dimmer;
long V0,V1;
//******************函数声明*****************
*****************************
//
void DAC_Init(void);
void SYSCLK_Init (void);
void PORT7_Init (void);
void ADC0_Init (void);
void IDA0_Init (void);
void UART0_Init (void);
//
//**********************以下程序区************
****************************
//
// FLASH程序存储区安全锁定程序
void FLASH_LOCK(void)
{
    unsigned char xdata * data fp;
    VDM0CN |=0x80;RSTSRC |=0x20;//启用电源监控
    PSCTL = 0x01;
    fp = FLBYTE;//取存放锁定扇区个数的flash地址0x1DFF
    FLKEY =0xA5;
```

```
    FLKEY =0xF1;
    * fp = 0xF3;     //锁定 12 个扇区(flash 的 0x0000－0x17FF 地址锁定)0xF3 的反
码为 00001100B(12 个扇区)
    PSCTL  =0;  //0x1800－－0x19FF,0x1A00－－0x1BFF 俩扇区不锁定,0x1C00－
－0x1DFF 为锁定区,0x1E00－0x1FF 为保留区
}
//
/*－－－－－－－－－－－－－－－－－－－－－－－－－－－－－－－－－－－－－
  Delay function
  Parameter: unsigned int dt
  Delay time=dtms
－－－－－－－－－－－－－－－－－－－－－－－－－－－－－－－－－－－－－*/
void delay_ms(uint t)
{
uint i,j;
for(i=0;i<t;i++)
    for(j=0;j<4600;j++)
    ;
}
//
void delay_us(uint t)
{
uint i,j;
for(i=0;i<t;i++)
    for(j=0;j<5;j++)
    ;
}
//
/*********** 向 12232F 写一个字节 *************/
void write_data(uchar dat_d)
{
uchar i,val;
delay_ms(1);CS=1;val=0xfa;
for (i=8; i>0; i--) //
{
SID=val>>7; SCLK=0;delay_us(1);SCLK=1;val=val<<1;} ///////////
val=dat_d&0xf0;
for (i=8; i>0; i--) //
{
```

```
SID=val>>7; SCLK=0;delay_us(1);SCLK=1;val=val<<1;}
val=dat_d&0x0f;
val=val<<4;
for (i=8; i>0; i--) //
{
SID=val>>7; SCLK=0;delay_us(1);SCLK=1;val=val<<1;}
CS=0;
}
//
/*********** 向 12232F 写一个命令字节 ************/
void write_com(uchar com_d)
{
uchar i,val;
delay_ms(1);CS=1;val=0xf8;
for (i=8; i>0; i--) //
{
SID=val>>7; SCLK=0;delay_us(1);SCLK=1;val=val<<1;}
val=com_d&0xf0;
for (i=8; i>0; i--) //
{
SID=val>>7; SCLK=0;delay_us(1);SCLK=1;val=val<<1;}
val=com_d&0x0f;
val=val<<4;
for (i=8; i>0; i--) //
{
SID=val>>7; SCLK=0;delay_us(1);SCLK=1;val=val<<1;}
CS=0;
}
/***********12232F 初始化**************/
void  setup()
{
CS=0;               //以下 12232F 初始化
delay_ms(400);        // 延时 400 毫秒以上
write_com(0x01);      //
write_com(0x30);      //
write_com(0x02);      //
write_com(0x04);      //
write_com(0x0c);      //
write_com(0x01);      //
```

```
write_com(0x80);     //
//
}
//
//************液晶写入函数************//
void _write(uchar _wz,uchar _len,uchar *_adr)
{
uchar m;
//q=_wz;
write_com(_wz);              //写入字定位(起始位)
for (m=0; m<_len; m++)          //
{write_data(*(_adr+m));}
}
//////////////////////////////////////////////////////
//
//************************************************
******************************
//
//取 ADC 数据(四字节)
long get_ADC_data()
{
long     ADC_OutputVal=0;
      ADC0MD |= 0x82;                          // 启动单次转换
       while(! AD0INT);                          //等待转换完成
      AD0INT = 0;                              // 清 AD0 中断标志
      ADC_OutputVal = ADC0H;                    //取 24 位 AD 数据
  if(ADC0H>=0x80)ADC_OutputVal += 0xff00;  //负数处理
       ADC_OutputVal =ADC_OutputVal<< 16;
       ADC_OutputVal += (long)ADC0L + ((long)ADC0M << 8);
  return ADC_OutputVal;
}
//**************************************
long test_V()
{
long v_data;
  //V 转换
  ADC0MD &= 0x00;           // 关 ADC0、空闲模式
  AD0INT = 0;               // 清 AD0 中断标志
  ADC0MUX = 0x01;          // AN0.0/AN0.1 差分输入, // AIN+ => AIN0.0 //
```

```
AIN- => AIN0.1
        v_data =get_ADC_data();
return v_data;
//
}
//*********HMC1022磁阻传感器测量程序**************
void get_mag(long *Mx,long *My)
{
//第一路转换
        ADC0MD &= 0x00;      // 关 ADC0、空闲模式
        AD0INT = 0;          // 清 AD0 中断标志
        ADC0MUX = 0x01;      // AN0.0/AN0.1 差分输入，// AIN+ => AIN0.0 //
AIN- => AIN0.1
        *Mx =get_ADC_data();
//
//第二路转换
        ADC0MD &= 0x00;                    // 关 ADC0、空闲模式
        AD0INT = 0;                       // 清 AD0 中断标志
        ADC0MUX = 0x23;                    // AN0.2/AN0.3 差分输入，// AIN+
=> AIN0.2 // AIN- => AIN0.3
        *My  =get_ADC_data();
}
//
//printf("max=%d,%d\n",(int)(max_Mx/256),(int)(max_My/256));
//printf("min=%d,%d\n",(int)(min_Mx/256),(int)(min_My/256));
//
//
/*-------------------------------------
        电压电流测量与计算程序
-------------------------------------*/
void cal_A_V()
{
long  Mx,My;
uint V,A;
//
get_mag(&Mx,&My);
V = Mx/261.02+400  ;     //0-33000mv         33000/0x7FFFFF=1/2542
if(My<=360561)My=360561;
A = (My-360561)/6035.65  ;     //0000-3300mA
```

```
//
//   DISP_DATA1[15]={"V：00.000V      "}；//第一行显示内容缓冲
//   DISP_DATA2[15]={"A：1000MA   xxxx "}；//第二行显示内容缓冲
//以下电压显示刷新
DISP_DATA1[2]=V/10000+'0'；
V=V%10000；
//
DISP_DATA1[3]=V/1000+'0'；
V=V%1000；
//
DISP_DATA1[5]=V/100+'0'；
V=V%100；
//
DISP_DATA1[6]=V/10+'0'；
DISP_DATA1[7]=V%10+'0'；
//以下电流显示涮新
//
DISP_DATA2[2]=A/1000+'0'；
A=A%1000；
//
DISP_DATA2[3]=A/100+'0'；
A=A%100；
//
DISP_DATA2[4]=A/10+'0'；
DISP_DATA2[5]=A%10+'0'；
//
}
//  Calibration()；          //调整设定状态程序
//
void key_inc(void)
{                                        //100mA 加程序
   A_set_D=A_set_D+100；
if(A_set_D>1000)A_set_D=0；
  IDA0=A_set_D/5+45；                    /*设置待转换的值并启动 D/A 转换 P1.6
口*/
//     IDA1=A_set_D/4；                      /*设置待转换的值并启动 D/A 转换
P1.7 口*/
//
   A_set_data=A_set_D；
```

```
  DISP_DATA2[10]=A_set_data/1000+'0';                              //DISP_
DATA2[15]={"A：1000MA   0000 "};   //第二行显示内容缓冲
  A_set_data=A_set_data%1000;
  //
  DISP_DATA2[11]=A_set_data/100+'0';
  A_set_data=A_set_data%100;
  //
  DISP_DATA2[12]=A_set_data/10+'0';
  DISP_DATA2[13]=A_set_data%10+'0';
  _write(0x90,15,DISP_DATA2); //液晶第二行显示
}
//
/*****************键扫描子函数*****************/
void keywork(void)
{
if(key1 ==0)                        //电流设定加法
{
delay_ms(5);
if(key1 ==0)
{  A_set_D=A_set_D+10;
if(A_set_D>1000)A_set_D=0;
//
IDA0=A_set_D/5+45;
//************************************
//      IDA1=A_set_D/4;                  /*设置待转换的值并启动D/A转换P1.7
口*/
//
         A_set_data=A_set_D;
        DISP_DATA2[10]=A_set_data/1000+'0';                          //
DISP_DATA2[15]={"A：1000MA   0000 "};  //第二行显示内容缓冲
        A_set_data=A_set_data%1000;
        //
        DISP_DATA2[11]=A_set_data/100+'0';
        A_set_data=A_set_data%100;
        //
        DISP_DATA2[12]=A_set_data/10+'0';
        DISP_DATA2[13]=A_set_data%10+'0';
        _write(0x90,15,DISP_DATA2); //液晶第二行显示
        delay_ms(1000);
```

```
        while(key1 ==0){key_inc();delay_ms(1000);}//1 秒不释放快加数//等到按键
释放
        delay_ms(5);

    }
  }
//
//DISP_DATA3[15]={"电压调整率测量 "}; //第一行显示内容缓冲
//DISP_DATA4[15]={"   =000.0%        "}; //第二行显示内容缓冲
if(key2 ==0)                          //电流设定减法
  {
    delay_ms(5);
    if(key2 ==0)
      {
      _write(0x80,15,DISP_DATA3);   //液晶第 1 行显示测试画面
      _write(0x90,15,DISP_DATA5);   //液晶第 2 行显示测试画面//测试中。。。。。
//
      IDA0=0;delay_ms(2000);V0=test_V();
IDA0=1250/5;delay_ms(2000);V1=test_V();//* * * * * * * * * * * * * * * * *
* * * * * * * * * * * * * * * * * * * * * * * * * * * * * * * * * * * * * * *
* * * * * * * * * * * * * * * * * * * * * * * * * * * * * * * * * * * *
      IDA0=0;
      V1-(V0-V1) * 1000/V0;
      if(V1<0)V1=0;
        DISP_DATA4[7]=V1/1000+'0'; if(DISP_DATA4[7]=='0')DISP_DATA4[7]
=' ';
      //DISP_DATA2[15]={"A:1000MA  0000 "}; //第二行显示内容缓冲
      V1=V1%1000;
      //
      DISP_DATA4[8]=V1/100+'0';
if(DISP_DATA4[7]==' '&&(DISP_DATA4[8]=='0'))DISP_DATA4[8]=' ';
      V1=V1%100;
      //
      DISP_DATA4[9]=V1/10+'0';
      DISP_DATA4[11]=V1%10+'0';
      _write(0x90,15,DISP_DATA4); //液晶第二行显示测试值
      delay_ms(1000);
      while(key2 ==1){delay_ms(10);}//等待按键按下退出
      IDA0=A_set_D/5+45;
```

```
        delay_ms(10);
      }
    }
}
/*-----------------------------------------------
        void main(void)
-----------------------------------------------*/
//
void main(void)
{
    IE =0;
    TMOD = 0x21;
    TH0 = 0xFC;//50M时约为1MS定时时间
    TL0 = 0x18;//50M时约为1MS定时时间
//
    PCA0MD &= ~0x40;                      // 禁止 watchdog timer
    SYSCLK_Init();                        // 初始化系统时钟至49 MHz
//
    PORT7_Init();                         // 选择串口0及使用交叉开关
    ADC0_Init();                          // 初始化 ADC0
    UART0_Init();                         // 初始化 UART0
    FLASH_LOCK();                         // 锁定 flash
DAC_Init();                         /*D/A初始化*/
//
setup();                  //液晶上电初始化
//BLACK=0;                 //开液晶背光灯
_write(0x80,15,disdata1);  //初始开机画面,写液晶第一行
_write(0x90,15,disdata2);  //初始开机画面,写液晶第二行
delay_ms(1000);           //约1秒
_write(0x80,15,DISP_DATA1);  //工作画面,写液晶第一行
_write(0x90,15,DISP_DATA2);  //工作画面,写液晶第二行
delay_ms(1000);              //约1秒
//while(1);
//
//************************************
//      IE |= 0x82;
while (1)
{
        cal_A_V();  //测量电压与电流值
```

```
        _write(0x80,15,DISP_DATA1);    //工作画面,写液晶第一行
        _write(0x90,15,DISP_DATA2);    //工作画面,写液晶第二行
        keywork();
    //
    //
  }
}
/*------------------------------------------------------------
  3 LED digital tubes display function
------------------------------------------------------------*/
//
//
void SYSCLK_Init (void)
{
        uint i;
//
        CLKSEL = 0x00;              // 内部振荡校准寄存器工厂已校准,不用设值校正
//
        OSCICN = 0x83;              //启用内部振荡器,内部振荡器不分频输出(为 24.
5M)
//
        CLKMUL = 0x00;                 // 时钟乘法器 复位
        CLKMUL &= ~0x03;                // 内部振荡频率乘 2 倍
        CLKMUL |= 0x80;                // 时钟乘法器使能 (MULEN = 1)
        for (i = 0; i < 250; i++);          // 延时 5us 以上
        CLKMUL |= 0xC0;                // 初始化时钟乘法器
        while (! (CLKMUL & 0x20));      // 等待时钟乘法器初始化完成标志为 1
结束
//
        VDM0CN = 0x80;              // VDD 监视器使能
        RSTSRC = 0x06;                // 使能时钟丢失检测器,使能 VDD 监视器为复
位源
        CLKSEL = 0x02;              // 选择乘法器作为系统时钟
}
//
//------------------------------------------------------------
// PORT_Init
//------------------------------------------------------------
//
```

```
// Configure the Crossbar and GPIO ports.
// P0.4 — TX0 (push—pull)
// P0.5 — RX0
void PORT7_Init (void)
{
	XBR0	|= 0x01;	// 选择串行口 TX0，RX0 连到端口引脚 P0.4 和
P0.5
	XBR1	|= 0x40;	// 交叉开关使能，弱上拉使能
	P0MDOUT |= 0xD0;	// P0.4(TX)，P0.6(LED 灯)，P0.7 为推挽输出方式
P0.0,P0.1,P0.2,P0.3 开路型
}
//------------------------------------------------------------------------
// ADC0_Init extVREF Bipolar AIN0.1—AIN0.0
//------------------------------------------------------------------------
//
// This function initializes the ADC to measure across AIN0.1 and AIN0.0
// on the Target Board (Differential measurements, Bipolar codes)
void ADC0_Init (void)
{
	unsigned ADC0_decimation;
//
	ADC0MD	= 0x00;
	REF0CN &= ~0x01;	// 禁止内部 VREF
//	ADC0CN = 0x03;	// 设定运放放大倍数,单极性模式，GAIN
=8
	ADC0CN = gain_reg|0x10;	// 设定运放放大倍数,双极性模式,0x17/
GAIN=128,0x16/GAIN=64,0x15/GAIN=32,
//设定运放放大倍数
/*
	switch(gain_reg)
	{
	case 0 :{ADC0CN = 0x10;break; }//GAIN=1
	case 1 :{ADC0CN = 0x11;break; }//GAIN=2
	case 2 :{ADC0CN = 0x12;break; }//GAIN=4
	case 3 :{ADC0CN = 0x13;break; }//GAIN=8
	case 4 :{ADC0CN = 0x14;break; }//GAIN=16
	case 5 :{ADC0CN = 0x15;break; }//GAIN=32
	case 6 :{ADC0CN = 0x16;break; }//GAIN=64
	case 7 :{ADC0CN = 0x17;break; }//GAIN=128
```

```
  default:{ADC0CN = 0x17;break; }//GAIN=128
        } * /
//          ADC0CN = 0x15;          // 双极性模式,0x17/ GAIN=128,0x16/GAIN=
64,0x15/GAIN=32,
//          ADC0CF = 0x00;                  // 选择 SINC3 滤波器,内部 VREF
            ADC0CF = 0x04;                  // 选择 SINC3 滤波器,使用外部 VREF
//
ADC0CLK = (SYSCLK/MDCLK) - 1;   //MDCLK = SYSCLK/(ADC0CLK + 1) =
2.4576 MHz最佳
//
//            ADC0_decimation = (unsigned long) SYSCLK/ (unsigned long) OWR /
//                      (unsigned long) (ADC0CLK+1)/(unsigned long)128;     //
计算抽取比寄存器控制数值
  ADC0_decimation = MDCLK/(speed_reg+1)/3840;      //7680=60 * 128, MDCLK/
OWR/128,OWR=(speed_reg+1) * 60=60---600 范围内//30-300
    ADC0_decimation--;
    ADC0DEC = ADC0_decimation;           // 抽取比寄存器放控制值(范围:20-
19200)
//
//          ADC0DAC     =0X7F;                    //ADC 输出偏移修正
    ADC0BUF = 0x00;                     // 关闭输入缓冲(直通状态)
}
//-----------------------------------------------------------------------
// UART0_Init
//-----------------------------------------------------------------------
//
// Configure the UART0 using Timer1, for <BAUDRATE> and 8-N-1.
//
void UART0_Init (void)
{
     SCON0 = 0x10;                       // 8-bit variable bit rate
                                       // level of STOP bit is ignored
                                       // RX enabled
                                       // ninth bits are zeros
                                       // clear RI0 and TI0 bits
/*          switch(baud_reg)
       {
       case 0 : {BAUDRATE=4800;break;}
       case 1 : {BAUDRATE=9600;break;}
```

```
        case 2 : {BAUDRATE=19200;break;}
        case 3 : {BAUDRATE=38400;break;}
        default:{BAUDRATE=4800;break;}
        } */
  BAUDRATE=baud_tab[baud_reg];
    if (SYSCLK/BAUDRATE/2/256 < 1)
  {
    TH1 = -(SYSCLK/BAUDRATE/2);
    CKCON |=  0x08;                     // T1M = 1; SCA1:0 = xx
  }
    else if (SYSCLK/BAUDRATE/2/256 < 4)
  {
    TH1 = -(SYSCLK/BAUDRATE/2/4);
    CKCON &= ~0x0B;                     // T1M = 0; SCA1:0 = 01

    CKCON |=  0x01;
    }
  else if (SYSCLK/BAUDRATE/2/256 < 12)
  {
    TH1 = -(SYSCLK/BAUDRATE/2/12);
    CKCON &= ~0x0B;                     // T1M = 0; SCA1:0 = 00
    }
  else
  {
    TH1 = -(SYSCLK/BAUDRATE/2/48);
    CKCON &= ~0x0B;                     // T1M = 0; SCA1:0 = 10
    CKCON |=  0x02;
    }
    TL1 = TH1;                           // init Timer1
    TMOD &= ~0xf0;                        // TMOD: timer 1 in 8-bit autore-
load
    TMOD |=  0x20;
    TR1 = 1;                            // START Timer1
   TI0 = 1;                            // Indicate TX0 ready
}
//**********************************//
void DAC_Init(void)
{
//      REF0CN =0x03;       /*内部偏压发生器和电压基准缓冲器工作,基准从 VREF
```

```
引脚输出 * /
IDA0CN =0xf3;      / * DAC0 允许,DAC 输出更新发生在写 DAC0H 时 2.0mA 满度输
出电流 * /
//      IDA1CN =0xf3;
P1SKIP|=0xc0;//0X40;      //交叉开关在 DAC 口(P1.6,P1.7)
IDA0=A_set_D/5+45;       //双字节缩小为单字节   / * 设置待转换的值并启动 D/A
转换 P1.6 口 * /
}
//* * * * * * * * * * * * * * * * * * * * * * * * * * * * * * * * * * * * * //
```

4. 电缆长度测量程序

```
/-----------------------------------------------------------------------------
// Cable Tester
//-----------------------------------------------------------------------------
#include <c8051f350.h>                    // SFR declarations
//-----------------------------------------------------------------------------
// 16-bit SFR Definitions for 'F35x
//-----------------------------------------------------------------------------
sfr16 DP         = 0x82;                    // data pointer
sfr16 TMR3RL     = 0x92;                    // Timer3 reload value
sfr16 TMR3       = 0x94;                    // Timer3 counter
sfr16 ADC0DEC    = 0x9a;
sfr16 TMR2RL     = 0xca;                    // Timer2 reload value
sfr16 TMR2       = 0xcc;                    // Timer2 counter
sfr16 PCA0CP0    = 0xe9;                    // PCA0 Module 1 Capture/Compare
sfr16 PCA0CP1    = 0xeb;                    // PCA0 Module 2 Capture/Compare
sfr16 PCA0CP2    = 0xed;                    // PCA0 Module 2 Capture/Compare
sfr16 PCA0       = 0xf9;                    // PCA0 counter
//-----------------------------------------------------------------------------
// Global CONSTANTS
//-----------------------------------------------------------------------------
#define SYSCLK       24500000              // SYSCLK frequency in Hz
#define BAUDRATE         9600              // Baud rate of UART in bps
#define MDCLK         2457600              // Modulator Clock (Hz)
#define OWR          10                    // desired Output Word Rate in Hz
#define VREF            2444               //VREF (mV)
typedef union DOUBLEWORD{                  // Access DOUBLEWORD as an
unsigned long data32;                      // unsigned long variable or
unsigned char Byte[4];                     // 4 unsigned byte variables
}DOUBLEWORD;
```

```
typedef union WORD{
unsigned int data16;
unsigned char Byte[2];
}WORD;
//------------------------------------------
// Pin Declarations
//------------------------------------------
sbit BUTTON  =  P0^0;
sbit LED1  =  P0^1;
sbit LED2  =  P0^2;
sbit LED3  =  P0^3;
sbit LED4  =  P0^4;
//------------------------------------------
// Function PROTOTYPES
//------------------------------------------
void SYSCLK_Init (void);
void PORT_Init (void);
void ADC0_Init (void);
int test_voltage(void);
void delay_ms(unsigned int);
void display(unsigned char * );
//------------------------------------------
// Global Variables
//------------------------------------------
#define VOREF 2440
//------------------------------------------
// MAIN Routine
//------------------------------------------
void main (void)
{
unsigned char idata display_ram[4];
int v,i;
char cable_type;
PCA0MD &= ~0x40;                    // WDTE = 0 (clear watchdog timer  en-
able)
PORT_Init();                        // Initialize Port I/O
SYSCLK_Init ();                     // Initialize Oscillator
ADC0_Init();                        // Initialize ADC0
LED1=0;
```

```
LED2=1；
LED3=1；
LED4=1；
cable_type=0；
while (1)
{
v=test_voltage()；
switch (cable_type)
{
case 0：LED4=1；LED3=1；LED2=1；LED1=0；      //第一种电缆
    v/=10；
    display_ram[2]=v%10；
    v/=10；
    display_ram[1]=v%10；
    v/=10；
    display_ram[0]=v%10；
     break；
case 1：LED4=1；LED3=1；LED2=1；LED1=0；      //第二种电缆
    v/=10；
    display_ram[2]=v%10；
    v/=10；
    display_ram[1]=v%10；
    v/=10；
    display_ram[0]=v%10；
     break；
case 2：LED4=1；LED3=1；LED2=1；LED1=0；      //第三种电缆
    v/=10；
    display_ram[2]=v%10；
    v/=10；
    display_ram[1]=v%10；
    v/=10；
    display_ram[0]=v%10；
     break；
case 3：LED4=1；LED3=1；LED2=1；LED1=0；      //第四种电缆
    v/=10；
    display_ram[2]=v%10；
    v/=10；
    display_ram[1]=v%10；
    v/=10；
```

```
        display_ram[0]=v%10;
         break;
}
for (i=0;i<1000;i++)
   {
   display(display_ram);
   if (BUTTON ==0)      //电缆选择键
       {
       for (i=0;i<100;i++) display(display_ram);
       cable_type++;
       cable_type &=0x03;
       while (BUTTON ==0) display(display_ram);
       }
   }
}
}
//------------------------------------------------------------------
// PORT_Init
//------------------------------------------------------------------
// Return Value : None
// Parameters    : None
// Configure the Crossbar and GPIO ports.
// P0.0  -  Open-Drain, Digital, button input
// P0.1  -  Open-Drain, Digital, LED out
// P0.2  -  Open-Drain, Digital, LED out
// P0.3  -  Open-Drain, Digital, LED out
// P0.4  -  Open-Drain, Digital, LED out
// P0.5  -  Push-Pull, Digital, display out
// P0.6  -  Push-Pull, Digital, display out
// P0.7  -  Push-Pull, Digital, display out
// P1.0  -  Open-Drain, Digital, display out
// P1.1  -  Open-Drain, Digital, display out
// P1.2  -  Open-Drain, Digital, display out
// P1.3  -  Open-Drain, Digital, display out
// P1.4  -  Open-Drain, Digital, display out
// P1.5  -  Open-Drain, Digital, display out
// P1.6  -  Open-Drain, Digital, display out
// P1.7  -  N.C.
//------------------------------------------------------------------
```

```
void PORT_Init (void)
{
P0MDIN    = 0xFF;
P0MDOUT   = 0xE0;
P1MDIN    = 0x7F;
P1MDOUT   = 0x00;
XBR0      = 0x00;
XBR1      = 0x40;                    // Enable crossbar and weak pull-ups
}
//-----------------------------------------------------------------------
// SYSCLK_Init
//-----------------------------------------------------------------------
// Return Value : None
// Parameters   : None
// This routine initializes the system clock to use the internal oscillator
// at its maximum frequency.
// Also enables the Missing Clock Detector.
//-----------------------------------------------------------------------
void SYSCLK_Init (void)
{
OSCICN |= 0x03;                      // Configure internal oscillator for
                                   // its maximum frequency
RSTSRC  = 0x04;                      // Enable missing clock detector
}
//-----------------------------------------------------------------------
// ADC0_Init extVREF Bipolar AIN0.1-AIN0.0
//-----------------------------------------------------------------------
//
void ADC0_Init (void)
{
unsigned ADC0_decimation;
REF0CN |= 0x01;                    // enable internal vref
ADC0CN = 0x05;                     // Unipolar output codes, GAIN=32
ADC0CF = 0x00;                     // interrupts upon SINC3 filter output and uses in-
ternal VREF
// Generate MDCLK for modulator.
// Ideally MDCLK = 2.4576
ADC0CLK = (SYSCLK/MDCLK)-1;
                              // Ideally, MDCLK = 2.4576 MHz
```

```
// program decimation rate for desired OWR
ADC0_decimation = (unsigned long) SYSCLK/ (unsigned long) OWR / (unsigned long)
(ADC0CLK+1)/(unsigned long)128;
ADC0_decimation--;
ADC0DEC = ADC0_decimation;
ADC0BUF = 0x00;                         // Turn off Input Buffers
// Select Mux inputs
ADC0MUX = 0x08;                          // Input pin selection:
                                  // Setup for differential measurements
                                  // AIN+ => AIN0.0
                                  // AIN- => AGND
ADC0MD = 0x80;                          // Enable the ADC0 (IDLE Mode)
EIE1 &= ~0x08;                          // Disable ADC0 interrupts
ADC0MD |= 0x01;                         // Init Internal Full cal
while (! AD0CALC);                      // Wait for calibration complete
ADC0MD &= ~0x07;                         // clear bits (put ADC0 in IDLE
                                  // mode)
}
/*------------------------------------------------------------------
Delay function
Parameter: unsigned int dt
Delay time=dtms
------------------------------------------------------------------*/
void delay_ms(unsigned int dt)
{
register unsigned char bt,ct;
for (; dt; dt--)
for (ct=6;ct;ct--)
  for (bt=248; --bt; );
}
/*------------------------------------------------------------------
3 LED digital tubes display function
Parameter: sting pointer to display
------------------------------------------------------------------*/
void display(unsigned char * disp_ram)
{
static unsigned char disp_ind;
unsigned char code table[]={0xc0,0xf9,0xa4,0xb0,0x99,0x92,0x82,0xf8,0x80,0x90,
0x88,0x83,0xc6,0xa1,0x86,0x8e,0xbf,0xff};
```

```
disp_ind++;
disp_ind = (disp_ind+1)%3;
P1 =table[disp_ram[disp_ind]];
P0 |=0x80>>disp_ind;
delay_ms(1);
P1 =0xff;
P0 &=0x1F;
}
/*-----------------------------------------

Test heater voltage
Parameter: none
Return: voltage
-----------------------------------------*/
int test_voltage(void)
{
DOUBLEWORD idata ADC_OutputVal;
ADC0CN = 0x00;                      // Unipolar output codes, GAIN=1
ADC0MUX = 0x08;                       // Input pin selection:
                               // Setup for differential measurements
                               // AIN+ => AIN0.0
                               // AIN- => AGND
AD0INT - 0;                         // clear pending sample indication
ADC0MD = 0x82;                       // Start single conversions
while(! AD0INT);                  // wait till conversion complete
AD0INT = 0;                       // clear AD0 interrupt flag
// concatenate ADC0 data bytes to form the 24-bit value
ADC_OutputVal.Byte[0] = 0;
ADC_OutputVal.Byte[1] = ADC0H;
ADC_OutputVal.Byte[2] = ADC0M;
ADC_OutputVal.Byte[3] = ADC0L;
ADC0MD = 0x80;
ADC_OutputVal.data32>>=8;
return  VOREF*(ADC_OutputVal.data32)/65535;
}
//-----------------------------------------
// End Of File
//-----------------------------------------
```

附录四　应用实例之元件清单

1. 小功率 D 类放大器元件清单

器件名称	器件编号	器件型号/规格	封装	数量
电阻器	R_1，R_2，R_3，$R_2$3，$R_2$4	2k	AXIAL-0.4	3
	R_4，R_9，R_{10}，R_{11}，R_{14}，R_{16}，R_{17}，R_{21}，R_{27}，R_{34}，	10k	AXIAL-0.4	10
	R_5，R_6	7.5k	AXIAL-0.4	2
	R_7，R_{19}	200	AXIAL-0.4	2
	R_8，	8.2k	AXIAL-0.4	1
	R_{35}	8.2k	0805	1
	R_{15}	100k	AXIAL-0.4	1
	R_{18}，	5.1k	AXIAL-0.4	1
	R_{20}，R_{26}，	510	AXIAL-0.4	2
	RW_1	50k	VR_5	1
	RW_2	10k	VR_5	1
电容器	C_1，$C_1$4，$C_1$5	100μF	R_3	3
	C_2	1000P	0805	1
	C_3，$C_1$1	220μF	R_3	2
	C_4，C_5	1μ	0805	2
	C_6	100PF	0805	1
	C_7	10μF	R_3	1
	C_{10}，C_{13}	0.1μF	0805	2
	C_{12}	1000μF	R_5	1
	C_{17}，C_{18}	4.7μF	R_3	2
	C_{19}，C_{16}	1μF	0805	2
电感器	L_1，L_4	42μH	R_AD-0.3	1
	L_2，L_3	64μH	RAD-0.3	8
二极管	D_1	红色 LED		1
	D_2	7.2V	AXIAL-0.4	1
	D_3	12V	AXIAL-0.4	1
	D_{13}	1N5819	DSO-C_2/X2.3	1
晶体管	Q_1，Q_3	2N2222	TO-92	1
	Q_2，Q_4	2N2907	TO-92	3
场效应管	Q_5，$Q_1$0	2N7000	TO-92	1
	Q_6，Q_8	IRF9530	TO-220	2
	Q_7，Q_9	IRF530	TO-220	4
集成块	IC_1，IC_2	NE5532	DIP-8	2
	IC_4	LM393	DIP-8	1
	IC_5	TL431	TO-92	1

2. 闭环自激式交流电源变换电路元件清单

器件名称	器件编号	器件型号/规格	封装	Value	数量
电容	C_1，C_2	100μF	R_3		2
	C_3	0.01μF	RAD-0.3		1
	C_4，C_{16}	0.1μF	0805		2
	C_7，C_8，C_{15}	0.01μF，220pF	0805		3
	C_5，C_{11}，C_{13}，C_{18}	22μF，220μF，470μF	R_3		4
	C_6	220μF	CAPPR5-5x5		1
	C_9	620p	RC0.2		1
	C_{10}，C_{12}，C_{14}	620p	RAD-0.2		3
	C_{19}，C_{20}	620p	RAD-0.4		2
稳压二极管	D_1，D_2	2.1V	DIO7.8-4.6x2		2
二极管	D_3，D_4	Diode 1N914	DIODE-0.4		2
集成芯片	IC1	LM358	P008		1
	IC3	LM393AN	626-05		1
	IC4，IC5	IR2111	SOP-8		2
电感器	L_1，L_2	10uH	AXIAL-0.3		2
	L_5，L_6	1mH	RC0.3		2
功率场效应管	Q1，Q2，Q3，Q4	NMOS-2	SFM-T3/A4.7V		4
电阻器	R_1，R_{35}，R_{36}，R_{37}，R_{38}	39kΩ	0805		5
	R_8，R_{19}	10kΩ	0805		2
	R_9，R_{26}，R_{27}，R_{29}，R_{30}	1k，6.8k，8.2kΩ	0805		5
	R_7，R_{25}	20kΩ，27kΩ	0805		2
	R_2	150kΩ	AXIAL-0.4		1
	R_3	1MΩ	AXIAL-0.4		1
	R_4	5.1kΩ	AXIAL-0.4		1
	R_5	300Ω	AXIAL-0.4		1
	R_6，R_{23}，	10kΩ，20kΩ	AXIAL-0.4		2
	R_{31}，R_{32}，R_{33}，R_{34}	51Ω	AXIAL-0.4		4
	R_{11}，R_{12}，R_{15}，R_{16}	10Ω	AXIAL-0.4		4
	R_{24}	10kΩ	0805		1
	R_{28}	27kΩ	AXIAL-0.3		1
	R_{40}	0.1Ω	AXIAL-0.6		1
微调电阻	R_{22}	5kΩ	VR_5		1

3. 数控直流电子负载元件清单

器件名称	器件编号	器件型号/规格	封装	数量
电阻器	R_1，R_3，R_{14}	2kΩ	AXIAL-0.4	3
	R_2	2kΩ	0805	1
	R_4	100kΩ	0805	1
	R_5	68kΩ	0805	1
	R_7，R_{15}	3.3kΩ	0805	2
	R_8，R_{12}，R_{19}，R_{25}，R_{30}，R_{28}，	10kΩ	0805	6
	R_{21}，R_{24}，R_{27}，R_{29}，R_{31}	10kΩ	AXIAL-0.4	5
	R_9，R_{10}，R_{18}，R_{26}，	1kΩ	AXIAL-0.4	4
	R_{16}，R_{20}，R_{23}，	1kΩ	0805	3
	R_{11}	0.1Ω	AXIAL-0.6	1
	R_{13}，	12Ω	AXIAL-0.5	1
	R_{17}，	18kΩ	AXIAL-0.4	1
	R_{22}，	100Ω	AXIAL-0.4	1
	R_{32}	100Ω	6032	1
	R_{35}	1.5kΩ	0805	1
	R_{37}	6.8	0805	1
	R_6	20kΩ	VR5	1
	VR2	10kΩ	VR5	1
	R_{36}	150kΩ	AXIAL-0.5	1
	R_{33}	10Ω	RC0.3	1
	R_{34}	330V	RC0.3	1
	R_{38}	2Ω/25W	AXIAL-0.9	1
电容器	C_1，C_2，C_6，C_7，C_9，C_{14}，C_{15}，C_{18}	0.1μF	0805	8
	C_3，C_{16}，C_{17}，	100μF	R_3	3
	C_4，	22μF	R_3	1
	C_5，	0.01μF	0805	1
	C_8，C_{10}，C_{11}	2.2μF	0805	3
	C_{12}，	1000pF	0805	1
	C_{13}，	10μF	R_3	1
	C_{19}，C_{22}，C_{23}，C_{24}	2200pF	RAD-0.3	4
	C_{20}	0.022μF/630V	RAD-0.4	1
	C_{21}	10μF	RB5-10.5	1
	C_{25}	47μF	R_3	1
电感器	L_1	Inductor	RC0.2	1
	L_2		RC0.2	1
磁芯变压器	T1	EI-25-8	EI-25-8	1
二极管	D_1，D_3，D_8	红色	LED-1	3
	D_2，D_4	1N5819	DIODE-0.4	2
	D_5，D_9	MBR20200	TO-126W	2
	D_7	1N4007	DIO10.46-5.3x2.8	1
整流桥	D_6	Bridge	DB107	1

续表

器件名称	器件编号	器件型号/规格	封装	数量
场效应管	Q_1	IRFP3710	TO-3P	1
	Q_2	IRF5930	TO220	1
基准电压源	DZ1	TLV431	SOT23-3	1
	VR3	TL431ACLP	TO-126	1
运算放大器	IC_1，IC_3	LM358N	DIP8	2
电压比较器	IC_2	LM393N	DIP8	1
单片机	IC_4	C8051F350_LQFP_32	LQFP-32_N	1
电源芯片	IC_5	TOP221G	SMD-8	1
轻触按钮	K_1	AN1	KEY0.5	1
三端稳压器	R1	LM1117MPX-3.3	SOT223-4L	1
	VR4	LM7815	TO-126W	1
负载接口	P_2	Com5	COM5-3	1
C_2 程序下载口	P_3	标准 4 针	HDR1X4	1
液晶接口 1	P_4	标准 5 针	HDR1X5	1
保险丝管	F_1	3A	RC0.3	1
				92

附录五　闭环自激型交流逆变电路原理图

1. 部分电路图

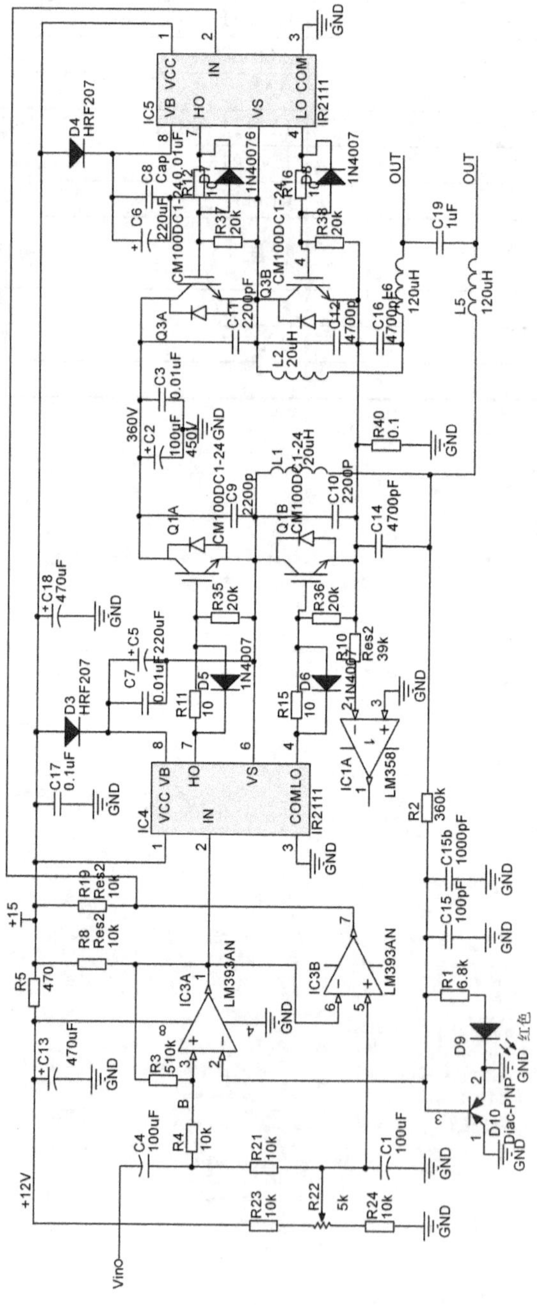

附图6-1 220V闭环自激型交流逆变电路原理图

2. 电缆长度快速测量仪电原理总图

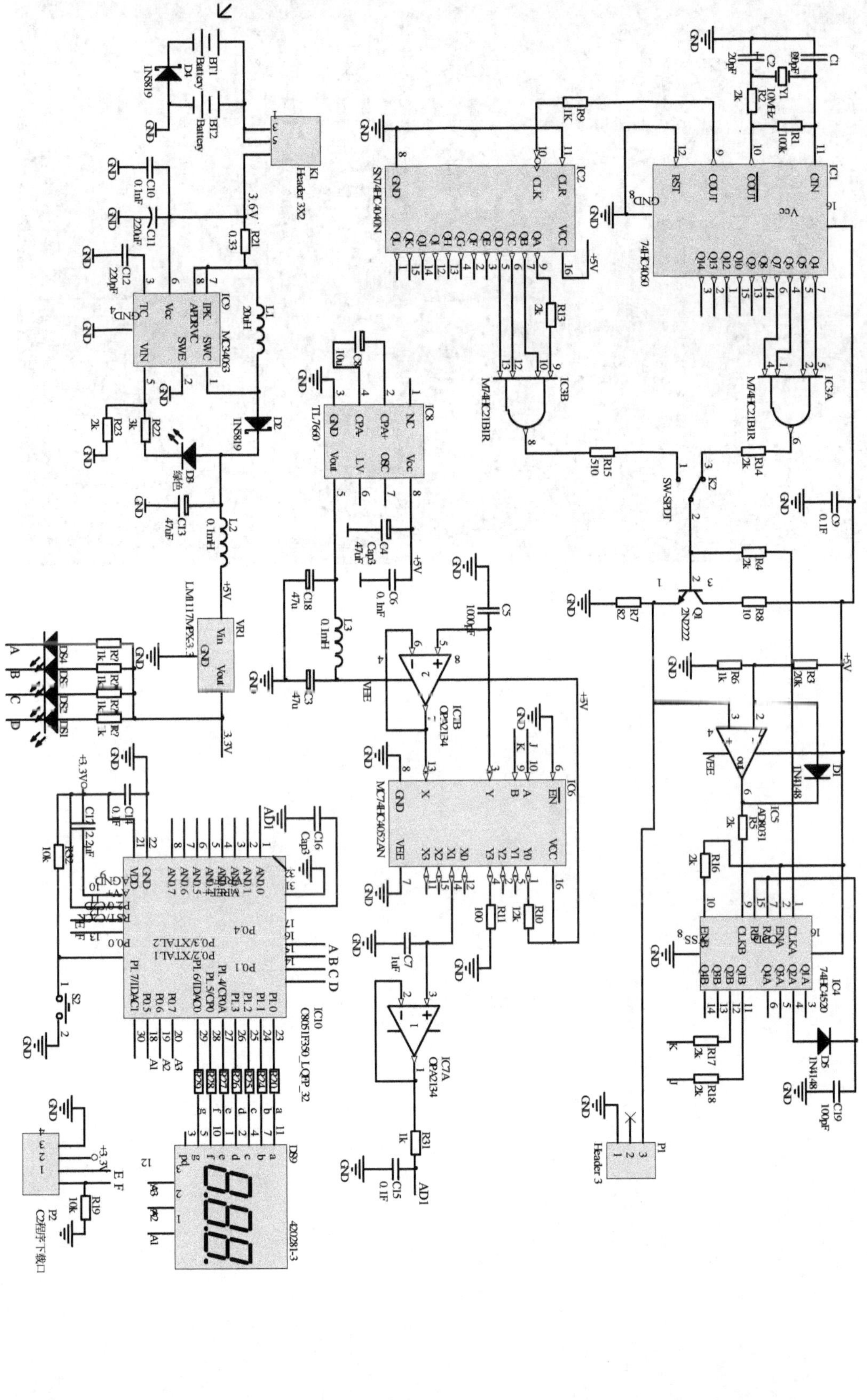

3. 电缆长度快速测量仪 PCB 图

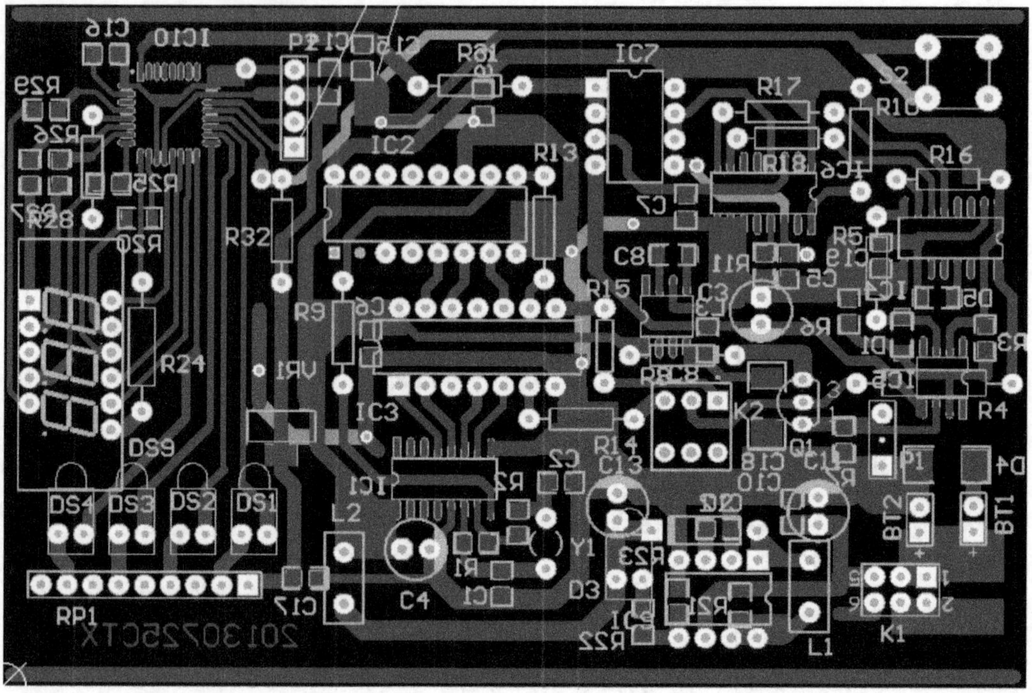